수학 좀 한다면

디딤돌 초등수학 문제유형 6-2

펴낸날 [개정판 1쇄] 2023년 12월 10일 [개정판 2쇄] 2024년 7월 2일 | **펴낸이** 이기열 | **펴낸곳** (주)디딤돌 교육 | **주소** (03972) 서울특별시 마포구 월드컵북로 122 청원선와이즈타워 | **대표전화** 02-3142-9000 | **구입문의** 02-322-8451 | **내용문의** 02-323-9166 | **팩시밀리** 02-338-3231 | **홈페이지** www.didimdol.co.kr | **등록번호** 제10-718호 | 구입한 후에는 철회되지 않으며 잘못 인쇄된 책은 바꾸어 드립니다. 이 책에 실린 모든 삽화 및 편집 형태에 대한 저작권은 (주)디딤돌 교육에 있으므로 무단으로 복사 복제할 수 없습니다. Copyright ⓒ Didimdol Co. [2402700]

내 실력에 딱!
최상위로 가는 '맞춤 학습 플랜'

STEP 1 On-line
나에게 맞는 공부법은?
맞춤 학습 가이드를 만나요.

교재 선택부터 공부법까지! 디딤돌에서 제공하는 시기별 맞춤 학습 가이드를 통해 아이에게 맞는 학습 계획을 세워 주세요. (학습 가이드는 디딤돌 학부모카페 '맘이가'를 통해 상시 공지합니다. cafe.naver.com/didimdolmom)

STEP 2 Book
맞춤 학습 스케줄표
계획에 따라 공부해요.

교재에 첨부된 '맞춤 학습 스케줄표'에 맞춰 공부 목표를 달성합니다.

STEP 3 On-line
이럴 땐 이렇게!
'맞춤 Q&A'로 해결해요.

궁금하거나 모르는 문제가 있다면, '맘이가' 카페를 통해 질문을 남겨 주세요. 디딤돌 수학쌤 및 선배맘님들이 친절히 답변해 드립니다.

STEP 4 Book
다음에는 뭐 풀지?
다음 교재를 추천받아요.

학습 결과에 따라 후속 학습에 사용할 교재를 제시해 드립니다. (교재 마지막 페이지 수록)

 ★ 디딤돌 플래너 만나러 가기

수학 좀 한다면

초등수학
문제유형

상위권 도전, 유형 정복

6
––
2

단계별로 실력을 높여주는, **문제 유형**

1단계 개념 확인

단원의 개념을 한눈에 정리해 보고
잘 알고 있는지 확인해 봅니다.

2단계 기본기 다지기

교과서와 익힘책에 있는 모든 유형이
담겨 있습니다. 수학 공부의 기본기를
다져 봅니다.

이미 배운 내용을 통해
연계 학습을 할 수 있어요.

내가 만드는 문제로
개념 이해가 완벽한지
확인할 수 있어요.

3단계 실력 키우기

실수 없이 문제를 해결하는 것이 진짜 실력입니다.
어렵진 않지만 실수하기 쉬운 문제를 푸는 연습을
통해 실력을 키워 봅니다.

문제의 틀린 이유를 생각하게 하여 오답을
피할 수 있도록 해 줘요.

4단계 문제해결력 기르기

응용 유형 문제 연습으로 수학 실력을 완성하여
어려운 문제에도 자신감이 생길 수 있게 합니다.

문제의 해결 전략을 제시하여 풀이 과정에
맞게 풀었나 확인할 수 있어요.

5단계 단원 마무리 하기

시험에 잘 나오는 유형 문제로 단원의 학습을
마무리 합니다.

이 책의 **차례**

1 분수의 나눗셈

페인트 4 L를 $\dfrac{2}{3}$ L씩 작은 통에 옮겨 담으려면 작은 통은 몇 개 필요할까요?

이미 분수의 나눗셈을 배웠으니 $4 \div \dfrac{2}{3}$ 를 계산하면 될 것 같아요.

그런데 나누는 수가 분수라서 어떻게 계산할지 고민이 된다구요?

어렵지 않아요. 바로 분수를 '뒤집기'만 하면 돼요.

나눗셈을 곱셈으로 바꾸어 계산할 수 있어!

$$3 \xrightarrow{\times 2} 6 = 3 \xrightarrow{\times 2} 6$$

$$\div 2 \qquad \times \frac{1}{2}$$

분수도 자연수처럼 계산해 보자!

$$\frac{1}{2} \xrightarrow{\times \frac{2}{3}} \frac{1}{3} = \frac{1}{2} \xrightarrow{\times \frac{2}{3}} \frac{1}{3}$$

$$\div \frac{2}{3} \qquad \times \frac{3}{2}$$

분수의 나눗셈

1 분자끼리 나누어떨어지는 분모가 같은 (분수)÷(분수)

• $\frac{4}{5} \div \frac{2}{5}$의 계산

0   1

방법 1 $\frac{4}{5}$에서 $\frac{2}{5}$를 2번 덜어 낼 수 있으므로

$\frac{4}{5} \div \frac{2}{5} = 2$입니다.

방법 2 $\frac{4}{5}$는 $\frac{1}{5}$이 4개이고, $\frac{2}{5}$는 $\frac{1}{5}$이 2개이므로

4개를 2개로 나누는 것과 같습니다.

$$\frac{4}{5} \div \frac{2}{5} = 4 \div 2 = 2$$

$$\frac{\blacktriangle}{\blacksquare} \div \frac{\bullet}{\blacksquare} = \blacktriangle \div \bullet$$

2 분자끼리 나누어떨어지지 않는 분모가 같은 (분수)÷(분수)

• $\frac{5}{7} \div \frac{3}{7}$의 계산

$\frac{5}{7}$는 $\frac{1}{7}$이 5개이고 $\frac{3}{7}$은 $\frac{1}{7}$이 3개이므로 5개를

3개로 나누는 것과 같습니다.

$$\frac{5}{7} \div \frac{3}{7} = 5 \div 3 = \frac{5}{3} = 1\frac{2}{3}$$

3 분모가 다른 (분수)÷(분수)

• 분수를 통분한 후 분자끼리 나누어 계산합니다.

$$\frac{3}{4} \div \frac{2}{5} = \frac{15}{20} \div \frac{8}{20} = 15 \div 8 = \frac{15}{8} = 1\frac{7}{8}$$

---

1 그림을 보고 ☐ 안에 알맞은 수를 써넣으세요.

0   1

$\frac{6}{7}$에는 $\frac{1}{7}$이 ☐번 들어가므로 $\frac{6}{7} \div \frac{1}{7} = $☐입니다.

[2~3] ☐ 안에 알맞은 수를 써넣으세요.

2 (1) $\frac{8}{9} \div \frac{2}{9} = 8 \div \boxed{} = \boxed{}$

(2) $\frac{15}{17} \div \frac{3}{17} = \boxed{} \div 3 = \boxed{}$

3 (1) $\frac{5}{8} \div \frac{2}{8} = \boxed{} \div \boxed{} = \frac{\boxed{}}{\boxed{}} = \boxed{}$

(2) $\frac{9}{11} \div \frac{4}{11} = \boxed{} \div \boxed{} = \frac{\boxed{}}{\boxed{}} = \boxed{}$

4 ☐ 안에 알맞은 수를 써넣으세요.

(1) $\frac{4}{5} \div \frac{4}{10} = \frac{\boxed{}}{10} \div \frac{\boxed{}}{10} = \boxed{} \div \boxed{} = \boxed{}$

(2) $\frac{3}{4} \div \frac{2}{3} = \frac{\boxed{}}{12} \div \frac{\boxed{}}{12} = \boxed{} \div \boxed{}$

$= \frac{\boxed{}}{\boxed{}} = \boxed{}$

4 (자연수)÷(분수)

$\frac{2}{3}$봉지의 무게가 4 kg인 밀가루 1봉지의 무게

$4 \div \frac{2}{3} = (4 \div 2) \times 3 = 6 \, (kg)$

$$\heartsuit \div \frac{\bigstar}{\blacksquare} = (\heartsuit \div \bigstar) \times \blacksquare$$

5 (분수)÷(분수)를 (분수)×(분수)로 나타내기

나누는 수의 분모와 분자를 바꾸어 나누어지는 분수에 곱하여 계산합니다.

$$\frac{5}{7} \div \frac{2}{3} = \frac{5}{7} \times \frac{3}{2} = \frac{15}{14} = 1\frac{1}{14}$$

$$\frac{\heartsuit}{\blacksquare} \div \frac{\bigstar}{\bullet} = \frac{\heartsuit}{\blacksquare} \times \frac{\bullet}{\bigstar}$$

6 (분수)÷(분수)

(가분수)÷(분수)

방법 1 통분하여 계산하기

$$\frac{7}{3} \div \frac{2}{5} = \frac{35}{15} \div \frac{6}{15} = 35 \div 6 = \frac{35}{6} = 5\frac{5}{6}$$

방법 2 분수의 곱셈으로 나타내어 계산하기

$$\frac{7}{3} \div \frac{2}{5} = \frac{7}{3} \times \frac{5}{2} = \frac{35}{6} = 5\frac{5}{6}$$

(대분수)÷(분수) — 대분수를 가분수로 바꾼 후 계산합니다.

$$1\frac{3}{4} \div \frac{2}{7} = \frac{7}{4} \div \frac{2}{7} = \frac{7}{4} \times \frac{7}{2} = \frac{49}{8} = 6\frac{1}{8}$$

[5~6] □ 안에 알맞은 수를 써넣으세요.

5 $6 \div \frac{3}{5} = (6 \div \boxed{}) \times \boxed{} = \boxed{}$

6 $\frac{7}{8} \div \frac{2}{3} = \frac{7}{8} \times \frac{\boxed{}}{\boxed{}} = \frac{\boxed{}}{\boxed{}} = \boxed{}$

7 $1\frac{2}{5} \div \frac{5}{6}$ 를 두 가지 방법으로 계산하려고 합니다. □ 안에 알맞은 수를 써넣으세요.

방법 1 통분하여 계산하기

$$1\frac{2}{5} \div \frac{5}{6} = \frac{\boxed{}}{5} \div \frac{5}{6} = \frac{\boxed{}}{30} \div \frac{25}{30}$$

$$= \boxed{} \div 25 = \frac{\boxed{}}{25} = \boxed{}$$

방법 2 분수의 곱셈으로 나타내어 계산하기

$$1\frac{2}{5} \div \frac{5}{6} = \frac{\boxed{}}{5} \div \frac{5}{6} = \frac{\boxed{}}{5} \times \frac{6}{\boxed{}}$$

$$= \frac{\boxed{}}{\boxed{}} = \boxed{}$$

8 계산해 보세요.

(1) $\frac{5}{4} \div \frac{2}{9}$

(2) $2\frac{1}{6} \div \frac{2}{3}$

교과서 ⊕ 익힘책 유형

1 분자끼리 나누어떨어지는 분모가 같은 (분수)÷(분수)

1 그림을 보고 ☐ 안에 알맞은 수를 써넣으세요.

(1) $\frac{5}{6}$에는 $\frac{1}{6}$이 ☐ 번 들어갑니다.

(2) $\frac{5}{6} \div \frac{1}{6} = $ ☐

$\frac{1}{■}$이 ▲개이면 $\frac{▲}{■}$라는 것을 기억해!

준비 ☐ 안에 알맞은 수를 써넣으세요.

(1) $\frac{3}{7}$은 $\frac{1}{7}$이 ☐ 개입니다.

(2) $\frac{1}{9}$이 5개인 수는 $\frac{☐}{☐}$입니다.

2 ☐ 안에 알맞은 수를 써넣으세요.

$\frac{14}{15}$는 $\frac{1}{15}$이 ☐ 개, $\frac{2}{15}$는 $\frac{1}{15}$이 ☐ 개

➡ $\frac{14}{15} \div \frac{2}{15} = $ ☐

3 계산해 보세요.

(1) $\frac{7}{12} \div \frac{1}{12}$

(2) $\frac{4}{11} \div \frac{2}{11}$

(3) $\frac{16}{21} \div \frac{2}{21}$

4 빈칸에 알맞은 수를 써넣으세요.

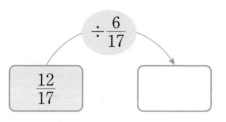

5 ☐ 안에 알맞은 수를 써넣으세요.

$\frac{20}{23} \div \frac{☐}{23} = 5$

6 계산 결과를 비교하여 ◯ 안에 >, =, <를 알맞게 써넣으세요.

$\frac{8}{13} \div \frac{2}{13}$ ◯ $\frac{8}{13} \div \frac{4}{13}$

내가 만드는 문제

7 주스 2개를 자유롭게 고르고, 양이 많은 주스는 적은 주스의 몇 배인지 구해 보세요.

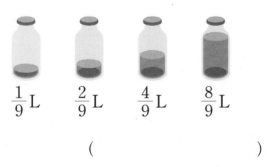

$\frac{1}{9}$ L $\frac{2}{9}$ L $\frac{4}{9}$ L $\frac{8}{9}$ L

(   )

2 분자끼리 나누어떨어지지 않는 분모가 같은 (분수)÷(분수)

8 계산해 보세요.

(1) $\dfrac{10}{17} \div \dfrac{8}{17}$

(2) $\dfrac{11}{7} \div \dfrac{4}{7}$

(3) $\dfrac{15}{19} \div \dfrac{10}{19}$

9 관계있는 것끼리 이어 보세요.

$\dfrac{3}{8} \div \dfrac{2}{8}$ •	• $8 \div 7$ •	• $1\dfrac{1}{2}$
$\dfrac{9}{13} \div \dfrac{11}{13}$ •	• $3 \div 2$ •	• $\dfrac{9}{11}$
$\dfrac{8}{15} \div \dfrac{7}{15}$ •	• $9 \div 11$ •	• $1\dfrac{1}{7}$

10 계산 결과를 비교하여 ◯ 안에 >, =, <를 알맞게 써넣으세요.

$$\dfrac{9}{14} \div \dfrac{5}{14} \bigcirc \dfrac{9}{17} \div \dfrac{5}{17}$$

11 보기 와 같이 계산해 보세요.

보기
$$\dfrac{7}{8} \div \dfrac{3}{8} = 7 \div 3 = \dfrac{7}{3} = 2\dfrac{1}{3}$$

$\dfrac{10}{11} \div \dfrac{3}{11}$

12 □ 안에 들어갈 수 있는 자연수 중에서 가장 작은 수는 얼마인지 풀이 과정을 쓰고 답을 구해 보세요.

$$\dfrac{17}{18} \div \dfrac{5}{18} < \square$$

풀이 _____

_____

_____

답 _____

13 소은이와 준수는 방과 후 요리 수업에 참여했습니다. □ 안에 알맞은 수를 써넣으세요.

소은: 내가 만든 유자차 $\dfrac{12}{19}$ L를 한 병에 $\dfrac{4}{19}$ L씩 담으려면 병이 몇 개 필요할까?

준수: 분자끼리 계산하면 돼.

$12 \div 4 = \boxed{}$ 이니까 병이 $\boxed{}$ 개 필요해.

나는 레몬차를 $\dfrac{7}{19}$ L 만들었어. 그러면 유자차는 레몬차의 몇 배나 되는 걸까?

소은: $\dfrac{12}{19} \div \dfrac{7}{19}$ 도 분자끼리 계산하면 돼.

$12 \div 7 = \boxed{}$ 이니까 $\boxed{}$ 배네.

준수: 우리가 만든 차를 가족들과 맛있게 먹자!

3 분모가 다른 (분수)÷(분수)

14 그림을 보고 □ 안에 알맞은 수를 써넣으세요.

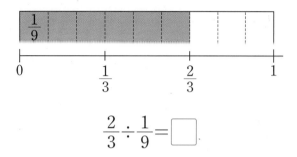

$$\frac{2}{3} \div \frac{1}{9} = \boxed{}$$

분모가 다른 분수의
덧셈과 뺄셈은 통분한 후 계산해야 해!

준비 □ 안에 알맞은 수를 써넣으세요.

(1) $\frac{2}{5} + \frac{3}{10} = \frac{\boxed{}}{10} + \frac{3}{10} = \frac{\boxed{}}{10}$

(2) $\frac{2}{5} - \frac{3}{10} = \frac{\boxed{}}{10} - \frac{3}{10} = \frac{\boxed{}}{10}$

15 □ 안에 알맞은 수를 써넣으세요.

$$\frac{6}{7} \div \frac{13}{21} = \frac{\boxed{}}{21} \div \frac{\boxed{}}{21} = \boxed{} \div \boxed{}$$

$$= \frac{\boxed{}}{\boxed{}} = \boxed{}$$

16 계산해 보세요.

(1) $\frac{5}{12} \div \frac{1}{4}$

(2) $\frac{7}{16} \div \frac{3}{8}$

(3) $\frac{5}{6} \div \frac{4}{7}$

서술형
17 계산이 잘못된 곳을 찾아 이유를 쓰고 바르게 계산해 보세요.

$$\frac{14}{15} \div \frac{7}{30} = 14 \div 7 = 2$$

이유 _____

_____

바른 계산 _____

18 계산 결과가 가장 큰 것을 찾아 기호를 써 보세요.

㉠ $\frac{2}{3} \div \frac{3}{4}$	㉡ $\frac{7}{8} \div \frac{3}{4}$	㉢ $\frac{5}{6} \div \frac{3}{4}$

( )

☺ 내가 만드는 문제
19 수 카드를 한 번씩만 사용하여 2개의 진분수를 만들고, 작은 수를 큰 수로 나눈 몫은 얼마인지 □ 안에 알맞은 수를 써넣으세요.

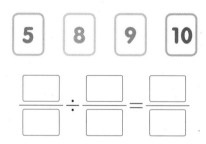

$$\frac{\boxed{}}{\boxed{}} \div \frac{\boxed{}}{\boxed{}} = \frac{\boxed{}}{\boxed{}}$$

20 어느 자동차는 $\frac{3}{4}$ km를 가는 데 $\frac{5}{7}$분이 걸립니다. 이 자동차가 같은 빠르기로 간다면 1분 동안 몇 km를 갈 수 있는지 구해 보세요.

( )

(자연수)÷(분수)

21 $10 \div \frac{2}{5}$ 와 계산 결과가 같은 식에 ○표 하세요.

$(10 \div 2) \times 5$	$(10 \div 5) \times 2$
( )	( )

22 보기 와 같이 계산해 보세요.

> **보기**
> $$8 \div \frac{4}{5} = (8 \div 4) \times 5 = 10$$

(1) $6 \div \frac{3}{8}$

(2) $12 \div \frac{6}{11}$

23 빈칸에 알맞은 수를 써넣으세요.

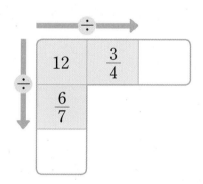

24 자연수는 분수의 몇 배인지 구해 보세요.

$\frac{7}{9}$	21

( )

25 계산 결과가 큰 것부터 차례로 기호를 써 보세요.

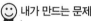
> ㉠ $8 \div \frac{2}{9}$ ㉡ $9 \div \frac{3}{5}$ ㉢ $12 \div \frac{2}{3}$

( )

😊 내가 만드는 문제
26 정육각형을 똑같이 여섯 부분으로 나눈 것 중의 몇 부분을 골라 색칠하고 색칠한 부분의 넓이가 $60 \ cm^2$일 때, 도형 전체의 넓이는 몇 cm^2인지 식을 쓰고 답을 구해 보세요.

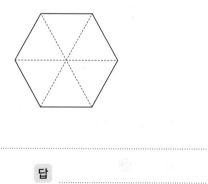

식

답

27 어느 전기 자동차는 배터리의 $\frac{3}{5}$만큼 충전하는 데 45분이 걸립니다. 매시간 충전되는 양이 일정할 때 배터리를 완전히 충전하려면 몇 분이 걸리는지 구해 보세요.

( )

1

5 (분수)÷(분수)를 (분수)×(분수)로 나타내기

28 철근 $\frac{3}{4}$ m의 무게가 $\frac{4}{7}$ kg입니다. 철근 1 m의 무게는 몇 kg인지 ☐ 안에 알맞은 수를 써넣으세요.

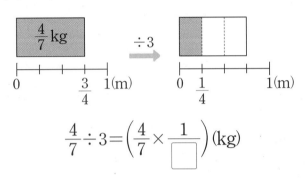

$$\frac{4}{7} \div 3 = \left(\frac{4}{7} \times \frac{1}{\square} \right) (\text{kg})$$

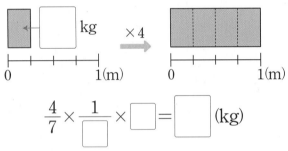

$$\frac{4}{7} \times \frac{1}{\square} \times \square = \square \ (\text{kg})$$

29 ☐ 안에 알맞은 수를 써넣으세요.

$$\frac{5}{8} \div \frac{6}{7} = \frac{5}{8} \times \frac{1}{\square} \times \square$$

$$= \frac{5}{8} \times \frac{\square}{\square} = \square$$

30 나눗셈식을 곱셈식으로 나타내어 계산해 보세요.

(1) $\frac{2}{7} \div \frac{4}{5}$

(2) $\frac{7}{16} \div \frac{3}{4}$

31 다음 분수 중에서 두 수를 자유롭게 골라 (분수)÷(분수)를 만들었을 때의 몫을 구해 보세요.

$\frac{5}{12}$	$\frac{7}{9}$	$\frac{7}{10}$

(   )

32 계산 결과가 1보다 작은 것을 찾아 기호를 써 보세요.

㉠ $\frac{5}{9} \div \frac{4}{11}$	㉡ $\frac{5}{6} \div \frac{2}{9}$	㉢ $\frac{3}{5} \div \frac{5}{7}$

(   )

서술형
33 밀가루가 $\frac{5}{14}$ kg, 쌀가루가 $\frac{2}{9}$ kg 있습니다. 밀가루의 무게는 쌀가루의 무게의 몇 배인지 풀이 과정을 쓰고 답을 구해 보세요.

풀이 _____

_____

답 _____

34 우유 $\frac{3}{8}$ L의 무게가 $\frac{5}{13}$ kg입니다. 우유 1 L의 무게를 구해 보세요.

식 _____

답 _____

6 (분수)÷(분수)

35 바르게 통분하여 계산한 것의 기호를 써 보세요.

> ㉠ $\dfrac{6}{5} \div \dfrac{7}{10} = \dfrac{12}{10} \div \dfrac{7}{10}$
>
> $\qquad = 12 \div 7 = \dfrac{12}{7} = 1\dfrac{5}{7}$
>
> ㉡ $\dfrac{10}{3} \div \dfrac{5}{9} = \dfrac{10}{3} \div \dfrac{10}{18}$
>
> $\qquad = 3 \div 18 = \dfrac{3}{18} = \dfrac{1}{6}$

(   )

36 $1\dfrac{3}{4} \div \dfrac{5}{9}$ 를 두 가지 방법으로 계산해 보세요.

방법 1 통분하여 계산하기

방법 2 분수의 곱셈으로 나타내어 계산하기

서술형
37 휘발유 $\dfrac{7}{9}$ L로 $5\dfrac{1}{4}$ km를 가는 자동차가 있습니다. 이 자동차는 휘발유 1 L로 몇 km를 갈 수 있는지 풀이 과정을 쓰고 답을 구해 보세요.

풀이

답

38 계산해 보세요.

(1) $3\dfrac{5}{6} \div \dfrac{2}{3}$

(2) $1\dfrac{7}{8} \div \dfrac{3}{10}$

39 계산이 잘못된 곳을 찾아 바르게 계산해 보세요.

> $1\dfrac{2}{5} \div \dfrac{7}{9} = 1\dfrac{2}{5} \times \dfrac{9}{7} = 1\dfrac{18}{35}$

$1\dfrac{2}{5} \div \dfrac{7}{9}$

40 몫이 가장 크게 되도록 **보기** 의 분수 중 하나를 골라 ☐ 안에 써넣고, 몫을 구해 보세요.

보기

$\dfrac{1}{5} \qquad \dfrac{3}{10} \qquad \dfrac{3}{14}$

$2\dfrac{2}{5} \div \boxed{}$

(   )

41 태양계 행성의 크기를 조사한 것입니다. 해왕성의 반지름은 금성의 반지름의 몇 배일까요?

행성		지구의 반지름을 1로 보았을 때 각 행성의 반지름
해왕성		$3\dfrac{9}{10}$
금성		$\dfrac{9}{10}$

(   )

1 어떤 수 구하기

42 □ 안에 알맞은 수를 써넣으세요.

$$\boxed{} \times \frac{5}{7} = \frac{5}{8}$$

곱셈과 나눗셈의 관계를 이용하면 돼.

■ × ▲ = ● 일 때, ■ = ● ÷ ▲, ▲ = ● ÷ ■

43 □ 안에 알맞은 수를 써넣으세요.

$$\boxed{} \times \frac{3}{10} = 1\frac{4}{15}$$

44 □ 안에 알맞은 수를 써넣으세요.

$$\boxed{} \times \frac{5}{12} = 1\frac{1}{6} \div \frac{1}{4}$$

2 잘못된 부분이 있는 나눗셈식

45 계산이 잘못된 곳을 찾아 이유를 쓰고 바르게 계산해 보세요.

$$\frac{11}{16} \div \frac{3}{16} = 11 \div 16 = \frac{11}{16}$$

이유 ....

....

바른 계산 ....

....

분모가 같은 (분수)÷(분수)는 분자끼리 나누어 계산해야 해.

$$\frac{▲}{●} \div \frac{■}{●} = ▲ \div ■$$

46 계산이 잘못된 곳을 찾아 바르게 계산해 보세요.

$$\frac{4}{7} \div \frac{3}{4} = \frac{4}{28} \div \frac{3}{28} = 4 \div 3 = \frac{4}{3} = 1\frac{1}{3}$$

$$\frac{4}{7} \div \frac{3}{4}$$

47 계산이 잘못된 곳을 찾아 이유를 쓰고 바르게 계산해 보세요.

$$12 \div \frac{2}{3} = (12 \div 3) \times 2 = 8$$

이유 ....

....

바른 계산 ....

....

3 몫의 크기 비교

48 계산 결과가 더 큰 것의 기호를 써 보세요.

$$\bigcirc \ \frac{5}{12} \div \frac{7}{18} \qquad \bigcirc \ \frac{9}{11} \div \frac{3}{5}$$

( )

 자연수의 크기가 같으면 통분해서 두 분수의 분자를 비교하는 거 있지 마.

$$2\frac{5}{9},\ 2\frac{4}{7} \ \Rightarrow\ 2\frac{5}{9}=2\frac{35}{63},\ 2\frac{4}{7}=2\frac{36}{63} \ \Rightarrow\ 2\frac{5}{9}<2\frac{4}{7}$$

49 계산 결과를 비교하여 ○ 안에 >, =, <를 알맞게 써넣으세요.

$$2\frac{2}{9} \div \frac{2}{3} \ \bigcirc \ 2\frac{4}{5} \div \frac{7}{9}$$

50 계산 결과가 가장 작은 것을 찾아 기호를 써 보세요.

$$\bigcirc \ \frac{5}{8} \div \frac{3}{8} \qquad \bigcirc \ 3 \div \frac{9}{10}$$

$$\bigcirc \ 1\frac{3}{4} \div \frac{11}{12} \qquad \bigcirc \ 3\frac{1}{8} \div \frac{5}{6}$$

( )

4 나눗셈의 몫과 1의 크기 비교하기

51 몫이 1보다 작은 것을 찾아 기호를 써 보세요.

$$\bigcirc \ 4 \div \frac{5}{12} \qquad \bigcirc \ \frac{2}{5} \div \frac{7}{8}$$

$$\bigcirc \ 1\frac{3}{4} \div \frac{1}{4} \qquad \bigcirc \ 3\frac{1}{3} \div \frac{8}{9}$$

( )

 나누어지는 수나 나누는 수의 크기를 비교하면 계산 결과가 1보다 작은지 큰지 알 수 있어.

(나누어지는 수)>(나누는 수) ➡ (몫)>1
(나누어지는 수)<(나누는 수) ➡ (몫)<1

52 몫이 1보다 큰 것을 찾아 기호를 써 보세요.

$$\bigcirc \ \frac{3}{7} \div \frac{5}{7} \qquad \bigcirc \ \frac{2}{9} \div \frac{5}{8}$$

$$\bigcirc \ \frac{11}{14} \div \frac{4}{5} \qquad \bigcirc \ \frac{9}{10} \div \frac{5}{7}$$

( )

53 몫이 1보다 작은 것은 모두 몇 개인지 구해 보세요.

$$\frac{3}{10} \div \frac{2}{3} \qquad 4\frac{2}{5} \div \frac{2}{3}$$

$$\frac{17}{6} \div \frac{2}{3} \qquad \frac{5}{11} \div \frac{2}{3}$$

( )

5 (큰 수)÷(작은 수), (작은 수)÷(큰 수)

54 다음 분수 중에서 가장 큰 수를 가장 작은 수로 나눈 몫을 구해 보세요.

$$2\frac{1}{4} \qquad \frac{2}{5} \qquad \frac{7}{12} \qquad 4\frac{3}{8}$$

(   )

분모가 다른 분수는 통분하여 분모를 같게 한 다음 분자의 크기를 비교하는 거 잊지 마.

$$\frac{5}{6}, \frac{4}{7} \Rightarrow \frac{5}{6}=\frac{35}{42}, \frac{4}{7}=\frac{24}{42} \Rightarrow \frac{5}{6}>\frac{4}{7}$$

55 다음 분수 중에서 가장 작은 수를 가장 큰 수로 나눈 몫을 구해 보세요.

$$\frac{2}{3} \qquad \frac{1}{5} \qquad \frac{1}{2} \qquad \frac{1}{3} \qquad \frac{5}{6}$$

(   )

56 다음 분수 중에서 두 수를 골라 몫이 가장 큰 나눗셈식을 만들려고 합니다. 이때 만든 나눗셈식의 몫을 구해 보세요.

$$2\frac{1}{6} \qquad \frac{5}{9} \qquad 2\frac{1}{2} \qquad \frac{2}{3}$$

(   )

6 단위 길이의 무게와 단위 무게의 길이

57 굵기가 일정한 고무관 $\frac{3}{4}$ m의 무게는 $\frac{5}{8}$ kg입니다. 고무관 1 m의 무게는 몇 kg인지 구해 보세요.

(   )

1 m의 무게를 구하려면 전체 무게를 전체 길이로 나눠야 해.

■ m의 무게: ● kg

1 m의 무게: (●÷■) kg

● kg의 길이: ■ m

1 kg의 길이: (■÷●) m

무게 3 kg, 길이 2 m인 나무 도막
• (1 m의 무게)＝3÷2
  ＝$\frac{3}{2}$＝$1\frac{1}{2}$ (kg)
• (1 kg의 길이)＝2÷3＝$\frac{2}{3}$ (m)

58 굵기가 일정한 철근 $\frac{1}{5}$ m의 무게는 $\frac{9}{10}$ kg입니다. 철근 1 kg의 길이는 몇 m인지 구해 보세요.

(   )

59 통나무 $\frac{3}{11}$ m의 무게는 $\frac{9}{11}$ kg입니다. 이 통나무의 굵기가 일정할 때 통나무 3 m의 무게는 몇 kg인지 구해 보세요.

(   )

1 □ 안에 들어갈 수 있는 자연수 구하기

60 □ 안에 들어갈 수 있는 자연수를 모두 구해 보세요.

$$\square \div \frac{1}{6} < 20$$

(   )

61 □ 안에 들어갈 수 있는 자연수는 모두 몇 개일까요?

$$9 < 3 \div \frac{1}{\square} < 19$$

(   )

62 □ 안에 들어갈 수 있는 자연수는 모두 몇 개인지 구해 보세요.

$$5 < \square \div \frac{1}{5} < 34$$

(   )

2 조건에 맞는 분수의 나눗셈식 만들기

63 조건 을 만족하는 분수의 나눗셈식을 모두 써 보세요.

조건
• 9÷7을 이용하여 계산할 수 있습니다.
• 분모가 12보다 작은 진분수의 나눗셈입니다.
• 두 분수의 분모는 같습니다.

(   )

64 조건 을 만족하는 분수의 나눗셈식을 써 보세요.

조건
• 7÷3을 이용하여 계산할 수 있습니다.
• 분모가 9보다 작은 진분수의 나눗셈입니다.
• 두 분수의 분모는 같습니다.

(   )

65 조건 을 만족하는 분수의 나눗셈식을 모두 써 보세요.

조건
• 5÷11을 이용하여 계산할 수 있습니다.
• 분모가 14보다 작은 진분수의 나눗셈입니다.
• 두 분수의 분모는 같습니다.

(   )

개념 KEY
① 나눗셈식을 곱셈식으로 나타냅니다.
② □ 안에 들어갈 수 있는 수를 구합니다.

66 어떤 수를 $\frac{4}{5}$로 나누어야 할 것을 잘못하여 5로 나누었더니 4가 되었습니다. 바르게 계산한 값은 얼마인지 구해 보세요.

(   )

67 어떤 수를 $\frac{2}{3}$로 나누어야 할 것을 잘못하여 곱하였더니 $\frac{2}{5}$가 되었습니다. 바르게 계산한 값은 얼마인지 구해 보세요.

(   )

68 어떤 수를 $\frac{4}{9}$로 나누어야 할 것을 잘못하여 곱하였더니 $1\frac{1}{7}$이 되었습니다. 바르게 계산한 값은 얼마인지 구해 보세요.

(   )

🔑 **개념 KEY**
① 잘못 계산한 식을 세워 어떤 수를 구합니다.
② 바른 식을 세워 계산합니다.

69 넓이가 $1\frac{1}{8}$ m²인 평행사변형이 있습니다. 높이가 $\frac{3}{5}$ m일 때 밑변의 길이는 몇 m인지 구해 보세요.

(   )

70 넓이가 $\frac{5}{16}$ m²인 삼각형이 있습니다. 이 삼각형의 밑변의 길이가 $\frac{15}{32}$ m일 때 높이는 몇 m인지 구해 보세요.

(   )

71 넓이가 $\frac{2}{3}$ m²인 마름모입니다. □ 안에 알맞은 수를 써넣으세요.

🔑 **개념 KEY**
· (평행사변형의 넓이)=(밑변의 길이)×(높이)
➡ (밑변의 길이)=(평행사변형의 넓이)÷(높이)
· (삼각형의 넓이)=(밑변의 길이)×(높이)÷2
➡ (높이)=(삼각형의 넓이)×2÷(밑변의 길이)

5 시간을 분수로 고쳐 계산하기

72 혜진이가 피아노 연습을 한 시간과 수학 공부를 한 시간입니다. 피아노 연습을 한 시간은 수학 공부를 한 시간의 몇 배인지 구해 보세요.

피아노 연습	$1\frac{1}{2}$시간
수학 공부	40분

( )

73 어느 자전거 선수가 자전거를 타고 $1\frac{19}{20}$ km를 가는 데 5분이 걸렸습니다. 같은 빠르기로 이 선수는 1시간 동안 몇 km를 가는지 구해 보세요.

( )

74 나무에서 $\frac{4}{7}$ L의 수액을 채취하는 데 40분이 걸립니다. 같은 나무의 수액을 1 L 채취하는 데 걸리는 시간은 몇 시간 몇 분인지 구해 보세요.

( )

6 실생활 문제 해결하기

75 우진이가 자전거를 타고 집에서 출발하여 2 km 떨어진 은행까지 갔다가 다시 집으로 돌아오는 데 $\frac{4}{7}$시간이 걸렸습니다. 우진이는 같은 빠르기로 한 시간 동안 몇 km를 갈 수 있는지 구해 보세요. (단, 은행에 머무는 시간은 생각하지 않습니다.)

( )

76 빈 병에 400 mL의 물을 넣었더니 병의 들이의 $\frac{5}{6}$만큼 찼습니다. 이 병에 물을 가득 채우려면 물을 몇 mL 더 부어야 할까요?

( )

77 $\frac{4}{5}$ L의 휘발유로 $8\frac{2}{3}$ km를 가는 자동차가 있습니다. 이 자동차는 $5\frac{3}{5}$ L의 휘발유로 몇 km를 갈 수 있는지 구해 보세요.

( )

개념 KEY

1시간은 60분이므로 1분$=\frac{1}{60}$시간입니다.

• 15분$=\frac{15}{60}$시간$=\frac{3}{4}$시간
• 1시간 20분$=1\frac{20}{60}$시간$=1\frac{1}{3}$시간

개념 KEY

• (한 시간 동안 갈 수 있는 거리)
 =(간 거리)÷(걸린 시간)
• (휘발유 1 L로 갈 수 있는 거리)
 =(간 거리)÷(휘발유의 양)

7 수 카드를 사용하여 분수의 나눗셈식 만들기

78 수 카드 1 , 3 , 5 를 한 번씩 모두 사용하여 대분수를 만들었습니다. 만들 수 있는 가장 큰 대분수를 가장 작은 대분수로 나눈 몫을 구해 보세요.

( )

79 수 카드 2 , 4 , 5 를 한 번씩 모두 사용하여 다음과 같이 나눗셈식을 만들려고 합니다. 만들 수 있는 나눗셈식 중에서 몫이 가장 작을 때의 몫을 구해 보세요.

$$\boxed{}\frac{\boxed{}}{\boxed{}}\div\frac{2}{7}$$

( )

80 은하는 1 , 2 , 3 을, 태호는 4 , 5 , 6 을 각각 한 번씩 사용하여 대분수를 만들었습니다. 두 사람이 만든 대분수로 몫이 가장 큰 나눗셈식을 만들 때 몫을 구해 보세요.

( )

🔑 **개념 KEY**
- 몫이 가장 작은 나눗셈식
  ➡ (가장 작은 수)÷(가장 큰 수)
- 몫이 가장 큰 나눗셈식
  ➡ (가장 큰 수)÷(가장 작은 수)

8 약속에 따라 계산하기

81 ◆◎♥$=4\frac{1}{2}\div$(◆÷♥)라고 약속할 때 다음을 계산해 보세요.

$$5\frac{1}{4}◎\frac{2}{3}$$

( )

82 ★◎■$=$★$\div$(★$+$■)라고 약속할 때 다음을 계산해 보세요.

$$\frac{3}{8}◎\frac{5}{12}$$

( )

83 ■◉▲$=$■$\div$(■$\div$▲)라고 약속할 때 ☐ 안에 알맞은 수를 구해 보세요.

$$\boxed{}\times\left(2\frac{1}{4}◉\frac{2}{3}\right)=2$$

( )

🔑 **개념 KEY**
가♥나$=$가$\div$(가$-$나)일 때 $\frac{3}{4}$♥$\frac{1}{3}$ 계산하기
가에 $\frac{3}{4}$, 나에 $\frac{1}{3}$을 넣어 식을 쓰고 계산합니다.
➡ $\frac{3}{4}$♥$\frac{1}{3}=\frac{3}{4}\div\left(\frac{3}{4}-\frac{1}{3}\right)$

기출 단원 평가

1 $\frac{7}{10}$에는 $\frac{3}{10}$이 몇 번 들어가는지 그림을 보고 ☐ 안에 알맞은 수를 써넣으세요.

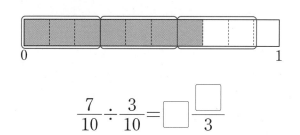

$$\frac{7}{10} \div \frac{3}{10} = \boxed{} \frac{\boxed{}}{3}$$

2 보기 와 같이 계산해 보세요.

> **보기**
> $$\frac{2}{5} \div \frac{3}{7} = \frac{14}{35} \div \frac{15}{35} = 14 \div 15 = \frac{14}{15}$$

$$\frac{7}{8} \div \frac{2}{3}$$

3 분수의 나눗셈을 계산하는 과정입니다. 잘못된 곳을 찾아 기호를 써 보세요.

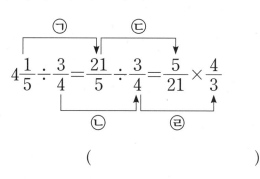

( )

4 ㉠과 ㉡에 알맞은 수의 합을 구해 보세요.

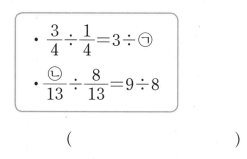

( )

5 관계있는 것끼리 이어 보세요.

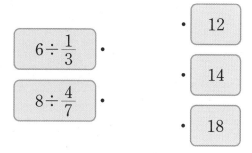

6 계산 결과가 자연수가 아닌 것에 ○표 하세요.

$$16 \div \frac{8}{17} \qquad 9 \div \frac{12}{13} \qquad 8 \div \frac{2}{3}$$

7 나눗셈에서 가장 먼저 해야 할 것을 바르게 말한 사람은 누구인지 찾아 써 보세요.

$$3\frac{2}{3} \div \frac{11}{18}$$

> 혜은: 분수를 통분합니다.
> 소율: 대분수를 가분수로 고칩니다.
> 도윤: 분자끼리 나누어 계산합니다.

( )

8 계산해 보세요.

(1) $\frac{8}{9} \div \frac{14}{15}$

(2) $2\frac{6}{13} \div \frac{8}{9}$

9 □ 안에 들어갈 수가 <u>다른</u> 하나를 찾아 기호를
써 보세요.

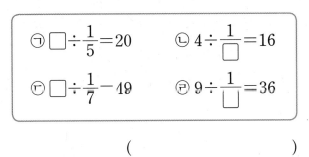

㉠ □÷$\frac{1}{5}$=20   ㉡ 4÷$\frac{1}{\square}$=16

㉢ □÷$\frac{1}{7}$=49   ㉣ 9÷$\frac{1}{\square}$=36

(   )

10 빈칸에 알맞은 수를 써넣으세요.

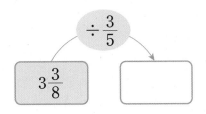

$÷\frac{3}{5}$

$3\frac{3}{8}$

11 계산 결과를 비교하여 ○ 안에 >, =, <를
알맞게 써넣으세요.

$$2\frac{1}{10}÷\frac{4}{5} \bigcirc \frac{7}{12}÷\frac{2}{9}$$

12 어느 음식점에서 설탕을 하루에 $\frac{5}{9}$ kg씩 사용
한다고 합니다. 이 음식점에서 설탕 20 kg을
며칠 동안 사용할 수 있는지 구해 보세요.

(   )

13 □ 안에 알맞은 수를 써넣으세요.

$$\frac{3}{5}×\boxed{}=2\frac{4}{7}$$

14 넓이가 $8\frac{8}{9}$ cm²이고 밑변의 길이가 $1\frac{9}{11}$ cm
인 평행사변형입니다. 이 평행사변형의 높이는
몇 cm인지 구해 보세요.

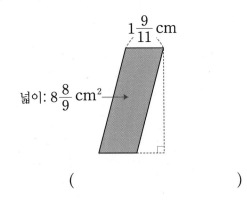

넓이: $8\frac{8}{9}$ cm²

$1\frac{9}{11}$ cm

(   )

15 빈칸에 알맞은 대분수를 써넣으세요.

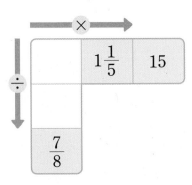

$×$

$÷$

$1\frac{1}{5}$ 15

$\frac{7}{8}$

16 재화와 소라의 대화를 보고 소라가 읽고 있는 동화책의 전체 쪽수를 구해 보세요.

> 재화: 소라야, 뭐해?
>
> 소라: 동화책을 읽는 중이야. 지금까지 책의 $\frac{3}{5}$ 을 읽었어.
>
> 재화: 오~ 대단한데! 그럼 얼마나 더 읽어야 다 읽는 거야?
>
> 소라: 10쪽 남았어. 다 읽고 같이 놀자. ^^

(   )

17 ☐ 안에 들어갈 수 있는 자연수 중에서 5보다 큰 수는 모두 몇 개인지 구해 보세요.

$$6 \div \frac{2}{\square} < 40$$

(   )

18 길이가 $14\frac{1}{4}$ cm인 양초에 불을 붙인 다음 1시간 후 남은 양초의 길이를 재어 보니 $4\frac{3}{4}$ cm였습니다. 같은 빠르기로 처음부터 이 양초가 다 타는 데 걸리는 시간은 몇 시간일까요?

(   )

19 수 카드 3 , 4 , 6 중에서 2장을 뽑아 ㉠과 ㉡에 한 번씩만 써넣어 다음과 같이 나눗셈식을 만들려고 합니다. 만들 수 있는 나눗셈식 중에서 몫이 가장 클 때의 몫은 얼마인지 풀이 과정을 쓰고 답을 구해 보세요.

$$\boxed{㉠} \div \frac{\boxed{㉡}}{7}$$

풀이 _____

_____

_____

답 _____

20 길이가 0.13 km인 도로 양쪽에 $6\frac{1}{2}$ m 간격으로 처음부터 끝까지 화분을 놓았습니다. 놓은 화분은 모두 몇 개인지 풀이 과정을 쓰고 답을 구해 보세요. (단, 화분의 크기는 생각하지 않습니다.)

풀이 _____

_____

_____

_____

답 _____

2 소수의 나눗셈

색 테이프 17.5 cm를 2.5 cm씩 자르면 색 테이프 몇 조각이 생길까요?

17.5÷2.5를 계산하면 돼요.

175÷25처럼 자연수라면 금방 알겠는데

소수점이 양쪽에 있으니 복잡해 보여요.

설마 2.5 cm씩 잘라서 확인하는 건 아니죠?

소수의 나눗셈도 자연수의 나눗셈과 크게 다르지 않아요. '점'만 잘 확인하면 되거든요.

소수점을 옮겨 계산해!

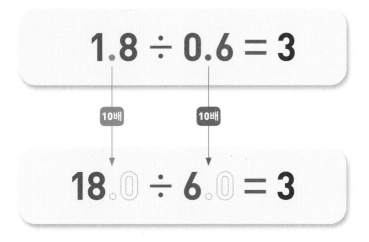

$$1.8 \div 0.6 = 3$$

10배   10배

$$18.0 \div 6.0 = 3$$

나누어지는 수와
나누는 수에 똑같이 10배 해도
몫은 변하지 않아!

$$\begin{array}{r} 3 \\ 0.6\overline{)1.8} \\ 1\,8 \\ \hline 0 \end{array} \quad \Rightarrow \quad \begin{array}{r} 3 \\ 6\overline{)1\,8} \\ 1\,8 \\ \hline 0 \end{array}$$

2 소수의 나눗셈

1 자연수의 나눗셈을 이용한 (소수)÷(소수)

• 11.6÷0.4의 계산

11.6÷0.4

10배 ↘ ↙ 10배

116÷4=29

11.6÷0.4=29

• 1.16÷0.04의 계산

1.16÷0.04

100배 ↘ ↙ 100배

116÷4=29

1.16÷0.04=29

2 자릿수가 같은 (소수)÷(소수)

• 2.52÷0.28의 계산

방법 1 분수의 나눗셈으로 계산하기

$$2.52÷0.28=\frac{252}{100}÷\frac{28}{100}$$
$$=252÷28=9$$

방법 2 세로로 계산하기

$$0.28\overline{)2.5\,2} \Rightarrow 28\overline{)2\,5\,2}$$

$$\begin{array}{r} 9 \\ 28\overline{)2\,5\,2} \\ 2\,5\,2 \\ \hline 0 \end{array}$$

3 자릿수가 다른 (소수)÷(소수)

• 6.24÷2.4의 계산

← 옮긴 소수점의 위치에 맞추어 몫의 소수점을 찍습니다.

방법 1 나누는 수와 나누어지는 수를 100배 하기

6.24÷2.4

100배 ↓ ↓ 100배

624÷240=2.6

$$\begin{array}{r} 2.6 \\ 2.40\overline{)6.2\,4\,0} \\ 4\,8\,0 \\ \hline 1\,4\,4\,0 \\ 1\,4\,4\,0 \\ \hline 0 \end{array}$$

방법 2 나누는 수와 나누어지는 수를 10배 하기

6.24÷2.4

10배 ↓ ↓ 10배

62.4÷24=2.6

$$\begin{array}{r} 2.6 \\ 2.4\overline{)6.2\,4} \\ 4\,8 \\ \hline 1\,4\,4 \\ 1\,4\,4 \\ \hline 0 \end{array}$$

---

1 그림과 같은 색 테이프를 0.7 cm씩 자르려고 합니다. ☐ 안에 알맞은 수를 써넣으세요.

2.8 cm=☐ mm, 0.7 cm=☐ mm

28÷7=☐ ➡ 2.8÷0.7=☐

2 4.14÷0.46을 계산하려고 합니다. ☐ 안에 알맞은 수를 써넣으세요.

⑴ 4.14÷0.46

$$=\frac{414}{100}÷\frac{☐}{100}$$

=414÷☐=☐

⑵

$$0.46\overline{)4.1\,4}$$ 몫=☐, 나머지=0

3 ☐ 안에 알맞은 수를 써넣으세요.

4.08÷1.7은 4.08과 1.7을 각각 ☐ 배씩 하여 계산하면 ☐ ÷170=☐ 입니다.

4 보기 와 같이 소수점을 오른쪽으로 한 자리씩 옮겨 계산해 보세요.

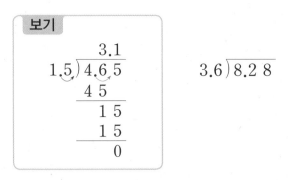

보기

$$\begin{array}{r} 3.1 \\ 1.5\overline{)4.6\,5} \\ 4\,5 \\ \hline 1\,5 \\ 1\,5 \\ \hline 0 \end{array}$$

$$3.6\overline{)8.2\,8}$$

4 (자연수)÷(소수)

• 9÷4.5의 계산

방법 1 분수의 나눗셈으로 계산하기

$$9 \div 4.5 = \frac{90}{10} \div \frac{45}{10} = 90 \div 45 = 2$$

방법 2 세로로 계산하기

$$4.5\overline{)9.0} \Rightarrow 45\overline{)90}$$
$$\begin{array}{r} 2 \\ 45\overline{)90} \\ \underline{90} \\ 0 \end{array}$$

5 몫을 반올림하여 나타내기

• 3.1÷0.7의 몫을 반올림하여 나타내기

① 몫을 반올림하여 일의 자리까지 나타내기
$$3.1 \div 0.7 = 4.4\cdots \Rightarrow 4$$

② 몫을 반올림하여 소수 첫째 자리까지 나타내기
$$3.1 \div 0.7 = 4.42\cdots \Rightarrow 4.4$$

③ 몫을 반올림하여 소수 둘째 자리까지 나타내기
$$3.1 \div 0.7 = 4.428\cdots \Rightarrow 4.43$$

6 나누어 주고 남는 양 알아보기

물 4.8 L를 한 사람에게 2 L씩 나누어 주려고 합니다. 나누어 줄 수 있는 사람 수와 나누어 주고 남는 물의 양을 알아보세요.

방법 1 뺄셈식으로 알아보기

→ $\underbrace{4.8 - 2 - 2}_{2번} = 0.8$ → 나누어 줄 수 있는
사람 수: 2명
남는 양: 0.8 L

방법 2 세로로 계산하기

$$\begin{array}{r} 2 \\ 2\overline{)4.8} \\ \underline{4} \\ 0.8 \end{array}$$
→ 나누어 줄 수 있는 사람 수: 2명
→ 남는 양: 0.8 L

---

5 36÷2.25를 계산하려고 합니다. ☐ 안에 알맞은 수를 써넣으세요.

(1) $36 \div 2.25 = \dfrac{\boxed{}}{100} \div \dfrac{225}{100}$

$= \boxed{} \div 225 = \boxed{}$

(2)
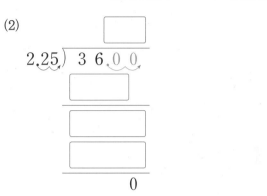

6 오른쪽 나눗셈식을 보고 물음에 답하세요.

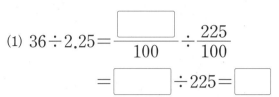
$$\begin{array}{r} 0.727 \\ 11\overline{)8.000} \\ \underline{7\ 7} \\ 3\ 0 \\ \underline{2\ 2} \\ 8\ 0 \\ \underline{7\ 7} \\ 3 \end{array}$$

(1) 몫을 반올림하여 소수 첫째 자리까지 나타내어 보세요.
(   )

(2) 몫을 반올림하여 소수 둘째 자리까지 나타내어 보세요.
(   )

7 끈 19.3 m를 한 사람당 3 m씩 나누어 주려고 합니다. 오른쪽 식을 완성하고 나누어 줄 수 있는 사람 수와 남는 끈의 길이를 구해 보세요.

$$\begin{array}{r} \boxed{} \\ 3\overline{)19.3} \\ \underline{18} \\ 1.3 \end{array}$$

나누어 줄 수 있는 사람 수 (   )
남는 끈의 길이 (   )

교과서 ➕ 익힘책 유형

1 자연수의 나눗셈을 이용한 (소수)÷(소수)

1 딸기 1.5 kg을 0.3 kg씩 접시에 나누어 담으려고 합니다. 그림에 0.3씩 선을 그은 다음 접시가 몇 개 필요한지 구해 보세요.

0   1   1.5

(   )

나누는 수가 같을 때
나누어지는 수와 몫의 관계를 생각해 봐.

준비 ☐ 안에 알맞은 수를 써넣으세요.

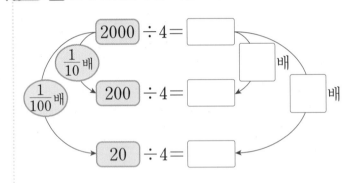

$2000 \div 4 =$ ☐

$\frac{1}{10}$배

$\frac{1}{100}$배

$200 \div 4 =$ ☐   ☐ 배

$20 \div 4 =$ ☐   ☐ 배

2 소수의 나눗셈을 자연수의 나눗셈을 이용하여 계산하려고 합니다. ☐ 안에 알맞은 수를 써넣으세요.

(1)

$25.8 \div 0.6 =$ ☐ 배

☐ 배

☐ $\div 6 =$ ☐

$25.8 \div 0.6 =$ ☐

(2)

$7.65 \div 0.09 =$ ☐ 배

☐ 배

☐ $\div 9 =$ ☐

$7.65 \div 0.09 =$ ☐

3 $936 \div 3 = 312$를 이용하여 ☐ 안에 알맞은 수를 써넣으세요.

$$9.36 \div 0.03 = \boxed{}$$

4 끈 31.2 cm를 0.8 cm씩 자르면 몇 도막이 되는지 ☐ 안에 알맞은 수를 써넣으세요.

$31.2 \, cm =$ ☐ mm

$0.8 \, cm =$ ☐ mm

$31.2 \div 0.8 =$ ☐ $\div$ ☐ $=$ ☐ (도막)

5 $3.55 \div 0.05$와 몫이 같은 것을 모두 찾아 기호를 써 보세요.

㉠ $35.5 \div 0.05$	㉡ $35.5 \div 0.5$
㉢ $355 \div 0.5$	㉣ $355 \div 5$

(   )

서술형
6 **조건** 을 만족하는 나눗셈식을 찾아 계산하고, 그 이유를 써 보세요.

조건
- $846 \div 2$를 이용하여 풀 수 있습니다.
- 나누는 수와 나누어지는 수를 각각 100배 하면 $846 \div 2$가 됩니다.

식

이유

② 자릿수가 같은 (소수)÷(소수)

7 관계있는 것끼리 이어 보세요.

$1.2 \div 0.6$ • • $\dfrac{75}{10} \div \dfrac{5}{10}$

$7.5 \div 0.5$ • • $\dfrac{12}{10} \div \dfrac{6}{10}$

8 보기 와 같이 분수의 나눗셈으로 계산해 보세요.

보기

$$4.75 \div 0.25 = \frac{475}{100} \div \frac{25}{100}$$
$$= 475 \div 25 = 19$$

$5.88 \div 0.42$

9 ☐ 안에 알맞은 수를 써넣으세요.

81.2÷2.9에서 81.2와 2.9에 각각

☐ 배씩 하여 계산하면

812÷☐＝☐ 입니다.

➡ 81.2÷2.9＝☐

☺ 내가 만드는 문제

⑩ 그림에 음료수의 양을 정해 색칠하고 컵 한 개에 0.2 L 씩 담는다면 컵 몇 개가 필요한지 구해 보세요.

1.6(L)
1.4
1.2
1.0
0.8
0.6
0.4
0.2
0

( )

11 계산 결과를 비교하여 ◯ 안에 ＞, ＝, ＜를 알맞게 써넣으세요.

$3.84 \div 0.12$ ◯ $6.88 \div 0.43$

12 계산해 보세요.

(1) $0.7) \overline{3\,9.2}$ (2) $1.4) \overline{3\,2.2}$

13 잘못 계산한 곳을 찾아 바르게 계산해 보세요.

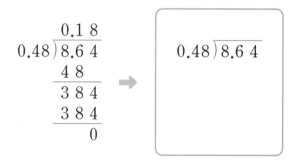

$0.48) \overline{8.6\,4}$

14 코끼리의 무게는 흰코뿔소의 무게의 몇 배인지 구해 보세요.

하루에 18~20시간 동안 먹이를 먹는 코끼리는 육상 동물 중에서 가장 무거운 동물입니다. 육상 동물 중 그 다음으로 무거운 동물은 흰코뿔소입니다.

▲ 코끼리(5.76 t)   ▲ 흰코뿔소(1.92 t)

( )

3 자릿수가 다른 (소수)÷(소수)

[15~16] 5.76÷1.8을 계산하려고 합니다. 물음에 답하세요.

15 5.76÷1.8의 몫을 어림해 보세요.

(   )

16 보기 와 같이 계산해 보세요.

```
                2.7
   2.40)6.4 8 0
         4 8 0
         1 6 8 0
         1 6 8 0
               0
```

```
1.8)5.7 6
```

17 소수의 나눗셈을 할 때 소수점을 바르게 옮긴 것을 찾아 기호를 써 보세요.

```
㉠ 2.5)3.2 5       ㉡ 4.1)9.8 4
㉢ 3.2)4 3.0 4     ㉣ 3.2)1 5.3 6
```

(   )

18 큰 수를 작은 수로 나눈 몫을 빈칸에 써넣으세요.

3.92	0.7

19 가장 큰 수를 가장 작은 수로 나눈 몫을 구해 보세요.

2.1	3.78	1.4	3.46

(   )

20 집에서 백화점까지의 거리는 0.8 km이고, 집에서 놀이공원까지의 거리는 2.48 km입니다. 집에서 놀이공원까지의 거리는 집에서 백화점까지의 거리의 몇 배인지 구해 보세요.

(   )

서술형
21 가÷나의 몫은 얼마인지 풀이 과정을 쓰고 답을 구해 보세요.

가: 1.96을 10배 한 수
나: 0.01이 7개인 수

풀이 ....

....

....

답 ....

4 (자연수)÷(소수)

22 와 같이 분수의 나눗셈으로 계산해 보세요.

보기
$$27 \div 1.8 = \frac{270}{10} \div \frac{18}{10} = 270 \div 18 = 15$$

$25 \div 1.25$

23 ☐ 안에 알맞은 수를 써넣으세요.

```
            [  ]배
           ↗       ↘
58÷2.32=[  ]   5800÷232=[  ]
           ↘       ↗
            [  ]배
```

24 계산해 보세요.

(1)
$$1.5 \overline{)2\ 1}$$

(2)
$$6.4 \overline{)9\ 6}$$

(3)
$$0.32 \overline{)1\ 6}$$

(4)
$$0.54 \overline{)1\ 8\ 9}$$

25 ☐ 안에 알맞은 수를 써넣으세요.

$$54 \div 3 = \boxed{}$$

$$54 \div 0.3 = \boxed{}$$

$$54 \div 0.03 = \boxed{}$$

26 ☐ 안에 알맞은 수를 써넣으세요.

$$31 \rightarrow \div \boxed{} \rightarrow 12.4$$

☺ 내가 만드는 문제
27 ⬡ 안에 10 이상의 자연수를 하나 써넣고 빈 곳에 계산 결과를 써넣으세요.

⬡ ➡ ÷1.25 ➡ [ ]

서술형
28 기름 15 L를 통 한 개에 2.5 L씩 나누어 담으려고 합니다. 필요한 통은 몇 개인지 두 가지 방법으로 구해 보세요.

방법 1

답 _____

방법 2

답 _____

5 몫을 반올림하여 나타내기

구하려는 자리 바로 아래 자리의 숫자를 확인해.

준비 소수를 반올림하여 주어진 자리까지 나타내어 보세요.

수	소수 첫째 자리	소수 둘째 자리
0.647		

29 몫을 반올림하여 소수 첫째 자리까지 나타내어 보세요.

$$7 \overline{)4\,4.3}$$

( )

30 $10 \div 7$의 몫을 반올림하여 주어진 자리까지 나타내어 보세요.

일의 자리	소수 첫째 자리	소수 둘째 자리

31 계산 결과를 비교하여 ○ 안에 >, =, <를 알맞게 써넣으세요.

35.9÷7의 몫을 반올림하여 소수 첫째 자리까지 나타낸 수	○	35.9÷7

32 구슬 2개를 자유롭게 고르고, 고른 구슬 중 더 무거운 구슬의 무게는 더 가벼운 구슬의 무게의 몇 배인지 반올림하여 소수 둘째 자리까지 나타내어 보세요.

32.8 g   5.13 g   19.2 g

( )

33 준서가 키우는 토마토 줄기의 길이를 나타낸 표입니다. 6월 10일 토마토 줄기의 길이는 4월 10일 토마토 줄기의 길이의 몇 배인지 반올림하여 소수 첫째 자리까지 나타내어 보세요.

날짜	4월 10일	6월 10일
줄기의 길이(cm)	8.4	79.2

( )

서술형
34 몫을 반올림하여 소수 첫째 자리까지 나타낸 수와 몫을 반올림하여 소수 둘째 자리까지 나타낸 수의 차는 얼마인지 풀이 과정을 쓰고 답을 구해 보세요.

1.6÷7

풀이 _____

_____

_____

답 _____

6 나누어 주고 남는 양 알아보기

35 □ 안에 알맞은 수를 써넣으세요.

$$11.6-3-3-3=\boxed{}$$

11.6에서 3을 3번 빼면 $\boxed{}$이(가) 남습니다.

➡ $11.6\div3=\boxed{}\cdots\boxed{}$

[36~38] 사과 33.6 kg을 한 상자에 6 kg씩 나누어 담으려고 합니다. 나누어 담을 수 있는 상자 수와 남는 사과의 무게를 알아보려고 합니다. 물음에 답하세요.

36 □ 안에 알맞은 수를 써넣으세요.

$$33.6-6-6-6-6-6=\boxed{}$$

37 나누어 담을 수 있는 상자 수와 남는 사과의 무게를 구해 보세요.

나누어 담을 수 있는 상자 수 (   )
남는 사과의 무게 (   )

38 다른 방법으로 나누어 담을 수 있는 상자 수와 남는 사과의 무게를 알아보려고 합니다. □ 안에 알맞은 수를 써넣으세요.

$$\begin{array}{r} \boxed{} \\ 6\overline{\smash{\big)}\,3\;3\,.6} \\ 3\;0 \\ \hline \boxed{} \end{array}$$

나누어 담을 수 있는 상자 수: $\boxed{}$ 상자

남는 사과의 무게: $\boxed{}$ kg

39 물 24.8 L를 한 사람당 4 L씩 나누어 줄 때 나누어 줄 수 있는 사람 수와 남는 물의 양을 구하기 위해 다음과 같이 계산했습니다. 계산 방법이 옳은 사람은 누구일까요?

윤서의 방법	준호의 방법
사람 수: 6명	사람 수: 6명
남는 물의 양: 0.2 L	남는 물의 양: 0.8 L

(   )

40 꽃 한 송이를 수놓는 데 실이 3 m 필요하다고 합니다. 실 26.2 m로 꽃을 몇 송이까지 수놓을 수 있고, 남는 실은 몇 m일까요?

수놓을 수 있는 꽃의 수 (   )
남는 실의 길이 (   )

서술형
41 귤 14.9 kg을 한 봉지에 3 kg씩 나누어 담으려고 합니다. 나누어 담을 수 있는 봉지 수와 남는 귤의 무게를 두 가지 방법으로 구해 보세요.

방법 1

봉지 수: $\boxed{}$ 봉지

남는 귤의 무게: $\boxed{}$ kg

방법 2

봉지 수: $\boxed{}$ 봉지

남는 귤의 무게: $\boxed{}$ kg

1 나누어지는 수, 나누는 수, 몫의 관계

42 몫이 가장 큰 것을 찾아 기호를 써 보세요.

> ㉠ 3.92÷2.8 ㉡ 3.92÷0.8
> ㉢ 3.92÷1.12 ㉣ 3.92÷1.4

( )

나누어지는 수(또는 나누는 수)가 모두 같을 때는 직접 계산하지 않아도 몫의 크기를 비교할 수 있어.

나누어지는 수가 같은 경우
↓
나누는 수가 작을수록 몫이 커집니다.

나누는 수가 같은 경우
↓
나누어지는 수가 클수록 몫이 커집니다.

43 계산 결과를 비교하여 ◯ 안에 >, =, <를 알맞게 써넣으세요.

(1) $5.4÷0.3$ ◯ $2.7÷0.3$

(2) $6÷1.5$ ◯ $6÷0.75$

44 몫이 큰 것부터 차례로 기호를 써 보세요.

> ㉠ 3.36÷1.68 ㉡ 3.36÷0.4
> ㉢ 3.36÷1.2 ㉣ 3.36÷0.14

( )

2 몫을 자연수까지 구하는 경우

45 리본 4 m로 선물 상자 한 개를 포장할 수 있습니다. 리본 29.6 m로 똑같은 모양의 상자를 몇 개까지 포장할 수 있을까요?

( )

몫을 자연수까지 구하고 남는 양을 구할 때 나머지의 소수점은 나누어지는 수의 처음 소수점 위치에 맞춰 찍어.

46 페인트 5 L로 벽 한 면을 모두 칠할 수 있습니다. 페인트 16.7 L로 같은 크기의 벽을 몇 면까지 칠할 수 있고, 남는 페인트는 몇 L일까요?

칠할 수 있는 벽의 수 ( )
남는 페인트의 양 ( )

47 50 cm의 대나무로 단소 한 개를 만들 수 있습니다. 대나무 330.8 cm로 같은 길이의 단소를 몇 개까지 만들 수 있고, 남는 대나무는 몇 cm일까요?

만들 수 있는 단소의 수 ( )
남는 대나무의 길이 ( )

3 도형에서 변의 길이

48 넓이가 $54.6\,\text{cm}^2$인 평행사변형이 있습니다. 이 평행사변형의 밑변의 길이가 $7.8\,\text{cm}$일 때 높이는 몇 cm일까요?

7.8 cm

( )

(평행사변형의 넓이)=(밑변의 길이)×(높이)임을 이용해.

cm² ● cm

(평행사변형의 넓이)
=(밑변의 길이)×(높이)
➡ (밑변의 길이)
= (평행사변형의 넓이)÷(높이)
= ▲ ÷ ●

49 오른쪽 직사각형의 넓이는 $17.5\,\text{cm}^2$입니다. 이 직사각형의 가로가 $3.5\,\text{cm}$일 때 세로는 몇 cm일까요?

넓이:
17.5 cm²

3.5 cm

( )

50 넓이가 $15.66\,\text{cm}^2$인 삼각형이 있습니다. 이 삼각형의 높이가 $5.4\,\text{cm}$일 때 밑변의 길이는 몇 cm일까요?

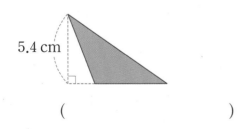

5.4 cm

( )

4 어떤 수 구하기

51 ☐ 안에 알맞은 수를 구해 보세요.

$$3.75 \times \square = 90$$

( )

곱셈과 나눗셈의 관계를 이용해.

●×■=★ ⟨ ★÷■=● / ★÷●=■

52 ☐ 안에 알맞은 수를 구해 보세요.

$$\square \times 0.52 = 7.28$$

( )

53 44.64를 어떤 수로 나누었더니 몫이 3.6이었습니다. 어떤 수를 3.1로 나눈 몫은 얼마인지 구해 보세요.

( )

5 바르게 계산한 값 구하기

54 어떤 수를 0.6으로 나누어야 할 것을 잘못하여 6으로 나누었더니 몫이 3, 나머지가 1.6이 있습니다. 바르게 계산했을 때의 몫을 반올림하여 소수 첫째 자리까지 나타내어 보세요.

(   )

먼저 잘못 계산한 식을 이용해서 어떤 수(□)를 구해 보자.

□÷1.9=2···0.4 ➡ □=1.9×2+0.4
□×2.1=10.5 ➡ □=10.5÷2.1

55 어떤 수를 2.8로 나누어야 할 것을 잘못하여 28로 나누었더니 몫이 3, 나머지가 0.2였습니다. 바르게 계산했을 때의 몫을 반올림하여 소수 둘째 자리까지 나타내어 보세요.

(   )

56 어떤 수를 0.3으로 나누어야 할 것을 잘못하여 0.5를 곱했더니 2.05가 되었습니다. 바르게 계산했을 때의 몫을 반올림하여 소수 첫째 자리까지 나타내어 보세요.

(   )

6 몫의 소수 ■째 자리 숫자 구하기

57 몫의 소수 12째 자리 숫자를 구해 보세요.

$$12.3 \div 9$$

(   )

몫의 소수점 아래 숫자가 반복되는 규칙을 찾아보자.

8÷11의 몫의 소수 17째 자리 숫자 구하기
8÷11=0.727272…
몫의 소수점 아래에 숫자 7과 2가 반복되는 규칙입니다.

┌─ 7, 2가 반복되는 횟수
17÷2=8···1 ➡ 소수 17째 자리 숫자: 7
        └── 반복되는 숫자 중 첫 번째 숫자
    └── 반복되는 숫자의 개수

58 몫의 소수 29째 자리 숫자를 구해 보세요.

$$50 \div 22$$

(   )

59 몫을 반올림하여 소수 10째 자리까지 나타내면 몫의 소수 10째 자리 숫자는 얼마인지 구해 보세요.

$$3.58 \div 9$$

(   )

1 수 카드로 나눗셈식 만들기

60 수 카드 [2], [3], [5]를 □ 안에 한 번씩 써넣어 몫이 가장 큰 나눗셈식을 만들고 몫을 구해 보세요.

$$\boxed{}\boxed{}.\boxed{} \div 0.4$$

( )

61 수 카드 [0], [4], [8]을 □ 안에 한 번씩 써넣어 몫이 가장 작은 나눗셈식을 만들고 몫을 구해 보세요.

$$\boxed{}.\boxed{}\boxed{} \div 0.2$$

( )

62 수 카드 [3], [5], [7], [8]을 한 번씩만 사용하여 다음과 같이 나눗셈식을 만들려고 합니다. 몫이 가장 큰 나눗셈식을 만들고 몫을 반올림하여 소수 첫째 자리까지 나타내어 보세요.

$$\boxed{}\boxed{}.\boxed{} \div \boxed{}$$

( )

2 □ 안에 들어갈 수 있는 수 구하기

63 1부터 9까지의 자연수 중에서 □ 안에 들어갈 수 있는 수를 모두 구해 보세요.

$$8.4 \div 1.4 > \boxed{}$$

( )

64 □ 안에 들어갈 수 있는 자연수는 모두 몇 개인지 구해 보세요.

$$144 \div 3.6 < \boxed{} < 24 \div 0.48$$

( )

65 1부터 9까지의 자연수 중에서 □ 안에 들어갈 수 있는 수는 모두 몇 개인지 구해 보세요.

$$44.2 \div 26 < 1.\boxed{}5$$

( )

🔑 **개념 KEY**
• 몫이 가장 큰 나눗셈식
  ➡ (가장 큰 수)÷(가장 작은 수)
• 몫이 가장 작은 나눗셈식
  ➡ (가장 작은 수)÷(가장 큰 수)

🔑 **개념 KEY**
① 소수의 나눗셈을 먼저 계산합니다.
② □ 안에 들어갈 수 있는 수를 구합니다.

3 넓이가 같은 두 도형에서 변의 길이 구하기

66 가로가 6.24 cm, 세로가 4 cm인 직사각형이 있습니다. 이 직사각형의 세로를 2 cm 늘인다면 가로는 몇 cm를 줄여야 처음 직사각형의 넓이와 같게 되는지 구해 보세요.

(   )

67 두 대각선의 길이가 3 cm, 2.4 cm인 마름모가 있습니다. 이 마름모의 대각선 중 긴 대각선의 길이를 1.2 cm 줄인다면 다른 대각선의 길이는 몇 cm를 늘여야 처음 마름모의 넓이와 같게 되는지 구해 보세요.

(   )

4 둘레에 놓는 것의 개수 구하기

68 그림과 같이 둘레가 11.2 m인 원 모양의 울타리에 1.4 m 간격으로 기둥을 세우려고 합니다. 필요한 기둥은 모두 몇 개인지 구해 보세요. (단, 기둥의 두께는 생각하지 않습니다.)

1.4 m   1.4 m

(   )

69 호수 주변에 둘레가 240 m인 원 모양의 산책로를 만들었습니다. 이 산책로에 8.1 m 간격으로 긴 의자를 설치하려고 합니다. 의자의 길이가 1.5 m일 때 의자는 모두 몇 개 필요할까요?

(   )

70 길이가 40 m인 직선 도로의 양쪽에 1.25 m 간격으로 도로의 처음부터 끝까지 깃발을 세우려고 합니다. 필요한 깃발은 모두 몇 개인지 구해 보세요.(단, 깃발의 두께는 생각하지 않습니다.)

(   )

5 시간을 소수로 바꾸어 계산하기

71 1시간 15분 동안 35 cm를 기어가는 달팽이가 있습니다. 이 달팽이는 한 시간 동안 몇 cm를 기어가는 셈일까요?

( )

72 혜진이와 성호가 줄넘기를 한 시간을 나타낸 것입니다. 혜진이가 줄넘기를 한 시간은 성호가 줄넘기를 한 시간의 몇 배인지 구해 보세요.

혜진	성호
1.68시간	1시간 12분

( )

73 어느 달리기 선수가 42.2 km를 2시간 36분 만에 완주했습니다. 이 선수가 일정한 빠르기로 1시간 동안 달린 거리는 몇 km인지 반올림하여 소수 첫째 자리까지 나타내어 보세요.

( )

개념 KEY

■ km를 가는 데 ★분이 걸릴 때

시간┐ ┌거리
┌ 1 km를 가는 데 걸리는 시간 ➡ ★ ÷ ■ (분)
└ 1분 동안 가는 거리 ➡ ■ ÷ ★ (km)
거리┘ └시간

6 길이를 소수로 바꾸어 계산하기

74 굵기가 일정한 통나무 2 m 10 cm의 무게가 78 kg이라고 합니다. 이 통나무 1 m의 무게는 몇 kg인지 반올림하여 소수 첫째 자리까지 나타내어 보세요.

( )

75 굵기가 일정한 파이프 90 cm의 무게를 재어 보니 46.2 kg이었습니다. 이 파이프 1 m의 무게는 몇 kg인지 반올림하여 소수 둘째 자리까지 나타내어 보세요.

( )

76 굵기가 일정한 철근 2 m 70 cm를 담은 상자의 무게를 재어 보니 31.6 kg이었습니다. 철근 1.8 m를 잘라 낸 후 남은 철근을 담은 상자의 무게를 재어 보니 14.4 kg이었습니다. 철근 1 m의 무게는 몇 kg인지 반올림하여 일의 자리까지 나타내어 보세요.

( )

7 가격 비교하기

77 가 가게에서 파는 딸기 음료는 0.6 L당 1110원이고, 나 가게에서 파는 딸기 음료는 1.3 L당 2340원입니다. 같은 양의 딸기 음료를 산다면 어느 가게가 더 저렴할까요?

(   )

78 가 가게에서 파는 소금은 2.5 kg당 9000원이고, 나 가게에서 파는 소금은 1.5 kg당 5700원입니다. 같은 양의 소금을 산다면 어느 가게가 더 저렴할까요?

(   )

79 어느 가게에서 파는 아이스크림의 가격입니다. 같은 양의 아이스크림을 산다면 어느 것이 가장 비싼지 기호를 써 보세요.

가: 0.4 kg	………	3600원
나: 0.5 kg	………	4600원
다: 0.75 kg	………	7200원

(   )

8 양초를 태운 시간 구하기

80 길이가 22 cm인 양초가 있습니다. 이 양초에 불을 붙이면 1분에 0.2 cm씩 일정하게 탑니다. 이 양초를 3.6 cm가 남을 때까지 태웠다면 양초를 태운 시간은 몇 시간 몇 분인지 구해 보세요.

(   )

81 길이가 18.4 cm인 양초가 있습니다. 이 양초에 불을 붙이면 10분에 0.24 cm씩 일정하게 탑니다. 이 양초를 6.4 cm가 남을 때까지 태웠다면 양초를 태운 시간은 몇 시간 몇 분인지 구해 보세요.

(   )

82 길이가 40 cm인 양초가 있습니다. 이 양초에 불을 붙이면 1분에 0.4 cm씩 일정하게 탑니다. 오후 3시에 이 양초에 불을 붙여 4 cm가 남았을 때 불을 껐습니다. 양초의 불을 끈 시각은 오후 몇 시 몇 분인지 구해 보세요.

(   )

🔑 개념 KEY
- (탄 양초의 길이)
  = (처음 양초의 길이) − (남은 양초의 길이)
- (양초를 태우는 데 걸린 시간)
  = (탄 양초의 길이) ÷ (1분에 타는 양초의 길이)

기출 단원 평가

1 소수의 나눗셈을 자연수의 나눗셈을 이용하여 계산하려고 합니다. ☐ 안에 알맞은 수를 써넣으세요.

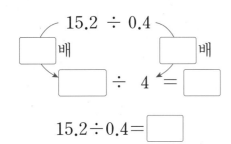

$$15.2 \div 0.4 = \boxed{}$$

2 필통의 길이는 22.5 cm이고 지우개의 길이는 4.5 cm입니다. 필통의 길이는 지우개의 길이의 몇 배인지 ☐ 안에 알맞은 수를 써넣으세요.

$$22.5 \,\text{cm} = \boxed{}\,\text{mm}$$
$$4.5 \,\text{cm} = \boxed{}\,\text{mm}$$

$$22.5 \div 4.5 = \boxed{}\,(배)$$

3 보기 와 같이 분수의 나눗셈으로 계산해 보세요.

> **보기**
> $$7.42 \div 0.53 = \frac{742}{100} \div \frac{53}{100}$$
> $$= 742 \div 53 = 14$$

$8.82 \div 0.09$

4 계산해 보세요.

(1)
$$2.45 \overline{)80.85}$$

(2)
$$0.08 \overline{)52}$$

5 ☐ 안에 알맞은 수를 써넣으세요.

$$2.31 \div 0.03 = \boxed{}$$
$$23.1 \div 0.03 = \boxed{}$$
$$231 \div 0.03 = \boxed{}$$

6 잘못 계산한 곳을 찾아 바르게 계산해 보세요.

$$
\begin{array}{r}
1.8 \\
6.5{\overline{\smash{\big)}\,117}} \\
\underline{65} \\
520 \\
\underline{520} \\
0
\end{array}
$$

→

7 계산 결과를 비교하여 ◯ 안에 >, =, <를 알맞게 써넣으세요.

$$\boxed{34.5 \div 1.5} \;\bigcirc\; \boxed{10.2 \div 0.68}$$

8 빈칸에 알맞은 수를 써넣으세요.

9 가◎나＝(가÷나)÷나라고 약속할 때 다음을 계산해 보세요.

$$31.25 ◎ 1.25$$

( )

10 길이가 10.54 m인 통나무를 0.31 m씩 자르려고 합니다. 모두 몇 번 잘라야 하는지 구해 보세요.

( )

11 다음 조건 을 만족하는 나눗셈식을 찾아 계산하고, 이유를 써 보세요.

> **조건**
> • 476÷14를 이용하여 계산할 수 있습니다.
> • 나누는 수와 나누어지는 수를 각각 10배 한 식은 476÷14입니다.

식 _____

이유 _____

12 몫을 반올림하여 일의 자리까지 나타낸 수와 몫을 반올림하여 소수 첫째 자리까지 나타낸 수의 차를 구해 보세요.

$$6.3 ÷ 1.3$$

( )

13 우유 15.6 L를 한 병에 2 L씩 나누어 담으면 몇 병까지 담을 수 있고, 남는 우유는 몇 L일까요?

담을 수 있는 병의 수 ( )

남는 우유의 양 ( )

14 몫의 소수 25째 자리 숫자를 구해 보세요.

$$37 ÷ 2.7$$

( )

15 넓이가 29.64 cm²인 사다리꼴이 있습니다. 사다리꼴의 높이가 4.8 cm일 때 윗변의 길이와 아랫변의 길이의 합은 몇 cm일까요?

4.8 cm

( )

16 굵기가 일정한 철사 20.4 m가 들어 있는 상자의 무게를 재어 보니 7.2 kg이었습니다. 철사 11.7 m를 잘라 낸 후 남은 철사가 들어 있는 상자의 무게를 재어 보니 4.7 kg이었습니다. 철사 1 m의 무게는 몇 kg인지 반올림하여 소수 둘째 자리까지 나타내어 보세요.

(   )

17 수 카드 1 , 2 , 4 , 6 , 8 을 한 번씩만 사용하여 다음과 같이 나눗셈식을 만들려고 합니다. 몫이 가장 큰 나눗셈식을 만들고 몫을 구해 보세요.

☐ . ☐ ☐ ÷ ☐ . ☐

(   )

18 가 가게에서 파는 수정과는 0.6 L당 1800원이고, 나 가게에서 파는 수정과는 0.75 L당 1920원입니다. 1 L의 수정과를 산다면 어느 가게가 얼마나 더 저렴한지 구해 보세요.

(   ), (   )

19 경한이는 1시 30분부터 2시 45분까지 4.35 km를 걸었습니다. 경한이가 일정한 빠르기로 걸었다면 한 시간 동안 걸은 거리는 몇 km인지 풀이 과정을 쓰고 답을 구해 보세요.

풀이

답

20 길이가 8.52 km인 터널이 있습니다. 길이가 160 m인 기차가 1분에 1.24 km를 가는 빠르기로 달릴 때 터널을 완전히 지나가는 데 걸리는 시간은 몇 분인지 풀이 과정을 쓰고 답을 구해 보세요.

풀이

답

3 공간과 입체

친구와 유명한 건축물을 보러 가서 사진을 찍었는데
친구와 서 있는 위치가 달라서 사진에 찍힌 건물 모양이 달랐던 경험이 있나요?
이건 바로 보는 방향에 따라 건물의 모습이 바뀌기 때문이에요.
지금부터 우리가 어릴 적 가지고 놀았던 블록과 비슷한 모양의 쌓기나무로
여러 가지 모양을 만들고 여러 방향에서 살펴보아요.

보는 방향에 따라 다르게 보여!

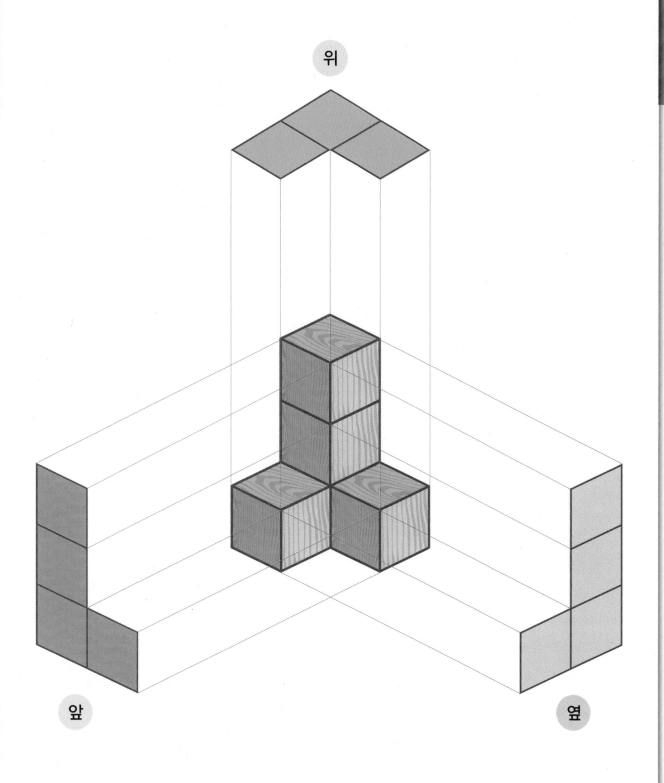

위

앞

옆

3 공간과 입체

① 여러 방향에서 본 모양 알아보기

[㉮에서 찍은 사진] [㉯에서 찍은 사진] [㉰에서 찍은 사진]

② 쌓은 모양과 쌓기나무의 개수 알아보기 (1)

● 위에서 본 모양과 쌓기나무로 쌓은 모양을 보고 쌓기나무의 개수 구하기

위에서 본 모양

쌓기나무의 개수:
5+4+4 = 13(개)

보이지 않는 부분

위에서 본 모양은 같지만 쌓기나무의 개수가 다릅니다.

숨겨진 쌓기나무가 1개 또는 2개 있습니다.

위에서 본 모양

쌓기나무의 개수:
5+3+3 = 11(개) 또는 5+4+3 = 12(개)

③ 쌓은 모양과 쌓기나무의 개수 알아보기 (2)

● 쌓기나무로 쌓은 모양과 위에서 본 모양을 보고 앞, 옆에서 본 모양 그리기

위에서 본 모양에서 숨겨진 쌓기나무가 없음을 알 수 있습니다.

각 방향에서 각 줄의 가장 높은 층만큼 그립니다.

---

1 오른쪽 미끄럼틀 사진을 여러 방향에서 찍었습니다. ㉮ 방향에서 찍은 사진을 찾아 기호를 써 보세요.

 ㉠

 ㉡

 ㉢

 ㉣

(   )

2 쌓기나무로 쌓은 모양을 보고 위에서 본 모양을 그렸습니다. 관계있는 것끼리 이어 보세요.

3 쌓기나무로 쌓은 모양을 어느 방향에서 본 것인지 ☐ 안에 알맞게 써 넣으세요.

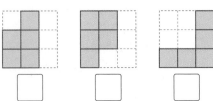

● 정답과 풀이 16쪽

4 쌓은 모양과 쌓기나무의 개수 알아보기⑶

● 쌓은 모양을 보고 위에서 본 모양에 수를 써서 나타내기

> 위에서 본 모양에 수를 써서 나타내면 쌓은 모양을 정확하게 알 수 있습니다.

쌓기나무의 개수: 3+2+1+1=7(개)

● 위에서 본 모양에 수를 쓴 것을 보고 쌓은 모양 알기

각 방향에서 가장 높은 층만큼 그립니다.

5 쌓은 모양과 쌓기나무의 개수 알아보기⑷

● 쌓은 모양을 보고 층별로 나타낸 모양 그리기

> 위에서 본 모양에서 같은 위치에 있는 층은 같은 위치에 그립니다.

층별로 나타낸 모양은 각 층의 모양과 개수를 정확하게 알 수 있으므로 쌓은 모양이 하나로 만들어집니다.

6 여러 가지 모양 만들기

● 쌓기나무 4개로 만들 수 있는 서로 다른 모양

→ 8가지

쌓기나무 3개로 만들 수 있는 모양에 쌓기나무 1개를 붙여서 만들 수 있습니다.

---

4 쌓기나무로 쌓은 모양을 보고 위에서 본 모양에 수를 써 보세요.

5 쌓기나무로 쌓은 모양을 보고 위에서 본 모양에 수를 썼습니다. 앞에서 본 모양을 그려 보세요.

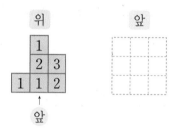

6 쌓기나무로 쌓은 모양과 1층 모양을 보고 2층과 3층 모양을 각각 그려 보세요.

7 모양에 쌓기나무 1개를 더 붙여서 만들 수 있는 모양이 <u>아닌</u> 것에 ○표 하세요.

(   )   (   )   (   )

3

① 여러 방향에서 본 모양 알아보기

1 어느 섬의 바위의 사진을 찍었습니다. 각 사진은 어느 방향에서 찍은 것인지 찾아 기호를 써 보세요.

(   ) (   ) (   )

2 보기 와 같이 물건을 놓았을 때 찍을 수 없는 사진을 찾아 기호를 써 보세요.

(   )

② 쌓은 모양과 쌓기나무의 개수 알아보기(1)

3 쌓기나무를 오른쪽과 같은 모양으로 쌓았습니다. 돌렸을 때 오른쪽 그림과 같은 모양을 만들 수 없는 것을 찾아 기호를 써 보세요.

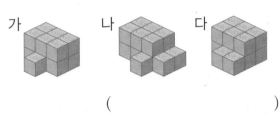

가   나   다

(   )

4 다음 중 쌓기나무의 개수를 정확히 알 수 있는 것을 찾아 기호를 써 보세요.

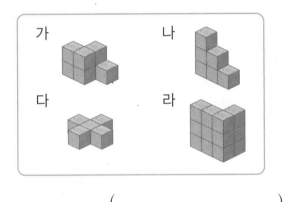

(   )

쌓기나무의 개수를 층별로 세어 봐!

준비 오른쪽 모양과 똑같이 쌓는 데 필요한 쌓기나무의 개수를 구해 보세요.

(   )

5 주어진 모양과 똑같이 쌓는 데 필요한 쌓기나무의 개수를 구해 보세요.

위에서 본 모양

(   )

😊 내가 만드는 문제

6 쌓기나무로 쌓은 모양을 보고 위에서 본 모양을 자유롭게 그리고, 쌓기나무의 개수를 구해 보세요.

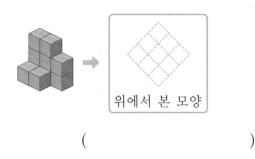

위에서 본 모양

( )

7 각설탕 1개의 칼로리는 10 킬로칼로리입니다. 각설탕을 다음과 같이 쌓았을 때 쌓은 각설탕의 칼로리는 모두 몇 킬로칼로리인지 풀이 과정을 쓰고 답을 구해 보세요.

위에서 본 모양

풀이

답

3 쌓은 모양과 쌓기나무의 개수 알아보기 (2)

8 오른쪽과 같이 쌓기나무로 쌓은 모양과 위에서 본 모양을 보고 앞과 옆에서 본 모양을 각각 그려 보세요.

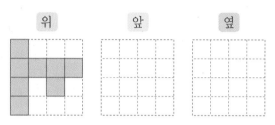

9 쌓기나무로 쌓은 모양을 위, 앞, 옆에서 본 모양입니다. 똑같은 모양으로 쌓는 데 필요한 쌓기나무의 개수를 구해 보세요.

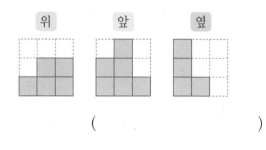

( )

10 쌓기나무 9개로 쌓은 모양을 위와 앞에서 본 모양입니다. 옆에서 본 모양을 그려 보세요.

11 쌓기나무 11개로 쌓은 모양을 위, 앞, 옆에서 본 모양입니다. 가능한 모양을 모두 찾아 기호를 써 보세요.

위   앞   옆

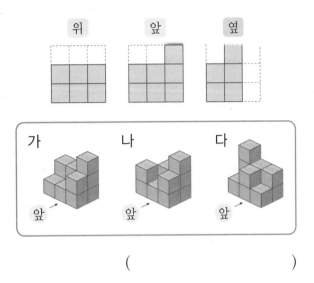

가   나   다

앞   앞   앞

(   )

뒤집거나 돌리면 모양은 변하지 않고 방향만 바뀌어!

준비 도형을 오른쪽으로 뒤집었을 때의 도형을 그려 보세요.

12 쌓기나무 7개를 붙여서 만든 모양을 구멍이 있는 오른쪽 상자에 넣으려고 합니다. 상자 안에 넣을 수 있는 모양을 모두 찾아 기호를 써 보세요.

가   나

다   라

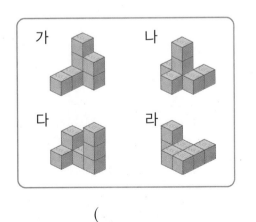

(   )

4 쌓은 모양과 쌓기나무의 개수 알아보기 (3)

13 쌓기나무로 쌓은 모양을 보고 위에서 본 모양에 수를 써 보세요.

위

앞   앞

😊 내가 만드는 문제

14 쌓기나무로 쌓은 모양을 위에서 본 모양에 1부터 3까지의 수를 자유롭게 써넣고 앞에서 본 모양을 그려 보세요.

위   앞

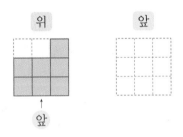

앞

15 쌓기나무로 쌓은 모양을 보고 위에서 본 모양에 수를 썼습니다. 관계있는 것끼리 이어 보세요.

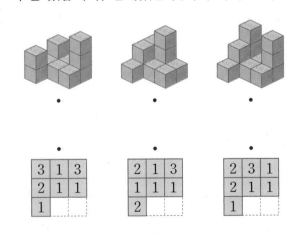

3	1	3
2	1	1
1		

2	1	3
1	1	1
2		

2	3	1
2	1	1
1		

16 쌓기나무로 쌓은 모양을 위, 앞, 옆에서 본 모양입니다. 물음에 답하세요.

(1) ㄹ에 쌓인 쌓기나무는 몇 개일까요?

( )

(2) ㄴ과 ㅁ에 쌓인 쌓기나무는 각각 몇 개일까요?

ㄴ ( ), ㅁ ( )

(3) ㄱ과 ㄷ에 쌓인 쌓기나무는 각각 몇 개일까요?

ㄱ ( ), ㄷ ( )

(4) 똑같은 모양으로 쌓는 데 필요한 쌓기나무는 몇 개일까요?

( )

17 쌓기나무를 11개씩 사용하여 조건 을 만족하도록 쌓았습니다. 쌓은 모양을 보고 위에서 본 모양에 수를 쓰는 방법으로 나타내어 보세요.

조건
• 가와 나의 쌓은 모양은 서로 다릅니다.
• 위에서 본 모양이 서로 같습니다.
• 앞에서 본 모양이 서로 같습니다.
• 옆에서 본 모양이 서로 같습니다.

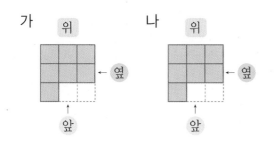

5 쌓은 모양과 쌓기나무의 개수 알아보기(4)

18 쌓기나무 7개로 쌓은 모양을 보고 1층과 2층 모양을 각각 그려 보세요.

19 쌓기나무로 쌓은 모양과 1층 모양을 보고 2층과 3층 모양을 각각 그려 보세요.

20 쌓기나무로 쌓은 모양을 층별로 나타낸 모양을 보고 쌓은 모양을 찾아 기호를 써 보세요.

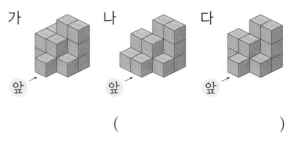

( )

21 쌓기나무로 쌓은 모양을 층별로 나타낸 모양입니다. 위에서 본 모양에 수를 쓰는 방법으로 나타내고, 똑같은 모양으로 쌓는 데 필요한 쌓기나무의 개수를 구해 보세요.

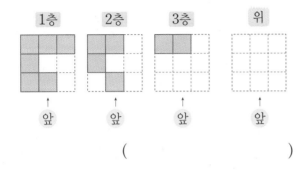

(   )

22 쌓기나무로 쌓은 모양을 층별로 나타낸 모양입니다. 앞에서 본 모양을 그리고, 똑같은 모양으로 쌓는 데 필요한 쌓기나무의 개수를 구해 보세요.

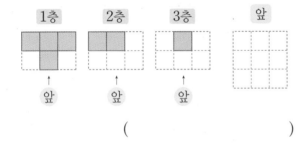

(   )

23 쌓기나무로 1층 위에 2층과 3층을 쌓으려고 합니다. 1층 모양을 보고 쌓을 수 있는 2층과 3층으로 알맞은 모양을 각각 찾아 기호를 써 보세요.

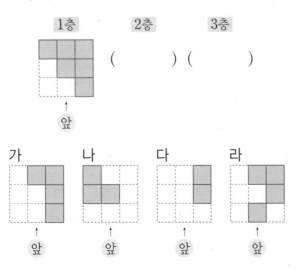

6 여러 가지 모양 만들기

24 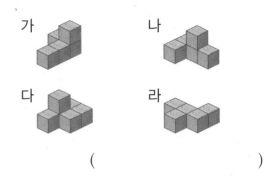 모양에 쌓기나무 1개를 더 붙여서 만들 수 있는 모양이 <u>아닌</u> 것을 찾아 기호를 써 보세요.

가   나

다   라

(   )

25 쌓기나무 4개로 만든 모양입니다. 서로 같은 모양을 찾아 기호를 써 보세요.

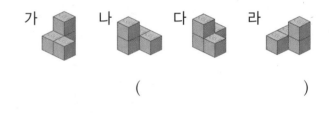

가   나   다   라

(   )

26 가, 나, 다 모양 중에서 두 가지 모양을 사용하여 새로운 모양 2개를 만들었습니다. 사용한 두 가지 모양을 찾아 기호를 써 보세요.

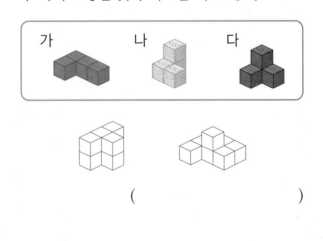

(   )

1 위, 앞, 옆에서 본 모양

27 쌓기나무 9개로 쌓은 모양입니다. 앞과 옆에서 본 모양을 각각 그려 보세요.

위, 앞, 옆에서 보이는 쌓기나무의 면에 각각 다른 색을 칠해 보고 색칠한 모양을 그려 봐!

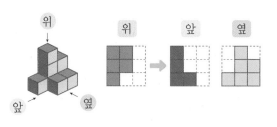

28 오른쪽은 쌓기나무 10개로 쌓은 모양입니다. 위, 앞, 옆에서 본 모양을 각각 그려 보세요.

29 쌓기나무 8개로 쌓은 모양입니다. 옆에서 본 모양이 다른 하나를 찾아 기호를 써 보세요.

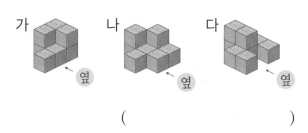

(   )

2 위에서 본 모양에 수를 쓴 것을 보고 쌓은 모양 알아보기

30 쌓기나무로 쌓은 모양을 보고 위에서 본 모양에 수를 썼습니다. 앞에서 본 모양을 그려 보세요.

쌓은 모양을 앞에서 본 방향의 각 줄에서 가장 많은 쌓기나무의 개수를 찾아 봐!

31 쌓기나무로 쌓은 모양을 보고 위에서 본 모양에 수를 썼습니다. 앞과 옆에서 본 모양을 각각 그려 보세요.

32 쌓기나무로 쌓은 세 모양을 보고 위에서 본 모양에 각각 수를 썼습니다. 쌓기나무로 쌓은 모양을 각각 옆에서 본 모양이 다른 하나를 찾아 기호를 써 보세요.

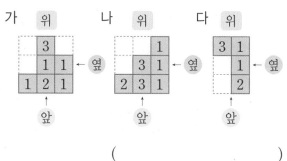

(   )

3 층별로 나타낸 모양을 보고 쌓기나무의 개수 구하기

33 쌓기나무로 쌓은 모양을 층별로 나타낸 모양입니다. 위에서 본 모양에 수를 쓰는 방법으로 나타내어 보세요.

위에서 본 모양은 1층에 쌓은 모양과 같아! 같은 위치에 색칠된 칸이 몇 칸인지 살펴보고 위에서 본 모양에 쌓기나무의 수를 써 봐.

34 쌓기나무로 쌓은 모양을 층별로 나타낸 모양입니다. 위에서 본 모양에 수를 쓰는 방법으로 나타내어 보세요.

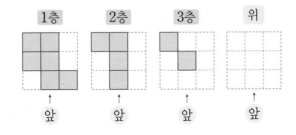

35 쌓기나무로 쌓은 모양을 층별로 나타낸 모양입니다. 위에서 본 모양에 수를 쓰는 방법으로 나타내고, 똑같은 모양으로 쌓는 데 필요한 쌓기나무의 개수를 구해 보세요.

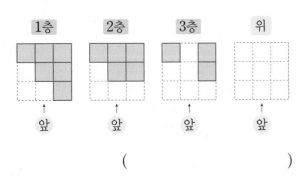

( )

4 조건에 맞는 모양 만들기

36 모양에 쌓기나무 1개를 더 붙여서 만들 수 있는 모양을 모두 찾아 기호를 써 보세요.

( )

쌓기나무로 만든 모양을 뒤집거나 돌려서 모양이 같으면 같은 모양이야!

37 모양에 쌓기나무 1개를 더 붙여서 만들 수 있는 모양이 아닌 것에 ×표 하세요.

38 모양에 쌓기나무 1개를 더 붙여서 만들 수 있는 모양은 모두 몇 가지인지 구해 보세요.

( )

1 쌓기나무의 개수 비교하기

39 세아와 지유가 쌓기나무로 쌓은 모양과 위에서 본 모양입니다. 쌓기나무를 더 많이 사용한 사람은 누구일까요?

[세아]

위에서 본 모양

[지유]

위에서 본 모양

(   )

40 쌓기나무로 쌓은 모양과 위에서 본 모양입니다. 진아는 쌓기나무를 5개 가지고 있습니다. 진아가 똑같은 모양으로 쌓는 데 더 필요한 쌓기나무는 몇 개일까요?

위에서 본 모양

(   )

41 쌓기나무로 쌓은 모양과 위에서 본 모양입니다. 쌓기나무 14개를 사용하여 똑같은 모양으로 쌓으면 남는 쌓기나무는 몇 개일까요?

위에서 본 모양

(   )

42 쌓기나무로 쌓은 모양과 위에서 본 모양입니다. 똑같은 모양으로 쌓는 데 필요한 쌓기나무의 개수가 많은 것부터 차례로 기호를 써 보세요.

가

위에서 본 모양

나

위에서 본 모양

다

위에서 본 모양

(   )

🔑 **개념 KEY**

쌓기나무의 개수를 구하는 방법
① 위에서 본 모양에 쌓기나무의 개수를 써서 구하기
② 층별로 쌓기나무의 개수를 세어 구하기

43 쌓기나무 16개로 쌓은 모양과 위에서 본 모양입니다. ㉠에 쌓은 쌓기나무는 몇 개일까요?

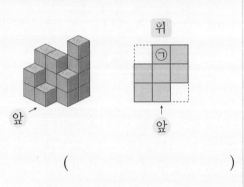

( )

44 쌓기나무 16개로 쌓은 모양과 위에서 본 모양입니다. ㉠에 쌓은 쌓기나무는 몇 개일까요?

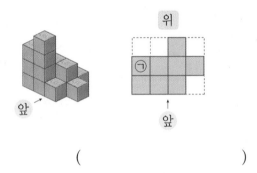

( )

45 쌓기나무 13개로 쌓은 모양과 위에서 본 모양입니다. ㉠에 쌓은 쌓기나무는 몇 개일까요?

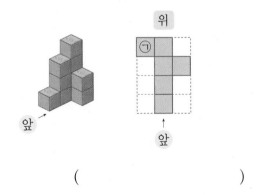

( )

🔑 **개념 KEY**

보이지 않는 부분을 제외한 나머지 부분에 쌓은 쌓기나무의 개수를 먼저 구합니다.

46 쌓기나무로 쌓은 모양을 위, 앞, 옆에서 본 모양입니다. 똑같은 모양으로 쌓는 데 필요한 쌓기나무는 몇 개일까요?

( )

47 쌓기나무로 쌓은 모양을 위, 앞, 옆에서 본 모양입니다. 똑같은 모양으로 쌓는 데 필요한 쌓기나무는 몇 개일까요?

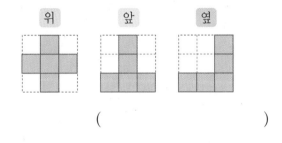

( )

48 쌓기나무로 쌓은 모양을 위, 앞, 옆에서 본 모양입니다. 2층에 쌓은 쌓기나무는 몇 개일까요?

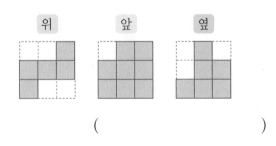

( )

🔑 **개념 KEY**

앞과 옆에서 본 모양을 이용하여 위에서 본 모양의 각 자리에 쌓은 쌓기나무의 개수를 구합니다.

4 빼낸 쌓기나무의 개수 구하기

49 오른쪽 정육면체 모양에서 쌓기나무 몇 개를 빼내고 남은 모양과 위에서 본 모양입니다. 빼낸 쌓기나무는 몇 개일까요?

위에서 본 모양

( )

50 오른쪽 정육면체 모양에서 쌓기나무 몇 개를 빼내고 남은 모양과 위에서 본 모양입니다. 빼낸 쌓기나무는 몇 개일까요?

위에서 본 모양

( )

5 가장 작은 정육면체 만들기

51 쌓기나무로 쌓은 모양과 위에서 본 모양입니다. 이 모양에 쌓기나무를 더 쌓아 정육면체 모양을 만들려고 합니다. 쌓기나무는 적어도 몇 개 더 필요할까요?

위에서 본 모양

( )

52 쌓기나무로 쌓은 모양과 위에서 본 모양입니다. 이 모양에 쌓기나무를 더 쌓아 정육면체 모양을 만들려고 합니다. 쌓기나무는 적어도 몇 개 더 필요할까요?

위에서 본 모양

( )

53 쌓기나무로 쌓은 모양과 위에서 본 모양입니다. 이 모양에 쌓기나무를 더 쌓아 정육면체 모양을 만들려고 합니다. 쌓기나무는 적어도 몇 개 더 필요할까요?

위에서 본 모양

( )

🔑 **개념 KEY**

(빼낸 쌓기나무의 개수)
＝(처음 쌓기나무의 개수)－(남은 쌓기나무의 개수)

6 쌓기나무로 만든 두 가지 모양을 사용하여 새로운 모양 만들기

54 쌓기나무를 4개씩 붙여서 만든 두 가지 모양을 사용하여 아래의 모양 2개를 만들었습니다. 어떻게 만들었는지 구분하여 색칠해 보세요.

55 쌓기나무를 4개씩 붙여서 만든 두 가지 모양을 사용하여 아래의 모양 2개를 만들었습니다. 어떻게 만들었는지 구분하여 색칠해 보세요.

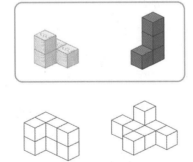

56 쌓기나무를 4개씩 붙여서 만든 두 가지 모양을 사용하여 아래의 모양 2개를 만들었습니다. 어떻게 만들었는지 구분하여 색칠해 보세요.

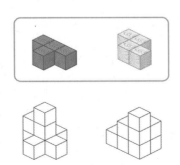

7 쌓기나무의 최소·최대 개수 구하기

57 오른쪽 그림과 같이 쌓았더니 앞쪽의 쌓기나무에 가려 뒤쪽의 쌓기나무가 보이지 않습니다. 가장 적게 사용한 경우와 가장 많이 사용한 경우의 쌓기나무는 각각 몇 개씩인지 구해 보세요.

가장 적게 사용한 경우 (   )
가장 많이 사용한 경우 (   )

58 오른쪽 그림과 같이 쌓았더니 앞쪽의 쌓기나무에 가려 뒤쪽의 쌓기나무가 보이지 않습니다. 가장 적게 사용한 경우와 가장 많이 사용한 경우의 쌓기나무는 각각 몇 개씩인지 구해 보세요.

가장 적게 사용한 경우 (   )
가장 많이 사용한 경우 (   )

59 오른쪽 그림과 같이 쌓았더니 앞쪽의 쌓기나무에 가려 뒤쪽의 쌓기나무가 보이지 않습니다. 쌓기나무가 가장 많이 사용된 경우는 몇 개일까요?

(   )

개념 KEY

• 가장 적게 사용한 경우

 ➡ 6개

보이는 부분에만 쌓기나무가 있는 것으로 생각합니다.

• 가장 많이 사용한 경우

 ➡ 8개

보이지 않는 부분에 쌓기나무가 가능한 많이 있는 경우를 생각합니다.

기출 단원 평가

점수

확인

1 오른쪽과 같이 물건을 놓았을 때 찍을 수 없는 사진을 찾아 기호를 써 보세요.

가　　　나　　　다

(　　　　　　)

2 쌓기나무로 쌓은 모양을 보고 위에서 본 모양에 수를 썼습니다. 쌓기나무는 모두 몇 개일까요?

위

	1	4
2	3	

(　　　　　　)

3 주어진 모양과 똑같이 쌓는 데 필요한 쌓기나무는 몇 개일까요?

위에서 본 모양

(　　　　　　)

4 쌓기나무로 쌓은 모양과 1층 모양을 보고 표를 완성해 보세요.

앞

1층

앞

층	1층	2층	3층	합계
쌓기나무의 개수(개)				

5 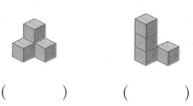 모양에 쌓기나무 1개를 더 붙여서 만들 수 있는 모양을 찾아 ○표 하세요.

(　　)　　(　　)

6 쌓기나무로 쌓은 모양과 위에서 본 모양입니다. ㉠에 쌓은 쌓기나무는 몇 개일까요?

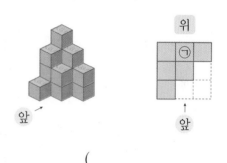

앞

위

㉠

앞

(　　　　　　)

7 쌓기나무로 쌓은 모양과 위에서 본 모양입니다. 앞과 옆에서 본 모양을 각각 그려 보세요.

위

앞　　옆

위　　　앞　　　옆

8 쌓기나무로 쌓은 모양을 위, 앞, 옆에서 본 모양입니다. 똑같은 모양으로 쌓는 데 필요한 쌓기나무는 몇 개일까요?

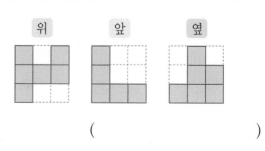

위　　　앞　　　옆

(　　　　　　)

9 쌓기나무로 쌓은 모양입니다. 서로 같은 모양끼리 이어 보세요.

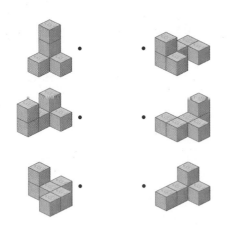

10 쌓기나무로 쌓은 모양을 보고 위에서 본 모양에 수를 썼습니다. 2층에 쌓은 쌓기나무는 몇 개일까요?

위

		1
3		2
4	1	1

(   )

11 쌓기나무 11개로 쌓은 모양입니다. 앞에서 본 모양을 그려 보세요.

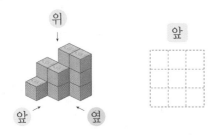

12 쌓기나무로 쌓은 모양을 보고 위에서 본 모양의 각 자리에 쌓은 쌓기나무의 개수를 써 보세요.

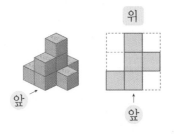

13 쌓기나무로 쌓은 모양을 보고 위에서 본 모양에 수를 썼습니다. 쌓기나무로 쌓은 모양을 옆에서 본 모양을 그려 보세요.

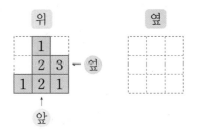

14 쌓기나무로 쌓은 모양을 층별로 나타낸 모양입니다. 쌓기나무로 쌓은 모양을 앞에서 본 모양을 그려 보세요.

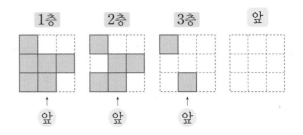

15 쌓기나무로 쌓은 모양과 위에서 본 모양입니다. 가, 나 모양과 똑같이 쌓는 데 필요한 쌓기나무는 모두 몇 개일까요?

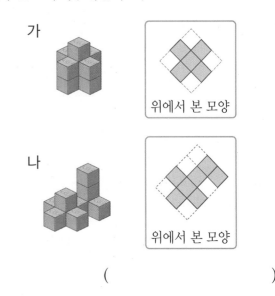

(   )

16 쌓기나무 7개를 사용하여 조건 을 만족하는 모양을 모두 몇 가지 만들 수 있는지 구해 보세요. (단, 모양을 돌렸을 때 같은 모양은 한 가지로 생각합니다.)

조건
• 2층짜리 모양입니다.
• 위에서 본 모양은 오른쪽과 같습니다.

위

(　　　　　)

17 쌓기나무로 쌓은 모양을 위, 앞, 옆에서 본 모양입니다. 똑같은 모양으로 쌓는 데 필요한 쌓기나무는 몇 개일까요?

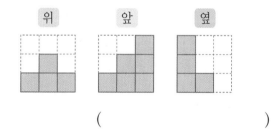

(　　　　　)

18 쌓기나무 10개를 사용하여 조건 을 만족하는 모양을 모두 몇 가지 만들 수 있는지 구해 보세요. (단, 모양을 돌렸을 때 같은 모양은 한 가지로 생각합니다.)

조건
• 쌓기나무로 쌓은 모양은 4층입니다.
• 각 층의 쌓기나무 수는 모두 다릅니다.
• 위에서 본 모양은 ☐☐☐☐ 입니다.

(　　　　　)

19 쌓기나무로 쌓은 모양과 위에서 본 모양입니다. 쌓기나무의 한 모서리의 길이가 1 cm일 때 쌓은 모양의 겉넓이는 몇 cm²인지 풀이 과정을 쓰고 답을 구해 보세요.

위에서 본 모양

풀이 _____

_____

_____

답 _____

20 쌓기나무로 쌓은 모양과 위에서 본 모양입니다. 주어진 모양에 쌓기나무를 더 쌓아서 정육면체 모양을 만들려고 합니다. 쌓기나무는 적어도 몇 개 더 필요한지 풀이 과정을 쓰고 답을 구해 보세요.

위에서 본 모양

풀이 _____

_____

_____

답 _____

비례식과 비례배분

지난번에 케첩 20 kg을 만드는 데 토마토 4 kg이 필요했어요.
이번에는 케첩을 조금만 만들고 싶어요.
케첩을 5 kg만 만들려면 토마토는 얼마만큼 준비하면 될까요?
지금부터 공부할 비의 성질, 비례식의 성질을 이용하면 쉽게 구할 수 있어요.

비율이 같은 두 비를 하나의 식으로 나타낼 수 있어!

18 cm

6 cm →

4 cm

12 cm

4 : 6	12 : 18
가로 세로	가로 세로

비는 다른데
비율은 같네!

$$\frac{4}{6} = \frac{2}{3} \qquad \frac{12}{18} = \frac{2}{3}$$

비례식으로 나타내자!

4 : 6 = 12 : 18

4 비례식과 비례배분

1 비의 성질

• **비의 전항과 후항**

비 ③ : ② 에서 기호 ' : ' 앞에 있는 ③을 전항, 뒤에 있는 ②를 후항이라고 합니다.

• **비의 성질**

(1) 비의 전항과 후항에 0이 아닌 같은 수를 곱하여도 비율은 같습니다.

비 $1 : 2$ 비율 $\dfrac{1}{2}$

$\times 3 \downarrow \quad \downarrow \times 3$ 비율이 같습니다.

비 $3 : 6$ 비율 $\dfrac{3}{6} = \dfrac{1}{2}$

(2) 비의 전항과 후항을 0이 아닌 같은 수로 나누어도 비율은 같습니다.

비 $18 : 15$ 비율 $\dfrac{18}{15} = \dfrac{6}{5}$

$\div 3 \downarrow \quad \downarrow \div 3$ 비율이 같습니다.

비 $6 : 5$ 비율 $\dfrac{6}{5}$

2 간단한 자연수의 비로 나타내기

• **소수의 비**

전항과 후항에 10, 100, 1000, ...을 곱합니다.

(예) $0.2 : 0.7 \Rightarrow (0.2 \times 10) : (0.7 \times 10)$
$\Rightarrow 2 : 7$

• **분수의 비**

전항과 후항에 두 분모의 공배수를 곱합니다.

(예) $\dfrac{2}{5} : \dfrac{3}{4} \Rightarrow \left(\dfrac{2}{5} \times 20\right) : \left(\dfrac{3}{4} \times 20\right)$
$\Rightarrow 8 : 15$

• **자연수의 비**

전항과 후항을 두 수의 공약수로 나눕니다.

(예) $12 : 8 \Rightarrow (12 \div 4) : (8 \div 4)$
$\Rightarrow 3 : 2$

• **소수와 분수의 비**

분수를 소수로 바꾸거나 소수를 분수로 바꾸어 간단한 자연수의 비로 나타냅니다.

---

1 비의 전항과 후항을 찾아 써 보세요.

(1) $4 : 3$

전항	후항

(2) $13 : 19$

전항	후항

2 수직선을 이용하여 비의 성질을 알아보려고 합니다. ☐ 안에 알맞은 수를 써넣으세요.

(1)

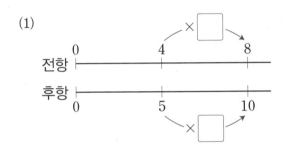

$4 : \boxed{}$ 와 $8 : \boxed{}$ 의 비율은 같습니다.

(2)

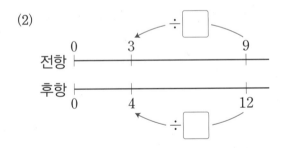

$\boxed{} : 12$ 와 $\boxed{} : 4$ 의 비율은 같습니다.

3 ☐ 안에 알맞은 수를 써넣어 간단한 자연수의 비로 나타내어 보세요.

(1)

(2)

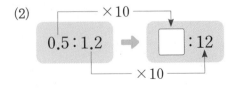

③ 비례식

- 비례식: 비율이 같은 두 비를 기호 ' = '를 사용하여 나타낸 식

- 외항: 비례식에서 바깥쪽에 있는 두 항

- 내항: 비례식에서 안쪽에 있는 두 항

$$\underset{\underset{\text{내항}}{\boxed{}}}{\overset{\overset{\text{외항}}{\boxed{}}}{3 : 2 = 6 : 4}}$$

④ 비례식의 성질

비례식에서 외항의 곱과 내항의 곱은 같습니다.

예 $\underset{2\times6}{\overset{3\times4}{3 : 2 = 6 : 4}}$ → 외항의 곱: $3 \times 4 = 12$
내항의 곱: $2 \times 6 = 12$

⑤ 비례식의 활용

> 5초에 3장 복사할 수 있는 복사기로 24장을 복사하려면 몇 초가 걸릴까요?

24장을 복사하는 데 걸리는 시간을 □초라 하고 비례식을 세우면 $5 : 3 = \square : 24$입니다.
$5 \times 24 = 3 \times \square$, $3 \times \square = 120$, $\square = 40$이므로 24장을 복사하는 데 40초가 걸립니다.

⑥ 비례배분

- 비례배분: 전체를 주어진 비로 배분하는 것

> 전체를 ● : ▲로 나누기
> → (전체) × $\dfrac{●}{●+▲}$, (전체) × $\dfrac{▲}{●+▲}$

예 12를 1 : 3으로 나누기

$\begin{cases} 12 \times \dfrac{1}{1+3} = 12 \times \dfrac{1}{4} = 3 \\ 12 \times \dfrac{3}{1+3} = 12 \times \dfrac{3}{4} = 9 \end{cases}$

---

4 □ 안에 알맞은 수를 써넣으세요.

외항 5, □
$$5 : 7 = 15 : 21$$
내항 □ , □

5 □ 안에 알맞은 수를 써넣고 비례식이면 ○표, 아니면 ×표 하세요.

$3 \times 13 = \boxed{}$ $4 \times 20 = \boxed{}$
$3 : 5 = 9 : 13$ $4 : 5 = 16 : 20$
$5 \times 9 = \boxed{}$ $5 \times 16 = \boxed{}$

(   )   (   )

6 선우네 반 남학생과 여학생 수의 비는 $3 : 4$입니다. 남학생이 9명일 때, 여학생은 몇 명인지 구하려고 합니다. 여학생 수를 ▲명이라 하고 비례식을 세워 보세요.

비례식 $3 : 4 = \boxed{} : \boxed{}$

7 수영이와 현호는 과자 8개를 $3 : 1$로 나누어 가지려고 합니다. $3 : 1$로 나누어 그림으로 나타내고 □ 안에 알맞은 수를 써넣으세요.

수영: □ 개   현호: □ 개

1 비의 성질

1 다음에서 설명하는 비를 써 보세요.

전항이 11, 후항이 8인 비

(   )

2 비의 성질을 이용하여 □ 안에 알맞은 수를 써 넣으세요.

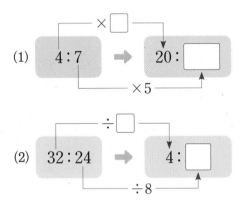

비교하는 양과 기준량을 먼저 찾아봐.

준비 비율을 분수로 나타내어 보세요.

3 : 7

(   )

3 두 비의 비율이 같습니다. 비의 성질을 이용하여 □ 안에 알맞은 수를 구해 보세요.

63 : 42   3 : □

(   )

4 비의 성질을 이용하여 비율이 같은 비를 만들려고 합니다. □ 안에 공통으로 들어갈 수 없는 수를 구해 보세요.

$5:9 \Rightarrow (5 \times \square):(9 \times \square)$

(   )

5 가 상자의 높이는 64 cm이고, 나 상자의 높이는 48 cm입니다. 가 상자와 나 상자의 높이의 비를 잘못 말한 사람은 누구일까요?

(   )

6 가로와 세로의 비가 3 : 2인 직사각형을 모두 찾아 기호를 써 보세요.

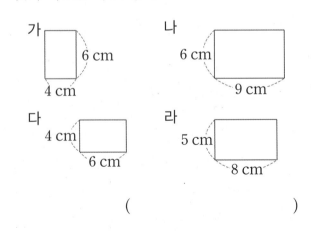

(   )

2 간단한 자연수의 비로 나타내기

7 간단한 자연수의 비로 나타내려고 합니다. □ 안에 알맞은 수를 써넣으세요.

(1)

(2)

(3)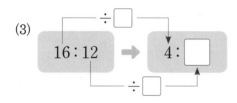

8 간단한 자연수의 비로 나타내어 보세요.

(1) $0.3 : 1.1$ (   )

(2) $32 : 16$ (   )

(3) $\dfrac{1}{4} : \dfrac{5}{9}$ (   )

(4) $0.7 : \dfrac{2}{3}$ (   )

9 주희와 규민이가 같은 숙제를 한 시간 동안 했더니 주희는 전체의 $\dfrac{1}{3}$ 을, 규민이는 전체의 $\dfrac{1}{4}$ 을 했습니다. 주희와 규민이가 각각 한 시간 동안 한 숙제의 양을 간단한 자연수의 비로 나타내어 보세요. (단, 한 시간 동안 하는 숙제의 양은 각각 일정합니다.)

(   )

10 $48 : 52$를 간단한 자연수의 비로 나타내려고 합니다. 전항이 12일 때 후항은 얼마인지 구해 보세요.

(   )

11 $1\dfrac{3}{5} : 2.7$을 간단한 자연수의 비로 나타내려고 합니다. 바르게 설명한 사람의 이름을 써 보세요.

> 수정: 후항을 분수 $2\dfrac{7}{10}$ 로 바꾸어 전항과 후항에 10을 곱하여 $16 : 27$로 나타낼 수 있어.
>
> 민호: 전항을 소수 1.3으로 바꾸어 전항과 후항에 10을 곱하여 $13 : 27$로 나타낼 수 있어.

(   )

서술형
12 민서와 주혁이는 포도주스를 만들었습니다. 민서는 포도 원액 $0.3\,\text{L}$, 물 $0.8\,\text{L}$를 넣었고, 주혁이는 포도 원액 $\dfrac{3}{10}\,\text{L}$, 물 $\dfrac{4}{5}\,\text{L}$를 넣었습니다. 두 사람이 사용한 포도 원액의 양과 물의 양의 비를 간단한 자연수의 비로 각각 나타내고, 두 포도주스의 진하기를 비교해 보세요.

민서 (   )
주혁 (   )

비교 ....

_____

3 비례식

13 외항에 △표, 내항에 ○표 하세요.

(1) $2:7=6:21$

(2) $9:3=3:1$

14 비례식 $3:7=6:14$에 대해 잘못 설명한 것을 찾아 기호를 쓰고 바르게 고쳐 보세요.

㉠ $3:7$의 비율과 $6:14$의 비율이 같습니다.
㉡ 내항은 3과 6입니다.
㉢ 외항은 3과 14입니다.

(   )

바르게 고치기 ....

분모와 분자를 공약수로 나누어야 해!

준비 기약분수로 나타내어 보세요.

(1) $\dfrac{4}{8}$ (2) $\dfrac{3}{9}$

15 두 비의 비율을 비교하여 옳은 비례식을 모두 찾아 기호를 써 보세요.

㉠ $6:8=3:4$ ㉡ $2:7=8:14$
㉢ $10:25=2:5$ ㉣ $24:30=4:3$

(   )

16 주어진 식은 비례식입니다. ☐ 안에 알맞은 비를 모두 찾아 기호를 써 보세요.

$3:8=$☐

㉠ $8:3$ ㉡ 6.10
㉢ $9:24$ ㉣ $15:40$

(   )

😊 내가 만드는 문제

17 보기 에서 비를 하나 골라 왼쪽 ☐ 안에 써넣고 주어진 식이 비례식이 되도록 오른쪽 ☐ 안에 알맞은 비를 자유롭게 써 보세요.

보기
$2:7$ $5:8$ $9:4$

☐ $=$ ☐

18 외항이 6과 28, 내항이 7과 24인 비례식을 2개 세워 보세요.

(   )

4 비례식의 성질

19 비례식을 보고 ☐ 안에 알맞은 수나 말을 써넣으세요.

$$4:9=8:18$$

(1) (외항의 곱)=☐×☐=☐

(2) (내항의 곱)=☐×☐=☐

(3) 비례식에서 외항의 곱과 내항의 곱은
☐.

20 옳은 비례식을 모두 찾아 ○표 하세요.

$7:8=4:3$	$2:3=8:12$
$\dfrac{1}{3}:\dfrac{5}{8}=8:15$	$0.5:0.6=10:14$

21 비례식의 성질을 이용하여 ■를 구하려고 합니다. ☐ 안에 알맞은 수를 써넣으세요.

$$2:5=■:15$$

$2×☐=5×■$

$5×■=☐$

$■=☐$

22 비례식에서 $9×☐$의 값을 구해 보세요.

$$9:2=27:☐$$

(   )

23 비례식의 성질을 이용하여 ☐ 안에 알맞은 수를 써넣으세요.

(1) $3:7=15:☐$

(2) $9:4=☐:24$

서술형
24 ㉠과 ㉡에 알맞은 수의 합은 얼마인지 풀이 과정을 쓰고 답을 구해 보세요.

$$9:㉠=36:32$$
$$\frac{3}{5}:\frac{1}{4}=㉡:10$$

풀이 _____

_____

_____

_____

답 _____

4

25 수아가 가지고 있는 수첩의 가로와 세로의 비가 2 : 5라고 할 때, 실제 수첩의 가로가 6 cm라면 세로는 몇 cm인지 구해 보세요.

(1) 세로를 ▢ cm라 하고 비례식을 세워 보세요.

비례식 ....

(2) 실제 수첩의 세로는 몇 cm일까요?

(   )

26 쌀과 현미를 3 : 2로 섞어서 밥을 지으려고 합니다. 쌀을 15컵 넣었다면 현미는 몇 컵을 넣어야 하는지 비례식을 세워 구해 보세요.

비례식 ....

답 ....

27 일정한 빠르기로 8분 동안 28 L의 물이 나오는 수도로 물을 받아 들이가 105 L인 빈 욕조를 가득 채우려면 몇 분이 걸리는지 비례식을 세워 구해 보세요.

비례식 ....

답 ....

[28~29] 요구르트가 6개에 3000원이라고 합니다. 물음에 답하세요.

28 요구르트 18개는 얼마인지 비례식을 세워서 구해 보세요.

비례식 ....

답 ....

☺ 내가 만드는 문제
29 요구르트의 개수 또는 요구르트의 가격을 바꾸어 새로운 문제를 만들고 답을 구해 보세요.

문제 ....

....

....

(   )

30 어떤 사람이 4일 동안 일하고 320000원을 받았습니다. 이 사람이 같은 일을 3일 동안 하면 얼마를 받을 수 있을까요? (단, 하루에 일하고 받는 금액은 같습니다.)

(   )

31 일정한 빠르기로 4시간 동안 340 km를 가는 자동차가 있습니다. 같은 빠르기로 이 자동차가 425 km를 가려면 몇 시간이 걸릴까요?

(   )

32 바닷물 2 L를 증발시켜 64 g의 소금을 얻었습니다. 바닷물 15 L를 증발시키면 몇 g의 소금을 얻을 수 있을까요? (단, 같은 시각에 증발시켰습니다.)

(   )

서술형

33 서진이가 10분 동안 배드민턴을 칠 때 소모한 열량은 84 킬로칼로리입니다. 서진이가 친구들과 배드민턴을 치고 504 킬로칼로리의 열량을 소모했다면 서진이가 배드민턴을 친 시간은 몇 분인지 풀이 과정을 쓰고 답을 구해 보세요.

풀이

답

6 비례배분

34 18을 1 : 5로 나누려고 합니다. ☐ 안에 알맞은 수를 써넣으세요.

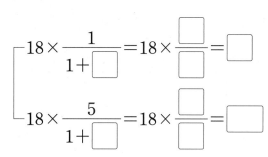

35 소윤이와 형준이가 철사 96 cm를 3 : 1로 나누어 가지려고 합니다. ☐ 안에 알맞은 수를 써넣으세요.

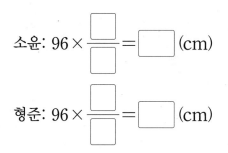

36 빨간 색연필과 파란 색연필이 모두 77자루 있습니다. 빨간 색연필과 파란 색연필 수의 비가 3 : 8이라면 빨간 색연필은 몇 자루일까요?

(   )

37 오늘 놀이공원에 입장한 사람은 720명이고 어린이 수와 어른 수의 비는 5 : 4입니다. 어린이가 몇 명인지 알아보기 위한 풀이 과정에서 잘못 계산한 부분을 찾아 바르게 계산해 보세요.

$$720 \times \frac{5}{5 \times 4} = 720 \times \frac{5}{20} = 180(명)$$

↓

38 구슬 60개를 나영이와 은표가 7 : 5로 나누어 가지려고 합니다. 두 사람은 구슬을 각각 몇 개씩 가져야 할까요?

나영 ( )
은표 ( )

39 전체를 7 : 2로 나누었더니 더 큰 쪽이 126이 되었습니다. 전체는 얼마일까요?

( )

40 사탕 100개를 학생 수에 따라 두 반에 나누어 주려고 합니다. 두 반에 사탕을 각각 몇 개씩 나누어 주어야 할까요?

반	1	2
학생 수(명)	27	23

1반 ( )
2반 ( )

^{서술형}
41 가로와 세로의 비가 4 : 3이고 둘레가 84 cm인 직사각형이 있습니다. 직사각형의 가로가 몇 cm인지 주어진 방법으로 구해 보세요.

방법 1 비례배분하여 문제 해결하기

_____
_____
_____

방법 2 비례식을 세운 다음, 비의 성질을 이용하여 문제 해결하기

_____
_____
_____

42 평행사변형 ㄱㄴㄷㄹ의 넓이가 128 cm²일 때 평행사변형 ㉮와 ㉯의 넓이의 차는 몇 cm²인지 구해 보세요.

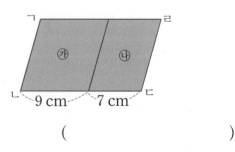

( )

1 간단한 자연수의 비

43 보기 와 같이 전항을 분수로 바꾸어 간단한 자연수의 비로 나타내어 보세요.

> 보기
>
> $$1.3 : 1\frac{2}{5} \Rightarrow \frac{13}{10} : \frac{7}{5} \Rightarrow 13 : 14$$

$$5.1 : 2\frac{4}{5}$$

 간단한 자연수의 비로 나타낼 때 대분수가 있으면 먼저 대분수를 가분수로 바꾸자!

$$\heartsuit : \blacktriangle\frac{\bullet}{\blacksquare} \Rightarrow \heartsuit : \frac{\blacktriangle \times \blacksquare + \bullet}{\blacksquare}$$

44 간단한 자연수의 비로 바르게 나타낸 사람은 누구일까요?

성현
$$3\frac{1}{2} : 4\frac{2}{3} \Rightarrow 4 : 3$$

재영
$$1.8 : 1.6 \Rightarrow 9 : 8$$

(   )

45 $1\frac{1}{4} : \dfrac{\square}{5}$ 를 간단한 자연수의 비로 나타내면 $25 : 12$입니다. □ 안에 알맞은 수를 구해 보세요.

(   )

2 외항, 내항

46 비례식에 대한 설명이 맞으면 ○표, 틀리면 ✕표 하세요.

> $$4 : 5 = 12 : 15$$

(1) 내항은 4와 15입니다. (   )

(2) 4 : 5와 12 : 15의 후항은 5와 15입니다.
(   )

 비례식에서 외항은 바깥쪽에 있는 두 수, 내항은 안쪽에 있는 두 수인 것 잊지 마!

외항
$$\blacktriangle : \blacksquare = \bigstar : \bullet$$
내항

47 비례식 $3 : 8 = 6 : 16$에 대해 <u>잘못</u> 설명한 것을 찾아 기호를 써 보세요.

> ㉠ 외항은 6과 16입니다.
> ㉡ 내항은 8과 6입니다.
> ㉢ 3 : 8과 6 : 16의 비율이 같습니다.

(   )

48 비례식 $2 : 9 = 6 : 27$에 대해 <u>잘못</u> 설명한 것을 찾아 바르게 고쳐 보세요.

> ㉠ 두 비 2 : 9와 6 : 27의 비율이 같으므로 옳은 비례식입니다.
> ㉡ 비례식 2 : 9 = 6 : 27에서 내항은 2와 6이고, 외항은 9와 27입니다.

바르게 고치기

3 비율이 같음을 이용한 비례식 찾기

49 옳은 비례식을 모두 고르세요. (　　　　)

① $6:7=12:21$　　② $4:5=12:15$

③ $70:20-7:2$　　④ $4:9-16:27$

⑤ $15:8=5:3$

비례식이 되려면
① 두 비를 기호 '='를 사용하여 나타내어야 하고
② 두 비의 비율이 같아야 해.

$$4:6=2:3 \quad\quad 7:2=8:3$$
○　　　　　　　×

50 옳은 비례식을 모두 고르세요. (　　　　)

① $3:7=7:3$　　② $5:13=15:26$

③ $4:30=2:15$　　④ $30:45=10:15$

⑤ $6:18=2:9$

51 옳은 비례식을 만든 사람을 찾아 이름을 써 보세요.

난 $8:20=40:80$을 만들었어.
아영

난 $72:30=12:5$를 만들었어.
수현

난 $32:24=3:4$를 만들었어.
윤하

(　　　　　　　　)

4 조건을 만족하는 비례식

52 비례식에서 내항의 곱이 88일 때 ㉠과 ㉡에 알맞은 수를 각각 구해 보세요.

$$2:11=㉠:㉡$$

㉠ (　　　　　　　　)
㉡ (　　　　　　　　)

비례식에서 외항의 곱과 내항의 곱은 같아.

$3\times25=75$ — 외항의 곱
$3:5=15:25$
$5\times15=75$ — 내항의 곱

53 비례식에서 외항의 곱이 168일 때 ㉠과 ㉡에 알맞은 수의 합을 구해 보세요.

$$8:7=㉠:㉡$$

(　　　　　　　　)

54 비율이 $\dfrac{4}{7}$가 되도록 □ 안에 알맞은 수를 써넣으세요.

$$12:\boxed{}=60:\boxed{}$$

5 비례식의 활용

55 연필이 20자루에 8000원이라고 합니다. 연필 9자루의 가격은 얼마인지 비례식을 세워 구해 보세요.

비례식 _____

답 _____

비례식을 이용하여 문제를 해결하려면
① 구하려는 것을 □라 하고 비례식을 세운 다음
② 비례식의 성질을 이용하여 문제를 해결해.

56 4 m²의 벽을 칠하는 데 0.7 L의 페인트가 필요합니다. 벽 16 m²를 칠하려면 몇 L의 페인트가 필요할까요?

(   )

57 밑변의 길이가 12 cm인 삼각형의 밑변의 길이와 높이의 비가 4 : 7입니다. 이 삼각형의 넓이는 몇 cm²인지 구해 보세요.

(   )

6 비례배분

58 어느 날 낮과 밤의 길이의 비가 11 : 13이라면 낮의 길이는 몇 시간인지 구해 보세요.

(   )

낮의 길이와 밤의 길이의 합은 하루라는 것을 기억해!

1일＝24시간

59 어느 해 6월의 날씨를 조사하였더니 맑은 날과 비 온 날의 날수의 비가 3 : 2였습니다. 6월 중 비 온 날의 날수는 며칠인지 구해 보세요. (단, 6월은 맑은 날과 비 온 날만 있습니다.)

(   )

60 도형에서 ㉠과 ㉡의 각도의 비는 4 : 5입니다. ㉠과 ㉡의 각도는 각각 몇 도인지 구해 보세요.

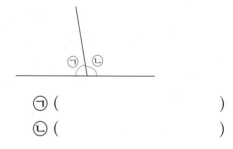

㉠ (   )

㉡ (   )

1 간단한 자연수의 비로 나타내기

61 똑같은 숙제를 하는 데 지훈이는 2시간, 연미는 3시간이 걸렸습니다. 지훈이와 연미가 한 시간 동안 하는 숙제의 양을 간단한 자연수의 비로 나타내어 보세요. (단, 한 시간 동안 하는 숙제의 양은 각각 일정합니다.)

(   )

62 똑같은 일을 끝내는 데 정수가 혼자 하면 15일, 윤아가 혼자 하면 20일이 걸립니다. 정수와 윤아가 하루에 하는 일의 양을 간단한 자연수의 비로 나타내어 보세요. (단, 하루에 하는 일의 양은 각각 일정합니다.)

(   )

63 일정한 빠르기로 물이 나오는 수도꼭지 A, B로 물통을 가득 채우는 데 수도꼭지 A는 8분이 걸리고, 수도꼭지 B는 10분이 걸립니다. 수도꼭지 A와 B에서 1분 동안 나오는 물의 양을 간단한 자연수의 비로 나타내어 보세요.

(   )

개념 KEY

어떤 일을 끝내는 데 걸린 시간: $\square$시간

➡ 1시간 동안 한 일의 양: 전체의 $\dfrac{1}{\square}$

2 $\square$ 안에 알맞은 수 구하기

64 비례식에서 $\square$ 안에 알맞은 수를 구해 보세요.

$$6:15=(\square-8):25$$

(   )

65 비례식에서 ㉠에 알맞은 수를 구해 보세요.

$$144:96=(6+㉠):8$$

(   )

66 비례식에서 ■와 ●에 알맞은 수의 합을 구해 보세요.

$$(■-7):5=40:50$$
$$3:4=9:(●+1)$$

(   )

개념 KEY

내항 또는 외항이 수가 아닌 식으로 주어지면 식을 하나의 문자로 나타낸 후 $\square$ 안에 알맞은 수를 구합니다.

3 곱셈식을 간단한 자연수의 비로 나타내기

67 ㉮ : ㉯를 간단한 자연수의 비로 나타내어 보세요.

$$㉮ \times \frac{4}{7} = ㉯ \times \frac{1}{3}$$

( )

68 ㉮의 0.3배와 ㉯의 0.2배가 같습니다. ㉮ : ㉯를 간단한 자연수의 비로 나타내어 보세요.

( )

69 두 직사각형 ㉮, ㉯가 그림과 같이 겹쳐져 있습니다. 겹쳐진 부분의 넓이는 ㉮의 넓이의 0.6이고, ㉯의 넓이의 $\frac{3}{7}$입니다. ㉮와 ㉯의 넓이의 비를 간단한 자연수의 비로 나타내어 보세요.

( )

🔑 개념 KEY

■ × ★ = ▲ × ●

■ : ▲ = ● : ★

4 간단한 자연수의 비로 나타내어 비례배분하기

70 넓이가 2800 m^2인 밭을 $\frac{2}{3} : \frac{1}{2}$로 나누어 오이밭과 가지밭을 만들었습니다. 가지밭의 넓이는 몇 m^2인지 구해 보세요.

( )

71 15000원짜리 선물을 사는 데 현태와 민영이가 $1\frac{3}{5} : 0.9$로 나누어 돈을 냈습니다. 현태와 민영이가 낸 돈은 각각 얼마인지 구해 보세요.

현태 ( )
민영 ( )

72 사탕을 우주와 지후가 $0.2 : 0.5$로 나누어 가졌습니다. 우주가 가진 사탕이 24개라면 처음에 있던 사탕은 모두 몇 개인지 구해 보세요.

( )

🔑 개념 KEY

주어진 비가 (분수) : (분수), (소수) : (소수), (소수) : (분수)일 때에는 비를 간단한 자연수의 비로 나타낸 후 비례배분합니다.

73 일정한 빠르기로 6분 동안 9 km를 가는 자동차가 있습니다. 같은 빠르기로 이 자동차가 150 km를 가려면 몇 시간 몇 분이 걸리는지 구해 보세요.

(   )

74 명선이는 자전거를 타고 25분 동안 8 km를 달렸습니다. 같은 빠르기로 1시간 20분 동안 몇 km를 갈 수 있을까요?

(   )

75 윤슬이네 가족은 자동차를 타고 12분 동안 17 km를 가는 빠르기로 집에서 212.5 km 떨어진 할아버지 댁에 가려고 합니다. 할아버지 댁까지 가려면 몇 시간 몇 분이 걸릴까요?

윤슬이네 집   212.5 km   할아버지 댁

(   )

일정한 빠르기로 움직이는 물체에서
① 시간과 거리의 비율은 같습니다.
② 시간의 비율과 거리의 비율은 같습니다.

---

76 가로와 세로의 비가 7 : 5인 직사각형의 가로가 21 cm입니다. 이 직사각형의 넓이는 몇 cm²일까요?

21 cm

(   )

77 오른쪽 삼각형의 밑변의 길이는 12 cm이고 밑변의 길이와 높이의 비는 4 : 3입니다. 삼각형의 넓이는 몇 cm²일까요?

12 cm

(   )

78 두 직선 가와 나는 서로 평행합니다. 평행사변형과 직사각형의 넓이의 비가 4 : 5일 때 ㉠에 알맞은 수를 구해 보세요.

가

나   12 cm   ㉠ cm

(   )

(직사각형의 넓이)=(가로)×(세로)
(평행사변형의 넓이)=(밑변의 길이)×(높이)
(삼각형의 넓이)=(밑변의 길이)×(높이)÷2

7 비례식을 이용하는 비율 문제 해결하기

79 지영이네 반 학생의 25 %는 안경을 쓰고 있습니다. 안경을 쓴 학생이 10명일 때 지영이네 반 전체 학생은 몇 명인지 구해 보세요.

(   )

80 사탕 한 봉지의 48 %는 포도 맛 사탕입니다. 이 봉지에 들어 있는 포도 맛 사탕이 36개라면 전체 사탕은 몇 개인지 구해 보세요.

(   )

81 사람 몸무게의 8 %가 혈액의 무게라고 합니다. 몸무게가 75 kg인 사람의 혈액의 무게는 몇 kg인지 구해 보세요.

(   )

8 비례식을 이용하여 톱니바퀴 문제 해결하기

82 서로 맞물려 돌아가는 두 톱니바퀴 ㉮, ㉯가 있습니다. ㉮의 톱니 수는 15개이고 ㉯의 톱니 수는 6개입니다. ㉮가 10번 도는 동안 ㉯는 몇 번 돌까요?

(   )

83 서로 맞물려 돌아가는 두 톱니바퀴 A, B가 있습니다. A의 톱니 수가 36개, B의 톱니 수가 28개일 때 B가 72번 도는 동안 A는 몇 번 돌까요?

(   )

84 서로 맞물려 돌아가는 두 톱니바퀴 ㉮, ㉯가 있습니다. ㉮가 4번 도는 동안 ㉯는 3번 돕니다. ㉮의 톱니 수가 108개라면 ㉯의 톱니 수는 몇 개일까요?

(   )

🔑 **개념 KEY**
백분율: 기준량을 100으로 할 때의 비율
백분율의 기준량을 100으로 하여 알맞은 비례식을 세워 문제를 해결합니다.

🔑 **개념 KEY**
두 톱니바퀴의 톱니 수의 비가 ■ : ●일 때
두 톱니바퀴의 회전수의 비 ➡ ● : ■

9 투자한 금액의 비로 이익금 구하기

85 윤호와 성희가 각각 50만 원과 70만 원을 투자하여 얻은 이익금을 투자한 금액의 비로 나누어 가지기로 하였습니다. 이익금이 144만 원일 때 윤호와 성희가 받는 이익금은 각각 얼마인지 구해 보세요.

윤호 (   )

성희 (   )

86 수빈이와 승현이는 각각 5일, 3일 동안 일을 하고 96만 원을 받았습니다. 일을 한 날수의 비로 돈을 나누어 가진다면 돈을 적게 가지는 사람은 누구이고, 얼마를 가지는지 구해 보세요.

(   ), (   )

87 민호와 은지는 각각 1시간 30분, $1\frac{7}{20}$시간을 일하고 39900원을 받았습니다. 일을 한 시간의 비로 돈을 나누어 가진다면 두 사람이 가지는 돈의 차는 얼마인지 구해 보세요.

(   )

10 비례배분한 양으로 전체의 양 구하기

88 현준이네 가족 3명과 시우네 가족 4명이 가족 수에 따라 배를 나누어 가졌습니다. 현준이네 가족이 12개 가졌다면 처음 배의 수는 모두 몇 개일까요?

(   )

89 직사각형 ㄱㄴㄹㅁ에서 선분 ㄴㄷ과 선분 ㄷㄹ의 길이의 비는 5 : 7입니다. 직사각형 ㄱㄴㄷㅂ의 넓이가 25 cm²일 때 직사각형 ㄱㄴㄹㅁ의 넓이는 몇 cm²일까요?

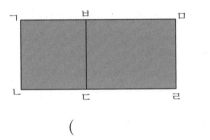

(   )

90 세민이와 시원이는 각각 40만 원과 60만 원을 투자하여 얻은 이익금을 투자한 금액의 비로 나누어 가졌습니다. 세민이가 가진 이익금이 10만 원일 때, 총 이익금은 얼마인지 구해 보세요.

(   )

🔑 **개념 KEY**
① 투자한 금액의 비를 간단한 자연수의 비로 나타내기
② 총 이익금을 비례배분하기

🔑 **개념 KEY**
① 전체의 양을 □라 하고 비례배분하는 식을 세웁니다.
② □의 값을 구합니다.

기출 단원 평가

점수

확인

1 비례식에서 외항과 내항을 각각 찾아 써 보세요.

$$4 : 5 = 16 : 20$$

외항 (   )

내항 (   )

2 비의 성질을 이용하여 ☐ 안에 알맞은 수를 써 넣으세요.

(1)

$\times$ ☐

5 : 4   35 : ☐

$\times 7$

(2)

$\div$ ☐

36 : 42   ☐ : 7

$\div 6$

3 ☐ 안의 수를 주어진 비로 나누어 [,] 안에 써 보세요.

(1) [64]   9 : 7 ➡ [,   ]

(2) [150] 11 : 14 ➡ [,   ]

4 비의 성질을 이용하여 비율이 같은 비를 만들려고 합니다. ☐ 안에 공통으로 들어갈 수 <u>없는</u> 수는 어느 것일까요? (   )

$$54 : 36 \Rightarrow (54 \div ☐) : (36 \div ☐)$$

① 0   ② 2   ③ 3

④ 6   ⑤ 9

5 비율이 같은 두 비를 찾아 비례식을 세워 보세요.

$$10 : 8 \qquad 4 : 6 \qquad 4 : 5 \qquad 5 : 4$$

(   )

6 삼각형의 밑변의 길이가 $3\frac{3}{4}$ cm, 높이가 4.35 cm일 때 밑변의 길이와 높이의 비를 간단한 자연수의 비로 나타내어 보세요.

(   )

7 비례식의 성질을 이용하여 ☐ 안에 알맞은 수를 써넣으세요.

$$\frac{2}{3} : 5 = ☐ : 30$$

8 색 테이프 45 cm를 채은이와 범용이가 4 : 5로 나누어 가지려고 합니다. 채은이와 범용이는 색 테이프를 각각 몇 cm씩 가져야 할까요?

채은 (   )

범용 (   )

9 □ 안에 알맞은 수가 가장 큰 비례식을 찾아 기호를 써 보세요.

> ㉠ $6 : 7 = 42 : \square$
>
> ㉡ $\dfrac{1}{5} : 0.4 = \square : 10$
>
> ㉢ $\square : 2.8 = 7 : 4$

(   )

10 밀가루와 설탕을 $5 : 3$의 비로 섞어 쿠키를 만들려고 합니다. 밀가루를 $150\,g$ 넣는다면 설탕은 몇 g을 넣어야 할까요?

(   )

11 밑변의 길이와 높이의 비가 $5 : 9$인 평행사변형이 있습니다. 밑변의 길이와 높이의 합이 $42\,cm$일 때 평행사변형의 넓이는 몇 cm^2일까요?

(   )

12 지환이와 영란이가 구슬 150개를 나누어 가졌습니다. 지환이가 영란이보다 20개 더 적게 가졌다면 지환이와 영란이가 가진 구슬 수의 비를 간단한 자연수의 비로 나타내어 보세요.

(   )

13 사탕 63개를 영진이와 용태가 $\dfrac{1}{4} : \dfrac{4}{5}$로 나누어 가지려고 합니다. 영진이와 용태는 사탕을 각각 몇 개씩 가져야 할까요?

영진 (   )
용태 (   )

14 연필 30자루를 각 모둠의 학생 수에 따라 나누어 주려고 합니다. 가 모둠은 4명, 나 모둠은 6명일 때 가와 나 모둠에 연필을 각각 몇 자루씩 나누어 주어야 할까요?

가 모둠 (   )
나 모둠 (   )

15 조건에 맞게 비례식을 완성해 보세요.

> • 비율은 $\dfrac{3}{7}$입니다.
>
> • 내항의 곱은 63입니다.

$\square : 21 = \square : \square$

16 한 시간에 3분씩 일정하게 늦어지는 시계가 있습니다. 오전 8시에 이 시계를 정확히 맞추었다면 같은 날 오후 2시에 이 시계가 가리키는 시각은 오후 몇 시 몇 분일까요?

(　　　　　　　　　)

17 두 원 ㉮, ㉯가 그림과 같이 겹쳐져 있습니다. 겹쳐진 부분의 넓이는 원 ㉮의 넓이의 $\frac{3}{8}$이고 원 ㉯의 넓이의 0.5입니다. 원 ㉮와 원 ㉯의 넓이의 비를 간단한 자연수의 비로 나타내어 보세요.

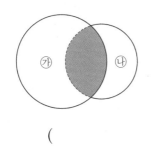

(　　　　　　　　　)

18 높이가 65 cm인 빈 물통에 일정하게 물이 나오는 수도꼭지로 6분 동안 물을 받았더니 물의 높이가 20 cm가 되었습니다. 이 수도꼭지로 크기가 같은 빈 물통에 물을 가득 채우려면 몇 분 몇 초가 걸릴까요?

65 cm

(　　　　　　　　　)

19 희준이는 자전거를 타고 3분 동안 0.8 km를 달립니다. 같은 빠르기로 희준이가 1시간 30분 동안 달리면 몇 km를 갈 수 있는지 풀이 과정을 쓰고 답을 구해 보세요.

풀이 _____

_____

_____

_____

답 _____

20 가로와 세로의 비가 11 : 4이고 둘레가 90 cm인 직사각형이 있습니다. 이 직사각형의 넓이는 몇 cm²인지 풀이 과정을 쓰고 답을 구해 보세요.

둘레: 90 cm

풀이 _____

_____

_____

_____

답 _____

4

5 원의 넓이

지금까지는 직선으로 둘러싸인 평면도형의 둘레와 넓이를 구했어요.
우리 주변에는 운동장 트랙, 자전거 바퀴, 피자처럼
동글동글한 모양도 많기 때문에 원의 넓이를 구하는 방법도 알아야 해요.
원에 $1\,cm^2$와 같은 넓이의 단위가 몇 번 들어가는지 세어 보려고 하니
이 단위로는 채울 수 없는 빈 부분이 생기네요.
그렇다면 원의 넓이는 어떻게 구할까요? 바로 원의 반지름을 이용하면 된답니다.

원의 지름을 알면 둘레와 넓이를 구할 수 있어!

● 원의 둘레: 원주

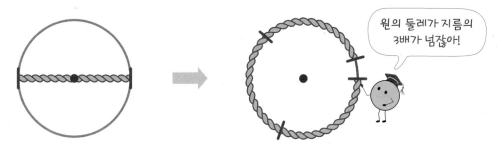

원의 둘레가 지름의
3배가 넘잖아!

원주율: 원의 지름에 대한 원주의 비율

$$(원주율) = (원주) \div (지름) = \frac{(원주)}{(지름)} \Rightarrow 약\ 3.14$$

$$(원주) = (원주율) \times (지름)$$

● 원의 넓이

원을 한없이 잘라 이어 붙여서
직사각형에 가깝게 만들어봐!

$$(원의\ 넓이) = (원주) \times \frac{1}{2} \times (반지름)$$

$$= (원주율) \times (지름) \times \frac{1}{2} \times (반지름)$$

$$= (반지름) \times (반지름) \times (원주율)$$

5 원의 넓이

1 원주와 지름의 관계 알아보기

• 원주: 원의 둘레

  ➡ 원의 지름이 길어지면 원주도 길이집니다.

원주
원의 지름
원의 중심
원의 반지름

• 정다각형을 이용하여 지름과 원주 비교하기

(정육각형의 둘레)
= (원의 지름)×3

(정사각형의 둘레)
= (원의 지름)×4

  ➡ 원주는 원의 지름의 3배보다 길고, 원의 지름의 4배보다 짧습니다.

2 원주율 알아보기

• 원주율: 원의 지름에 대한 원주의 비율

  (원주율) = (원주)÷(지름)

  ➡ 원의 크기와 상관없이 원주율은 일정합니다.

• 원주율을 소수로 나타내면 3.1415926535897932…와 같이 끝없이 계속됩니다. 필요에 따라 3, 3.1, 3.14 등으로 어림하여 사용하기도 합니다.

3 원주와 지름 구하기

• 지름을 알 때 원주 구하기

  (원주율) = (원주)÷(지름)

  ↓

  (원주) = (지름)×(원주율)

• 원주를 알 때 지름 구하기

  (원주율) = (원주)÷(지름)

  ↓

  (지름) = (원주)÷(원주율)

---

1 ☐ 안에 알맞은 말을 써넣으세요.

2 원주와 지름의 관계를 나타낸 표입니다. (원주)÷(지름)을 구해 보세요.

원주(cm)	지름(cm)	(원주)÷(지름)
9.42	3	
62.8	20	

3 ☐ 안에 알맞은 수를 써넣으세요. (원주율: 3)

(1)

18 cm

(원주) = ☐ × ☐
= ☐ (cm)

(2)

원주: 27 cm

☐ cm

(지름) = ☐ ÷ ☐ = ☐ (cm)

🔵 정답과 풀이 31쪽

4 원의 넓이 어림하기

• **정사각형을 이용하여 원의 넓이 어림하기**

$$200\ cm^2 < (\text{원의 넓이}) < 400\ cm^2$$

➡ 원의 넓이는 $200\ cm^2$보다 넓고, $400\ cm^2$보다 좁습니다.

5 원의 넓이 구하는 방법

• 원을 한없이 잘라 이어 붙이면 점점 직사각형에 가까워집니다.

$$(\text{원의 넓이}) = (\text{원주}) \times \frac{1}{2} \times (\text{반지름})$$
$$= (\text{원주율}) \times (\text{지름}) \times \frac{1}{2} \times (\text{반지름})$$
$$= (\text{반지름}) \times (\text{반지름}) \times (\text{원주율})$$

6 여러 가지 원의 넓이

원주율: 3

(색칠한 부분의 넓이)
= (정사각형의 넓이) − (반지름이 $5\ cm$인 원의 넓이)
= $(10 \times 10) - (5 \times 5 \times 3) = 100 - 75 = 25\ (cm^2)$

4 반지름이 $8\ cm$인 원의 넓이를 어림하려고 합니다. ☐ 안에 알맞은 수를 써넣으세요.

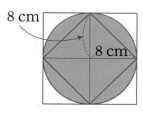

(1) (원 안에 있는 정사각형의 넓이)
$$= \boxed{} \times \boxed{} \div 2 = \boxed{}\ (cm^2)$$

(2) (원 밖에 있는 정사각형의 넓이)
$$= \boxed{} \times \boxed{} = \boxed{}\ (cm^2)$$

(3) $\boxed{}\ cm^2 < (\text{원의 넓이})$

$$(\text{원의 넓이}) < \boxed{}\ cm^2$$

5 원의 넓이를 구하려고 합니다. 빈칸에 알맞은 수를 써넣으세요. (원주율: 3)

지름(cm)	원의 넓이 구하는 식	원의 넓이(cm^2)
14		
8		

6 색칠한 부분의 넓이를 구하려고 합니다. ☐ 안에 알맞은 수를 써넣으세요. (원주율: 3.1)

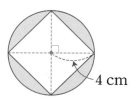

(색칠한 부분의 넓이)
$$= \boxed{} \times \boxed{} \times 3.1 - \boxed{} \times \boxed{} \div 2$$
$$= \boxed{}\ (cm^2)$$

교과서➕익힘책 유형

1 원주와 지름의 관계 알아보기

1 ☐ 안에 알맞은 말을 써넣으세요.

> 원의 둘레를 ☐ (이)라고 합니다.

2 한 변의 길이가 1 cm인 정육각형, 지름이 2 cm 인 원, 한 변의 길이가 2 cm인 정사각형을 보고 물음에 답하세요.

1 cm   2 cm

(1) 정육각형의 둘레, 정사각형의 둘레를 수직 선에 나타내어 보세요.

정육각형의 둘레

정사각형의 둘레

(2) 원주가 얼마쯤 될지 수직선에 나타내어 보세요.

원주

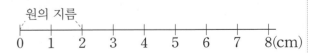

(3) ☐ 안에 알맞은 수를 써넣으세요.

> (원의 지름) × ☐ < (원주)
>
> (원주) < (원의 지름) × ☐

3 설명이 맞으면 ○표, 틀리면 ✕표 하세요.

(1) 원의 중심을 지나는 선분 ㄱㄴ은 원의 지름입니다.　　　　　(　　　)

(2) 원의 지름이 길어져도 원주는 변하지 않습니다.　　　　　(　　　)

(3) 원주는 지름의 4배보다 깁니다.

(　　　)

4 지름이 3 cm인 원의 원주와 가장 비슷한 길이를 찾아 기호를 써 보세요.

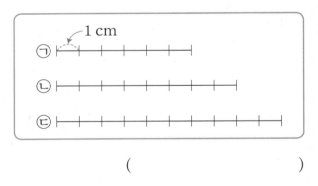

(　　　　　　　)

😊 내가 만드는 문제

5 원의 지름의 길이를 자유롭게 정하여 원의 원주와 비슷한 길이의 선분을 그려 보세요.

> 원의 지름: ☐ cm

2 원주율 알아보기

6 원주율을 구하는 방법으로 옳은 것은 어느 것일까요? (　　　)

① (반지름)÷(원주)　② (원주)÷(반지름)
③ (지름)÷(원주)　④ (원주)÷(지름)
⑤ (반지름)×(원주)

7 크기가 다른 두 원 가와 나가 있습니다. 원주율을 비교하여 ○ 안에 >, =, <를 알맞게 써넣으세요.

가
원주:
12.56 cm

나
원주:
18.84 cm

(가의 원주율) ◯ (나의 원주율)

8 지름이 5 cm인 원을 만들고 자 위에서 한 바퀴 굴렸습니다. 원주가 얼마쯤 될지 자에 표시해 보세요.

9 다음 중 바르게 말한 사람의 이름을 써 보세요.

> 지은: 원의 크기가 커지면 원주율도 커져.
> 서준: 원주율은 나누어떨어지지 않으므로 3, 3.1, 3.14 등으로 어림해서 사용해.

(　　　　　　　)

10 지우는 시계의 원주와 지름을 재어 보았더니 원주가 109.96 cm이고 지름이 35 cm였습니다. (원주)÷(지름)을 반올림하여 주어진 자리까지 나타내어 보세요.

소수 첫째 자리	소수 둘째 자리

서술형
11 세계 여러 나라의 동전들이 있습니다. (원주)÷(지름)을 계산하여 표를 완성하고, 원주율에 대해 알 수 있는 것을 써 보세요.

한국 100원　　호주 1달러　　캐나다 2달러

지름: 24 mm　지름: 25 mm　지름: 28 mm
원주: 75.36 mm　원주: 78.5 mm　원주: 87.92 mm

동전	한국 100원	호주 1달러	캐나다 2달러
(원주)÷(지름)			

5

3 원주와 지름 구하기

12 원주를 구해 보세요. (원주율: 3)

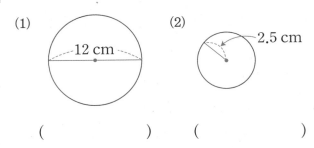

(1) 12 cm

(2) 2.5 cm

(   )   (   )

13 지름과 원주의 관계를 이용하여 표를 완성해 보세요.

원주율	원주(cm)	지름(cm)
3	42	
3.1	55.8	
3.14	69.08	

서술형
14 두바이에 있는 아인 두바이는 지름이 250 m 인 원 모양의 대관람차입니다. 이 대관람차를 타고 한 바퀴를 돌았다면 움직인 거리는 몇 m 인지 풀이 과정을 쓰고 답을 구해 보세요.

(원주율: 3.1)

풀이 _____

_____

_____

답 _____

15 원주가 157 cm인 원이 있습니다. 이 원의 반지름은 몇 cm일까요? (원주율: 3.14)

(   )

😊 내가 만드는 문제
16 실의 길이를 자유롭게 정해 실을 사용하여 그릴 수 있는 가장 큰 원의 원주를 구해 보세요.

(원주율: 3.1)

실의 길이: ☐ cm

(   )

17 은지와 수아는 원 모양의 접시를 가지고 있습니다. 은지의 접시는 지름이 20 cm이고, 수아의 접시는 원주가 74.4 cm입니다. 누구의 접시가 더 클까요? (원주율: 3.1)

(   )

18 가장 큰 원은 어느 것일까요? (원주율: 3.14)

(   )

① 반지름이 3 cm인 원
② 지름이 8 cm인 원
③ 원주가 28.26 cm인 원
④ 반지름이 5 cm인 원
⑤ 원주가 37.68 cm인 원

서술형
19 원주가 108.5 cm인 호두파이를 밑면이 정사각형 모양인 사각기둥 모양의 상자에 담으려고 합니다. 상자 밑면의 한 변의 길이는 몇 cm 이상이어야 하는지 풀이 과정을 쓰고 답을 구해 보세요. (원주율: 3.1)

풀이 _____

_____

_____

답 _____

20 오른쪽 그림과 같은 모양의 항아리가 있습니다. 가 부분과 나 부분은 지름이 각각 38 cm, 30 cm인 원 모양일 때 두 부분의 원주의 차는 몇 cm일까요? (원주율: 3)

(   )

21 왼쪽 시계의 원주는 50.24 cm이고 오른쪽 시계의 원주는 왼쪽 시계의 원주의 1.5배일 때 오른쪽 시계의 반지름은 몇 cm일까요?

(원주율: 3.14)

(   )

22 지름이 34 m인 원 모양 호수의 둘레에 2 m 간격으로 나무를 심으려고 합니다. 나무를 모두 몇 그루 심을 수 있을까요? (단, 원주율은 3이고, 나무의 두께는 생각하지 않습니다.)

(   )

서술형
23 빵집에서 파는 1호 케이크의 윗면은 지름이 15 cm인 원 모양이고 지름이 3 cm씩 커질 때마다 호수도 한 호씩 커집니다. 윗면의 둘레가 65.1 cm인 케이크는 몇 호인지 풀이 과정을 쓰고 답을 구해 보세요. (원주율: 3.1)

풀이 _____

_____

_____

답 _____

4 **원의 넓이 어림하기**

24 반지름이 20 cm인 원의 넓이를 어림하려고 합니다. ☐ 안에 알맞은 수를 써넣으세요.

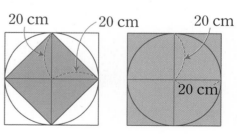

☐ cm² < (원의 넓이)

(원의 넓이) < ☐ cm²

5

25 한 변이 10 cm인 정사각형에 지름이 10 cm인 원을 그리고 1 cm 간격으로 점선을 그렸습니다. 모눈의 수를 세어 ☐ 안에 알맞은 수를 써넣고, 원의 넓이는 몇 cm²쯤 될지 어림해 보세요.

1 cm
1 cm

$$\boxed{}\ \text{cm}^2 < (\text{원의 넓이})$$
$$(\text{원의 넓이}) < \boxed{}\ \text{cm}^2$$

(   )

26 정육각형의 넓이를 이용하여 원의 넓이를 어림하려고 합니다. 삼각형 ㄱㅇㄷ의 넓이가 44 cm², 삼각형 ㄹㅇㅂ의 넓이가 33 cm²일 때, 원의 넓이를 바르게 어림한 사람은 누구일까요?

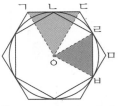

| 단비: 267 cm² | 수진: 179 cm² |
| 도현: 200 cm² | 성현: 273 cm² |

(   )

---

5 원의 넓이 구하는 방법

직사각형의 넓이는 가로와 세로를 곱해서 구해.

준비 직사각형의 넓이를 구해 보세요.

5 cm
9 cm

(   )

27 반지름이 6 cm인 원을 한없이 잘게 잘라 이어 붙여 점점 직사각형에 가까워지는 도형을 만들었습니다. ☐ 안에 알맞은 수를 써넣으세요. (원주율: 3.14)

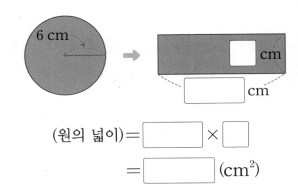

6 cm

☐ cm
☐ cm

$$(\text{원의 넓이}) = \boxed{} \times \boxed{}$$
$$= \boxed{}\ (\text{cm}^2)$$

😊 내가 만드는 문제

28 주변에서 원 모양의 물건을 2가지 골라 원의 넓이를 구해 보세요. (원주율: 3)

물건	지름 (cm)	반지름 (cm)	원의 넓이 (cm²)

정답과 풀이 31쪽

29 원의 넓이를 구해 보세요. (원주율: 3.1)

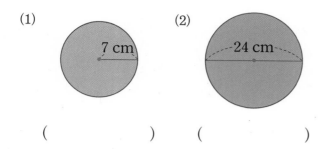

(1) 7 cm   (2) 24 cm

(   )   (   )

서술형
30 오른쪽 그림과 같이 컴퍼스를 벌려 그린 원의 넓이는 몇 cm²인지 풀이 과정을 쓰고 답을 구해 보세요. (원주율: 3.14)

풀이 ....

....

....

답 ....

31 오른쪽 그림과 같이 한 변이 20 cm인 정사각형 안에 들어갈 수 있는 가장 큰 원의 넓이를 구해 보세요.

(원주율: 3.1)

20 cm

(   )

32 ☐ 안에 알맞은 수를 써넣으세요. (원주율: 3.14)

☐ cm

넓이: 254.34 cm²

33 넓이가 697.5 cm²인 원의 지름은 몇 cm일까요? (원주율: 3.1)

(   )

34 원을 한없이 잘게 잘라 이어 붙여서 직사각형을 만들었습니다. 자르기 전 원의 넓이는 몇 cm²일까요? (원주율: 3.1)

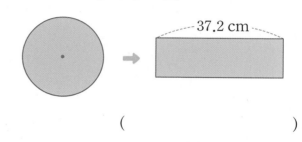

37.2 cm

(   )

서술형
35 반지름이 4 cm인 음료수 캔 바닥과 반지름이 8 cm인 통조림 캔 바닥입니다. 통조림 캔 바닥의 넓이는 음료수 캔 바닥의 넓이의 몇 배인지 풀이 과정을 쓰고 답을 구해 보세요.

(원주율: 3)

4 cm   8 cm

풀이 ....

....

답 ....

6 여러 가지 원의 넓이

36 색칠한 부분의 넓이를 구해 보세요.

(원주율: 3.1)

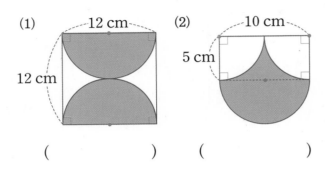

(1) 12 cm / 12 cm

(2) 10 cm / 5 cm

(　　　　　)　(　　　　　)

 내가 만드는 문제

37 지름이 18 cm인 원 안에 자유롭게 작은 원을 그리고 그린 원을 잘라 내었을 때 남는 부분의 넓이는 몇 cm^2인지 구해 보세요.

(원주율: 3.14)

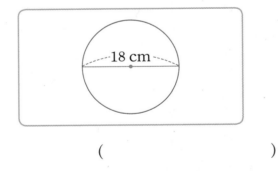

18 cm

(　　　　　　　　　)

38 전통 부채를 만들기 위해 화선지를 오른쪽과 같이 오렸습니다. 오린 화선지의 넓이를 구해 보세요. (원주율: 3)

4 cm　12 cm

(　　　　　　　　　)

39 색칠한 부분의 넓이를 구해 보세요. (원주율: 3)

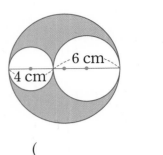

6 cm / 4 cm

(　　　　　　　　　)

40 가장 작은 원의 지름은 8 cm이고, 반지름이 2 cm씩 커지도록 과녁판을 만들었습니다. 화살을 던졌을 때 8점을 얻을 수 있는 부분의 넓이는 몇 cm^2일까요? (원주율: 3.1)

6점
8점
10점

(　　　　　　　　　)

서술형
41 라희는 그림과 같이 태극 문양을 그렸습니다. 파란색으로 색칠한 부분의 넓이는 몇 cm^2인지 풀이 과정을 쓰고 답을 구해 보세요.

(원주율: 3.14)

20 cm

풀이

답

1 지름과 반지름이 주어진 두 원

42 두 원의 원주의 합을 구해 보세요.

(원주율: 3.14)

(   )

주어진 길이가 반지름인지 지름인지 꼭 확인해야 해.

(원주)＝(지름)×(원주율)
     ＝(반지름)×2×(원주율)
     ＝14×2×(원주율)

43 두 원의 넓이의 차를 구해 보세요. (원주율: 3.1)

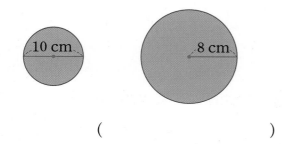

(   )

44 예지가 철사를 사용하여 다음과 같은 2개의 원을 만들었습니다. 예지가 사용한 철사의 길이는 적어도 몇 cm일까요? (원주율: 3.1)

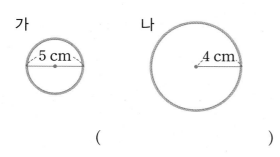

(   )

2 원주가 주어진 원의 넓이

45 원주가 96 cm인 원의 넓이는 몇 cm²일까요? (원주율: 3)

(   )

원주를 이용하여 반지름을 구한 후 넓이를 구해.

원주가 18 cm인 원의 넓이는? (원주율: 3)
(원주)＝(반지름)×2×(원주율)

(반지름)＝(원주)÷(원주율)÷2
       ＝18÷3÷2＝3 (cm)
➡ (원의 넓이)＝(반지름)×(반지름)×(원주율)
            ＝3×3×3＝27 (cm²)

46 굴렁쇠를 한 바퀴 굴렸더니 굴러간 거리가 37.2 cm였습니다. 이 굴렁쇠와 크기가 같은 원의 넓이는 몇 cm²일까요? (원주율: 3.1)

(   )

47 원주가 각각 31.4 cm, 62.8 cm인 두 원이 있습니다. 두 원의 넓이의 차를 구해 보세요.

(원주율: 3.14)

(   )

5

3 넓이가 주어진 원의 원주

48 넓이가 432 cm²인 원의 원주는 몇 cm일까요? (원주율: 3)

( )

먼저 넓이를 이용하여 반지름을 구해 보자.

넓이가 12 cm²인 원의 원주는? (원주율: 3)
(원의 넓이)＝(반지름)×(반지름)×(원주율)

(반지름)×(반지름)＝(원의 넓이)÷(원주율)
＝12÷3＝④ ◄─── 2×2

➡ (반지름)＝2 cm
(원주)＝(반지름)×2×(원주율)
＝2×2×3＝12 (cm)

49 넓이가 379.94 cm²인 원의 원주를 구해 보세요. (원주율: 3.14)

( )

50 넓이가 151.9 cm²인 원 모양의 시계를 일직선으로 3바퀴 굴렸습니다. 시계가 굴러간 거리는 몇 cm인지 구해 보세요. (원주율: 3.1)

( )

4 원주, 원의 넓이가 주어질 때 원의 크기 비교

51 넓이가 더 좁은 원의 기호를 써 보세요.

(원주율: 3)

┌──────────────────────┐
│ ㉠ 넓이가 507 cm²인 원 │
│ ㉡ 원주가 72 cm인 원   │
└──────────────────────┘

( )

넓이가 넓을수록 큰 원이니까 각 원의 넓이를 구해서 비교해 봐.

(원주율: 3)

넓이: 1200 cm² 원주: 108 cm ──► 반지름: 18 cm
넓이: 972 cm²

52 넓이가 넓은 원부터 차례로 기호를 써 보세요.

(원주율: 3.14)

┌──────────────────────┐
│ ㉠ 반지름이 10 cm인 원   │
│ ㉡ 넓이가 379.94 cm²인 원   │
│ ㉢ 지름이 18 cm인 원   │
└──────────────────────┘

( )

53 진호네 집에는 넓이가 서로 다른 원 모양의 접시가 있습니다. 넓이가 넓은 접시부터 차례로 기호를 써 보세요. (원주율: 3.14)

┌──────────────────────┐
│ ㉠ 반지름이 7 cm인 접시   │
│ ㉡ 지름이 16 cm인 접시   │
│ ㉢ 원주가 31.4 cm인 접시   │
│ ㉣ 넓이가 254.34 cm²인 접시 │
└──────────────────────┘

( )

1 바퀴가 굴러간 횟수 구하기

54 지름이 50 cm인 훌라후프를 몇 바퀴 굴렸더니 앞으로 628 cm만큼 나아갔습니다. 훌라후프를 몇 바퀴 굴린 것일까요?

(원주율: 3.14)

(   )

55 지름이 35 cm인 굴렁쇠를 몇 바퀴 굴렸더니 굴러간 거리가 1260 cm였습니다. 굴렁쇠를 몇 바퀴 굴린 것일까요? (원주율: 3)

(   )

56 지훈이는 지름이 38 cm인 자전거 바퀴를 몇 바퀴 굴렸더니 앞으로 17 m 67 cm만큼 나아갔습니다. 지훈이는 자전거 바퀴를 몇 바퀴 굴린 것일까요? (원주율: 3.1)

(   )

2 원의 넓이를 활용하여 더 이득인 것 고르기

57 두께가 같은 정사각형 모양 피자와 원 모양 피자가 있습니다. 가격이 같다면 어느 피자를 선택해야 더 이득일까요? (원주율: 3)

(   )

58 두께가 같은 정사각형 모양 케이크와 원 모양 케이크가 있습니다. 가격이 같다면 어느 케이크를 선택해야 더 이득일까요? (원주율: 3)

(   )

59 두께는 같고 크기가 다른 원 모양의 와플이 있습니다. 가 와플은 반지름이 15 cm이고 가격이 5000원입니다. 나 와플은 지름이 20 cm이고 가격이 4000원입니다. 어느 와플을 사는 것이 더 이득일까요? (원주율: 3.14)

(   )

🔑 **개념 KEY**

(굴린 바퀴 수)
＝(바퀴가 굴러간 전체 거리)÷(바퀴가 한 바퀴 굴러간 거리)
└(바퀴의 원주)

🔑 **개념 KEY**

가격이 같다면? 넓이가 더 넓은 것을 고르는 것이 이득!
가격이 다르다면? 1 cm²당 가격이 더 싼 것을 고르는 것이 이득!

③ 색칠한 부분의 둘레 구하기

60 색칠한 부분의 둘레는 몇 cm일까요?

(원주율: 3.1)

10 cm
4 cm

(   )

61 색칠한 부분의 둘레는 몇 cm일까요?

(원주율: 3.1)

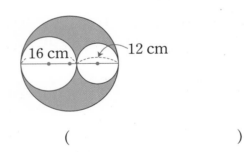

16 cm
12 cm

(   )

62 오른쪽 도형에서 색칠한 부분의 둘레는 몇 cm 일까요? (원주율: 3)

5 cm
3 cm

(   )

63 색칠한 부분의 둘레는 몇 cm일까요?

(원주율: 3.1)

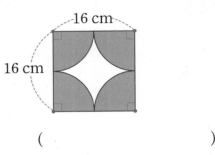

16 cm
16 cm

(   )

64 오른쪽 도형에서 색칠한 부분의 둘레는 몇 cm일까요?

(원주율: 3.1)

20 cm
20 cm

(   )

65 색칠한 부분의 둘레는 몇 cm일까요?

(원주율: 3)

12 cm   18 cm

(   )

🔑 **개념 KEY**

(색칠한 부분의 둘레) = (곡선 부분) + (직선 부분)

4 색칠한 부분의 넓이 구하기

66 색칠한 부분의 넓이는 몇 cm²일까요?

(원주율: 3.1)

14 cm

14 cm

( )

67 색칠한 부분의 넓이는 몇 cm²일까요?

(원주율: 3)

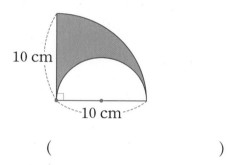

10 cm

10 cm

( )

68 정사각형 안에 원의 일부를 그렸습니다. 색칠한 부분의 넓이를 구해 보세요. (원주율: 3)

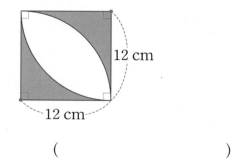

12 cm

12 cm

( )

69 주원이는 오른쪽과 같이 은행잎을 그렸습니다. 그린 은행잎의 넓이를 구해 보세요.

(원주율: 3.1)

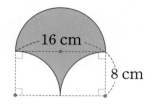

16 cm

8 cm

( )

70 오른쪽과 같이 색종이로 크기가 같은 반원 2개와 이등변삼각형 1개를 잘라 붙였더니 하트 모양이 되었습니다. 하트 모양의 넓이를 구해 보세요. (원주율: 3.14)

12 cm

12 cm

( )

71 오른쪽 도형에서 색칠한 반원의 반지름은 가장 큰 반원의 지름의 $\frac{1}{3}$입니다. 색칠한 부분의 넓이를 구해 보세요. (원주율: 3)

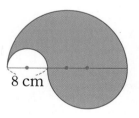

8 cm

( )

🔑 **개념 KEY**

방법 1 각 부분으로 나누어 구하기

방법 2 색칠한 부분을 옮겨서 구하기

5 사용한 끈의 길이 구하기

72 반지름이 12 cm인 원 3개를 끈으로 한 번 묶어 놓았습니다. 묶은 끈의 길이는 몇 cm 일까요? (단, 원주율은 3이고, 매듭은 생각하지 않습니다.)

(   )

73 밑면의 지름이 10 cm인 깡통 3개를 끈으로 한 번 묶어 놓았습니다. 매듭을 묶는 데 12 cm의 끈이 사용되었다면 깡통을 묶는 데 사용한 끈의 길이는 모두 몇 cm일까요? (원주율: 3.1)

(   )

74 그림과 같이 밑면의 반지름이 6 cm인 통나무 6개를 끈으로 한 번 묶어 놓았습니다. 매듭을 묶는 데 15 cm의 끈이 사용되었다면 통나무를 묶는 데 사용한 끈의 길이는 모두 몇 cm일까요? (원주율: 3)

(   )

🔑 **개념 KEY**

곡선 부분은 원주를 이용하여 구하고 직선 부분도 잊지 않고 계산해야 해!

 = ⬤   + ◗ = ⬤   곡선 부분들을 합치면 원이 됨.

6 트랙의 둘레와 넓이 구하기

75 그림과 같은 모양의 운동장의 둘레는 몇 m 일까요? (원주율: 3.14)

(   )

76 그림과 같은 트랙의 넓이는 몇 m²일까요?
(원주율: 3)

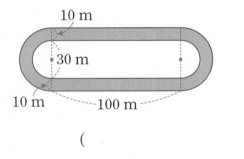

(   )

77 그림과 같은 모양의 꽃밭의 둘레가 200 m라면 선분 ㄴㄷ의 길이는 몇 m일까요?

(원주율: 3)

(   )

🔑 **개념 KEY**

(트랙의 둘레)=(곡선 부분 길이)+(직선 부분 길이)
　　　　　　　＝ (원주)

(트랙의 넓이)=(곡선 부분 넓이)+(직선 부분 넓이)
　　　　　　　＝ (큰 원의 넓이)　＝ (직사각형의 넓이)
　　　　　　　－(작은 원의 넓이)

기출 단원 평가

점수

확인

1 다음 중 설명이 잘못된 것은 어느 것일까요?

(   )

① 원의 둘레를 원주라고 합니다.

② 원주에 대한 원의 지름의 비율을 원주율이라고 합니다.

③ (원주)＝(지름)×(원주율)

④ 원주율은 항상 일정합니다.

⑤ 원주율을 반올림하여 소수 둘째 자리까지 나타내면 3.14입니다.

2 ☐ 안에 알맞은 수를 써넣으세요.

원주는 원의 지름의 ☐ 배 보다 길고 원의 지름의 ☐ 배보다 짧습니다.

3 원주를 구해 보세요. (원주율: 3.1)

(원주)＝ ☐ × ☐
　　　＝ ☐ (cm)

4 지름이 10 cm인 원의 넓이를 어림하려고 합니다. ☐ 안에 알맞은 수를 써넣으세요.

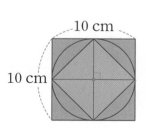

10 cm

10 cm

☐ cm² < (원의 넓이)

(원의 넓이) < ☐ cm²

5 반지름이 17 cm인 원을 한없이 잘게 잘라 이어 붙여 점점 직사각형에 가까워지는 도형을 만들었습니다. ☐ 안에 알맞은 수를 써넣으세요.

(원주율: 3.14)

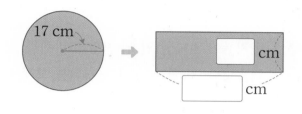

17 cm

☐ cm

☐ cm

6 원의 넓이를 구해 보세요. (원주율: 3)

16 cm

(   )

7 한쪽 날개의 길이가 14 cm 인 바람개비가 있습니다. 날개가 돌 때 생기는 원의 원주를 구해 보세요.

(원주율: 3.14)

14 cm

(   )

8 원주가 186 cm인 원의 지름은 몇 cm일까요?
(원주율: 3.1)

( )

9 반지름이 20 cm인 원 모양의 바퀴를 25번 굴렸습니다. 바퀴가 움직인 거리는 모두 몇 cm일까요? (원주율: 3.14)

( )

10 두 원의 넓이의 합을 구해 보세요. (원주율: 3)

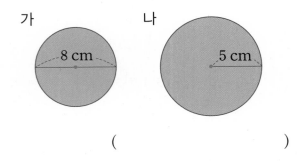

가   나

( )

11 원의 넓이가 363 cm²일 때 원의 지름은 몇 cm일까요? (원주율: 3)

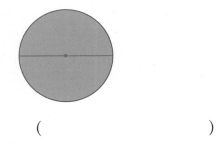

( )

12 원의 크기가 작은 것부터 차례로 기호를 써 보세요. (원주율: 3.1)

㉠ 원주가 62 cm인 원
㉡ 반지름이 14 cm인 원
㉢ 원주가 74.4 cm인 원

( )

13 원주가 62.8 cm인 원의 넓이는 몇 cm²일까요? (원주율: 3.14)

( )

14 그림과 같은 직사각형 모양의 종이를 잘라 만들 수 있는 가장 큰 원의 넓이는 몇 cm²일까요?
(원주율: 3.1)

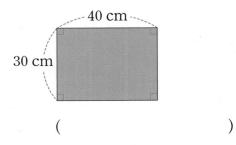

( )

15 직사각형에서 색칠한 부분의 둘레를 구해 보세요. (원주율: 3.14)

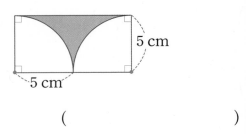

( )

16 상미는 지름이 5 cm인 원을 그리고, 진수는 넓이가 27.9 cm²인 원을 그렸습니다. 누가 그린 원의 원주가 몇 cm 더 길까요? (원주율: 3.1)

(   ), (   )

17 반지름이 16 cm인 원 모양의 빈대떡을 똑같이 8조각으로 나누었습니다. 빈대떡 한 조각의 둘레를 구해 보세요. (원주율: 3.14)

(   )

18 큰 원 안에 꼭 맞게 들어가는 두 원을 그렸습니다. 색칠한 부분의 넓이를 구해 보세요.

(원주율: 3.1)

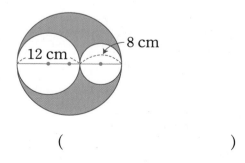

(   )

19 큰 원의 원주는 75.36 cm입니다. 큰 원과 작은 원의 반지름의 합은 몇 cm인지 풀이 과정을 쓰고 답을 구해 보세요. (원주율: 3.14)

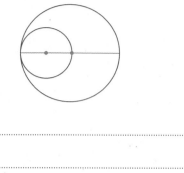

풀이 _____

_____

_____

_____

답 _____

20 그림과 같은 모양의 공원의 넓이는 몇 m²인지 풀이 과정을 쓰고 답을 구해 보세요.

(원주율: 3.1)

풀이 _____

_____

_____

_____

답 _____

6 원기둥, 원뿔, 구

각기둥은 밑면이 다각형이면서 기둥 모양, 각뿔은 밑면이 다각형이면서 뿔 모양이에요.
그런데 밑면이 다각형이 아닌 원이면서 기둥 모양, 뿔 모양인 입체도형도 있어요.
이런 입체도형은 원기둥, 원뿔이라고 해요.
음료수 캔이 '원기둥' 모양, 고깔모자가 '원뿔' 모양이지요.
배구공과 같은 '구' 모양도 있어요.
지금부터 이런 입체도형의 특징에 대해 알아보아요.

직사각형, 직각삼각형, 반원을 돌려!

원기둥	원뿔	구

위에서
본 모양

앞에서
본 모양

옆에서
본 모양

원기둥, 원뿔, 구

1 원기둥

- 원기둥: 등과 같은 입체도형

  └─ 서로 평행하고 합동인 두 원을 면으로 하는 입체도형

- **원기둥의 구성 요소**
  ① 밑면: 서로 평행하고 합동인 두 면
  ② 옆면: 두 밑면과 만나는 면
  ③ 높이: 두 밑면에 수직인 선분의 길이

2 원기둥의 전개도

- 원기둥의 전개도: 원기둥을 잘라서 펼쳐 놓은 그림

- **원기둥의 전개도에서 밑면과 옆면**

	밑면	옆면
모양	원	직사각형
수(개)	2	1

3 원기둥의 전개도에서 각 부분의 길이

① 옆면의 세로는 원기둥의 높이와 같습니다.
② 옆면의 가로는 밑면의 둘레와 같습니다.

(옆면의 세로)=(원기둥의 높이)
(옆면의 가로)=(밑면의 둘레)

1 입체도형을 보고 ☐ 안에 알맞게 써넣으세요.

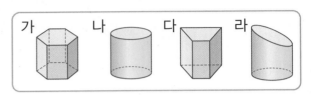

(1) 서로 평행하고 합동인 두 원을 면으로 하는 입체도형은 ☐입니다.

(2) (1)에서 찾은 도형을 ☐이라고 합니다.

(3) (1)에서 찾은 도형에서 서로 평행하고 합동인 두 면을 ☐, 두 밑면과 만나는 면을 ☐이라고 합니다.

2 원기둥의 전개도를 보고 ☐ 안에 알맞게 써넣으세요.

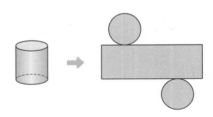

(1) 원기둥의 전개도에서 밑면은 ☐ 모양이고 ☐개입니다.

(2) 원기둥의 전개도에서 옆면은 ☐ 모양이고 ☐개입니다.

3 원기둥과 원기둥의 전개도를 보고 각 부분의 길이를 ☐ 안에 써넣으세요.

4 원뿔

- **원뿔:** , , 등과 같은 입체도형

  └ 평평한 면이 원이고 옆을 둘러싼 면이
  굽은 면인 뿔 모양의 입체도형

- **원뿔의 구성 요소**

  ① 밑면: 평평한 면
  ② 옆면: 옆을 둘러싼 굽은 면
  ③ 원뿔의 꼭짓점: 뾰족한 부
    분의 점
  ④ 모선: 원뿔의 꼭짓점과 밑면인 원의 둘레의 한
    점을 이은 선분
  ⑤ 높이: 원뿔의 꼭짓점에서 밑면에 수직인 선분의
    길이

5 구

- **구:** , , 등과 같은 입체도형

- **구의 구성 요소**

  ① 구의 중심: 구에서 가장
    안쪽에 있는 점
  ② 구의 반지름: 구의 중
    심에서 구의 겉면의 한
    점을 이은 선분

6 원기둥, 원뿔, 구의 비교

	원기둥	원뿔	구
모양	기둥 모양	뿔 모양	공 모양
밑면	원, 2개	원, 1개	없음
옆면	굽은 면, 1개	굽은 면, 1개	없음
꼭짓점	없음	1개	없음
위에서 본 모양	원	원	원
앞, 옆에서 본 모양	직사각형	삼각형	원

---

4 입체도형을 보고 ☐ 안에 알맞게 써넣으세요.

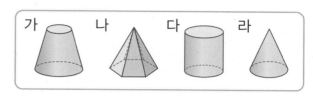

(1) 평평한 면이 원이고 옆을 둘러싼 면이 굽은 면인
   뿔 모양의 입체도형은 ☐ 입니다.

(2) (1)에서 찾은 도형을 ☐ 이라고 합니다.

(3) (1)에서 찾은 도형에서 평평한 면을 ☐ , 옆을
   둘러싼 굽은 면을 ☐ 이라고 합니다.

5 구에서 각 부분의 이름을 ☐ 안에 써넣으세요.

6 입체도형을 원기둥, 원뿔, 구로 분류하여 빈칸에 알
맞은 기호를 써 보세요.

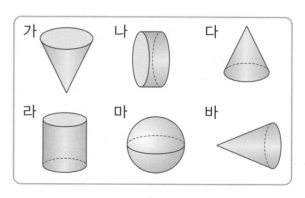

원기둥	원뿔	구

1 원기둥

1 원기둥을 모두 찾아 기호를 써 보세요.

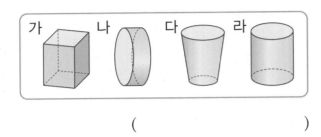

가   나   다   라

(   )

2 원기둥의 밑면을 모두 찾아 색칠해 보세요.

(1)   (2)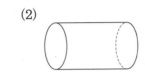

3 보기 에서 ☐ 안에 알맞은 말을 찾아 써넣으세요.

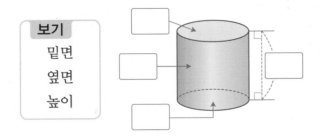

보기
밑면
옆면
높이

4 원기둥의 밑면의 지름과 높이는 각각 몇 cm 인지 구해 보세요.

원기둥	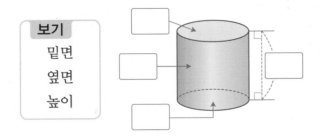	
밑면의 지름		
높이		

5 오른쪽 블록이 원기둥인지 아 닌지 쓰고, 그렇게 생각한 이 유를 써 보세요.

답 _____

이유 _____

6 원기둥에 대해 바르게 설명한 것을 찾아 기호 를 써 보세요.

> ㉠ 두 밑면은 서로 수직입니다.
> ㉡ 꼭짓점이 있습니다.
> ㉢ 옆면은 굽은 면입니다.

(   )

☺ 내가 만드는 문제

7 원기둥의 밑면의 지름과 높이를 자유롭게 정해 원기둥의 겨냥도를 그려 보세요.

밑면의 지름: ☐ cm, 높이: ☐ cm

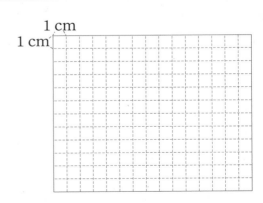

1 cm
1 cm

8 오른쪽 직사각형 모양의 종이를 한 변을 기준으로 돌렸습니다. 만든 입체도형의 높이는 몇 cm 일까요?

3 cm
5 cm

(   )

9 오른쪽 원기둥을 앞에서 본 모양은 가로가 16 cm, 세로가 19 cm 인 직사각형입니다. 원기둥의 밑면의 반지름과 높이는 각각 몇 cm일까요?

밑면의 반지름 (   )
높이 (   )

서술형
10 진우와 서윤이는 직사각형 모양의 종이를 한 변을 기준으로 돌려 입체도형을 만들었습니다. 두 사람이 만든 입체도형의 밑면의 지름의 차는 몇 cm인지 풀이 과정을 쓰고 답을 구해 보세요.

7 cm
13 cm
진우
5 cm
7 cm
서윤

풀이 _____

_____

_____

_____

답 _____

준비 각기둥을 모두 찾아 기호를 써 보세요.

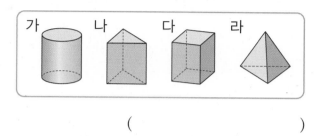
가   나   다   라

(   )

11 원기둥과 사각기둥을 비교하여 빈칸에 알맞게 써넣으세요.

	원기둥	사각기둥
밑면의 모양		
밑면의 수(개)		

12 원기둥과 각기둥에 대해 <u>잘못</u> 설명한 사람의 이름을 써 보세요.

지수: 원기둥과 각기둥은 옆에서 본 모양이 모두 직사각형이야.
준호: 원기둥과 각기둥은 모두 옆면이 굽은 면이야.

(   )

13 원기둥과 각기둥의 공통점을 모두 찾아 기호를 써 보세요.

㉠ 기둥 모양의 입체도형입니다.
㉡ 밑면은 합동인 다각형입니다.
㉢ 밑면은 2개입니다.
㉣ 꼭짓점이 있습니다.

(   )

6

2 원기둥의 전개도

14 원기둥에 색칠된 부분을 원기둥의 전개도에서 모두 찾아 빗금으로 표시해 보세요.

(1)

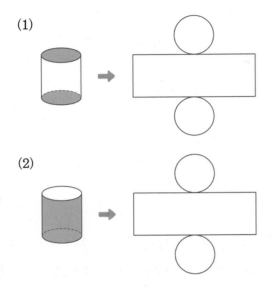

(2)

15 원기둥과 원기둥의 전개도입니다. 각 부분의 이름을 ☐ 안에 써넣으세요.

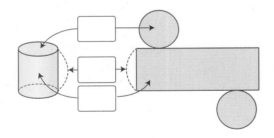

16 원기둥을 만들 수 있는 전개도를 모두 찾아 기호를 써 보세요.

(   )

준비 사각기둥의 전개도를 완성해 보세요.

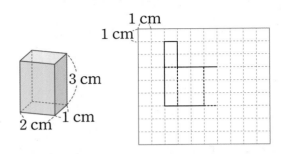

17 다음 원기둥의 전개도를 완성해 보세요.

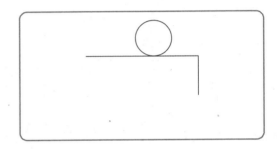

서술형
18 다음 그림이 원기둥의 전개도가 <u>아닌</u> 이유를 써 보세요.

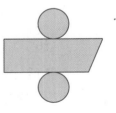

이유 ....

....

....

3 원기둥의 전개도에서 각 부분의 길이

19 원기둥에 빨간색으로 표시된 부분과 길이가 같은 부분을 원기둥의 전개도에서 모두 찾아 파란색 선으로 표시해 보세요.

(1)

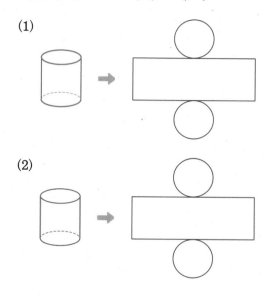

(2)

20 원기둥의 전개도에서 옆면의 가로와 세로는 각각 몇 cm일까요? (원주율: 3.14)

가로 (   )

세로 (   )

21 원기둥과 원기둥의 전개도를 보고 ☐ 안에 알맞은 수를 써넣으세요. (원주율: 3)

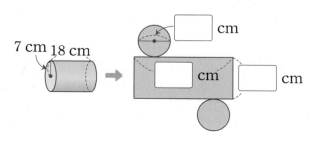

22 오른쪽 원기둥의 전개도를 그리고 밑면의 반지름과 옆면의 가로, 세로의 길이를 나타내어 보세요. (원주율: 3)

2 cm

5 cm

1 cm
1 cm

(모눈 그림)

서술형
23 하연이는 직사각형 모양 종이로 과자 포장지를 만들었습니다. 만든 포장지에 밑면을 붙이려고 합니다. 밑면의 지름을 몇 cm로 해야 하는지 풀이 과정을 쓰고 답을 구해 보세요.

(원주율: 3)

풀이 _____

_____

_____

답 _____

24 오른쪽 원기둥의 전개도를 만들었을 때 전개도의 둘레는 몇 cm인지 구해 보세요. (원주율: 3.14)

8 cm

20 cm

(   )

25 원뿔은 어느 것일까요? (   )

①   ②   ③

④   ⑤

26 보기 에서 □ 안에 알맞은 말을 찾아 써넣으세요.

> 보기
>
> 밑면   원뿔의 꼭짓점   모선   높이   옆면

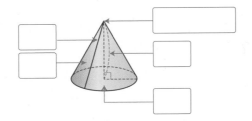

서술형

27 오른쪽 입체도형이 원뿔인지 아닌지 쓰고, 그렇게 생각한 이유를 써 보세요.

답 _____

이유 _____

_____

_____

28 원뿔의 무엇을 재는 것인지 보기 에서 찾아 기호를 써 보세요.

> 보기
>
> ㉠ 밑면의 지름   ㉡ 높이   ㉢ 모선의 길이

29 오른쪽 원뿔의 높이와 모선의 길이, 밑면의 지름은 몇 cm인지 각각 구해 보세요.

높이 (   )

모선의 길이 (   )

밑면의 지름 (   )

30 오른쪽 직각삼각형 모양의 종이를 한 변을 기준으로 돌렸습니다. 물음에 답하세요.

(1) 만든 입체도형의 이름을 써 보세요.

(   )

(2) 만든 입체도형의 높이는 몇 cm일까요?

(   )

(3) 만든 입체도형의 밑면의 지름은 몇 cm일까요?

(   )

◐ 정답과 풀이 **39**쪽

😊 내가 만드는 문제

31 보기 에서 도형을 한 개 골라 ○표 하고 고른 도형과 원뿔의 <u>다른</u> 점을 써 보세요.

보기

(   )

각뿔의 이름은 밑면의 모양에 따라 달라져.

🏠 준비 각뿔의 이름을 써 보세요.

(1)   (2)

(   )   (   )

32 원뿔에 대한 설명으로 옳지 않은 것을 찾아 기호를 써 보세요.

> ㉠ 밑면이 원이고 1개입니다.
> ㉡ 옆면은 굽은 면이고 1개입니다.
> ㉢ 모선의 길이는 모두 같습니다.
> ㉣ 원뿔의 꼭짓점은 1개입니다.
> ㉤ 모선의 길이는 항상 높이보다 짧습니다.

(   )

34 입체도형을 보고 빈칸에 알맞은 말이나 수를 써넣으세요.

도형		
밑면의 모양		원
밑면의 수(개)		
위에서 본 모양	육각형	
앞에서 본 모양		삼각형

서술형
33 오른쪽 고깔모자에서 삼각형 ㄱㄴㄷ의 둘레는 몇 cm인지 풀이 과정을 쓰고 답을 구해 보세요.

12 cm   15 cm   9 cm

풀이

_____

_____

_____

답 _____

35 원뿔과 각뿔을 비교하여 잘못 말한 친구를 찾아 이름을 써 보세요.

> 주형: 원뿔과 각뿔은 모두 밑면이 1개야.
> 다민: 밑면의 모양이 원뿔은 원이고, 각뿔은 다각형이야.
> 민솔: 원뿔에는 굽은 면이 있지만 각뿔에는 굽은 면이 없어.
> 선재: 원뿔과 각뿔은 모두 옆면이 1개야.

(   )

6

5 구

36 구 모양의 물건을 찾아 기호를 써 보세요.

( )

37 구의 반지름은 몇 cm일까요?

6 cm
7 cm
8 cm

( )

38 반원 모양의 종이를 지름을 기준으로 돌려 만들 수 있는 입체도형을 찾아 기호를 써 보세요.

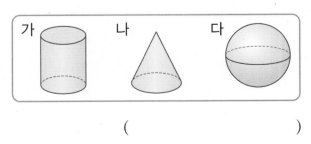

가 나 다

( )

39 반원 모양의 종이를 지름을 기준으로 돌려 만든 입체도형의 반지름은 몇 cm일까요?

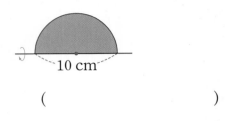

10 cm

( )

40 구에 대해 바르게 설명한 것을 찾아 기호를 써 보세요.

> ㉠ 구의 중심은 셀 수 없이 많습니다.
> ㉡ 구의 반지름은 1개만 그릴 수 있습니다.
> ㉢ 구는 어느 방향에서 보아도 항상 원입니다.

( )

서술형
41 반지름이 9 cm인 구 모양의 빵이 있습니다. 이 빵을 평면으로 잘랐을 때 생기는 가장 큰 단면의 넓이는 몇 cm²인지 풀이 과정을 쓰고 답을 구해 보세요. (원주율: 3)

9 cm

풀이

답

6

6 원기둥, 원뿔, 구의 비교

42 원기둥, 원뿔, 구를 위, 앞, 옆에서 본 모양을 각각 그려 보세요.

입체도형	위에서 본 모양	앞에서 본 모양	옆에서 본 모양
위↓ 옆← 앞↗ (원기둥)			
위↓ 옆← 앞↗ (원뿔)			
위↓ 옆← 앞↗ (구)			

☺ 내가 만드는 문제

43 원기둥, 원뿔, 구를 자유롭게 분류하여 빈 곳에 그려 넣고 분류한 기준은 무엇인지 써 보세요.

( )

44 원기둥과 원뿔에는 있지만 구에는 없는 것을 모두 찾아 기호를 써 보세요.

㉠ 밑면	㉡ 꼭짓점
㉢ 높이	㉣ 모서리

( )

45 원기둥과 구의 공통점을 찾아 기호를 써 보세요.

㉠ 앞에서 본 모양	㉡ 위에서 본 모양
㉢ 옆면의 수	㉣ 밑면의 수

( )

46 원기둥, 원뿔, 구의 공통점과 차이점에 대한 설명입니다. 잘못 설명한 사람의 이름을 써 보세요.

> 진우: 원기둥과 원뿔에는 평평한 부분이 있지만 구는 평평한 부분이 없어.
> 지윤: 원기둥, 원뿔, 구는 어느 방향에서 보아도 모양이 모두 같아.

( )

1 전개도가 주어진 원기둥의 밑면의 반지름

47 오른쪽 원기둥의 전개도를 보고 밑면의 반지름은 몇 cm인지 구해 보세요.

(원주율: 3.14)

( )

구하려는 것이 지름인지 반지름인지 꼭 확인해야 해.

(밑면의 지름)=(옆면의 가로)÷(원주율)=18÷3=6 (cm)
➡ (밑면의 반지름)=6÷2=3 (cm)

48 원기둥의 전개도입니다. ☐ 안에 알맞은 수를 써넣으세요. (원주율: 3.14)

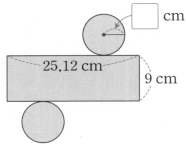

49 원기둥의 전개도에서 옆면의 가로가 36 cm, 세로가 10 cm일 때 원기둥의 한 밑면의 넓이는 몇 cm²일까요? (원주율: 3)

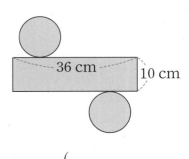

( )

2 원기둥의 옆면의 넓이

50 오른쪽 원기둥의 옆면의 넓이는 몇 cm²일까요?

(원주율: 3.1)

( )

옆면의 가로는 밑면의 둘레와 같음을 이용해서 구해 봐.

(옆면의 넓이)=(밑면의 둘레)×(높이)
=24×9=216 (cm²)

51 오른쪽과 같이 밑면의 지름이 10 cm인 원기둥 모양의 롤러를 이용하여 벽에 페인트 칠을 하려고 합니다. 롤러를 한 바퀴 굴려서 칠할 수 있는 벽의 넓이는 몇 cm²인지 구해 보세요. (원주율: 3)

( )

52 원기둥과 원기둥의 전개도를 보고 전개도의 넓이를 구해 보세요. (원주율: 3.14)

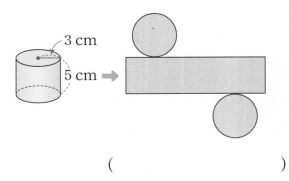

( )

3 원기둥과 원뿔

53 원기둥과 원뿔의 차이점을 모두 찾아 기호를 써 보세요.

> ㉠ 밑면의 수 ㉡ 밑면의 모양
> ㉢ 위에서 본 모양 ㉣ 옆에서 본 모양

( )

원기둥과 원뿔의 겨냥도를 각각 그려 보면 쉽게 확인할 수 있어.

- 공통점
  밑면의 모양, 옆면의 수 등
- 차이점
  밑면의 수, 꼭짓점의 수 등

54 원기둥과 원뿔의 공통점을 모두 찾아 기호를 써 보세요.

> ㉠ 밑면이 1개입니다.
> ㉡ 옆면이 굽은 면입니다.
> ㉢ 밑면이 원입니다.
> ㉣ 꼭짓점이 있습니다.

( )

55 수가 많은 것부터 차례로 기호를 써 보세요.

> ㉠ 원기둥의 밑면의 수
> ㉡ 원뿔의 모선의 수
> ㉢ 원뿔의 꼭짓점의 수

( )

4 조건을 만족하는 입체도형의 각 부분의 길이

56 오른쪽 원기둥을 위와 앞에서 본 모양을 설명한 것입니다. 원기둥의 높이는 몇 cm일까요?

> - 위에서 본 모양은 반지름이 5 cm인 원입니다.
> - 앞에서 본 모양은 정사각형입니다.

( )

조건에 따라 입체도형을 그려 보면 길이를 쉽게 파악할 수 있어.

입체도형	위에서 본 모양	앞에서 본 모양
원기둥	반지름이 8 cm인 원	정사각형

57 정수와 예하가 설명하는 원뿔의 밑면의 지름과 모선의 길이의 합은 몇 cm인지 구해 보세요.

> 정수: 위에서 본 모양은 반지름이 11 cm 인 원이야.
> 예하: 옆에서 본 모양은 정삼각형이야.

( )

58 다음을 만족하는 원기둥의 높이를 구해 보세요. (원주율: 3)

> - 전개도에서 옆면의 둘레는 72 cm입니다.
> - 원기둥의 높이와 밑면의 지름은 같습니다.

( )

1 원기둥을 여러 방향에서 본 모양 알아보기

59 오른쪽 원기둥을 앞에서 본 모양의 둘레는 몇 cm 일까요?

9 cm
20 cm

( )

60 오른쪽 직사각형 모양의 종이를 한 변을 기준으로 돌려 입체도형을 만들었습니다. 이 입체도형을 앞에서 본 모양의 넓이는 몇 cm²일까요?

6 cm
10 cm

( )

61 오른쪽 원기둥을 위에서 본 모양의 넓이가 108 cm²일 때 옆에서 본 모양의 넓이는 몇 cm²일까요?

(원주율: 3)

14 cm

( )

2 원기둥의 옆면의 넓이로 높이, 밑면의 반지름 구하기

62 ☐ 안에 알맞은 수를 써넣으세요. (원주율: 3)

옆면의 넓이: 324 cm²
☐ cm
9 cm

63 오른쪽 원기둥의 옆면의 넓이가 434 cm²일 때 원기둥의 밑면의 반지름을 구해 보세요. (원주율: 3.1)

10 cm

( )

64 원기둥의 전개도에서 옆면의 넓이가 94.2 cm²일 때 전개도로 만든 원기둥의 높이는 몇 cm 일까요? (원주율: 3.14)

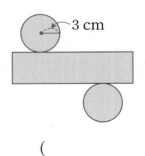
3 cm

( )

🔑 **개념 KEY**

위
↙ 옆
앞

위에서 본 모양	앞에서 본 모양	옆에서 본 모양
원	직사각형	직사각형

(직사각형의 가로)=(밑면의 지름)
(직사각형의 세로)=(원기둥의 높이)

🔑 **개념 KEY**

• (원기둥의 높이)=(옆면의 세로)
　　　　　　=(옆면의 넓이)÷(밑면의 둘레)
• (밑면의 둘레)=(옆면의 가로)
　　　　　　=(밑면의 반지름)×2×(원주율)

3 원뿔을 여러 방향에서 본 모양 알아보기

65 오른쪽 원뿔을 앞에서 본 모양의 넓이는 몇 cm² 일까요?

(   )

66 오른쪽 원뿔을 앞에서 본 모양의 둘레가 72 cm일 때 위에서 본 모양의 넓이는 몇 cm²일까요?
(원주율: 3.1)

(   )

67 원뿔을 위에서 본 모양의 넓이가 192 cm²일 때 앞에서 본 모양의 넓이는 몇 cm²일까요?
(원주율: 3)

(   )

4 돌리기 전의 평면도형의 넓이 구하기

68 오른쪽은 어떤 평면도형을 한 변을 기준으로 돌려 만든 입체도형입니다. 돌리기 전의 평면도형의 넓이는 몇 cm²일까요?

(   )

69 직사각형 모양의 종이를 한 변을 기준으로 돌려 만든 입체도형입니다. 돌리기 전의 직사각형 모양 종이의 넓이는 몇 cm²일까요?

(   )

70 오른쪽은 어떤 평면도형을 돌려 만든 입체도형입니다. 돌리기 전의 평면도형의 넓이는 몇 cm²일까요? (원주율: 3.1)

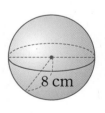

(   )

🔑 개념 KEY

위에서 본 모양	앞에서 본 모양	옆에서 본 모양
원	삼각형	삼각형

(삼각형의 밑변의 길이)=(밑면의 지름)
(삼각형의 높이)=(원뿔의 높이)

🔑 개념 KEY

돌리기 전의 평면도형은 입체도형을 앞에서 본 모양을 반으로 잘랐을 때 생기는 평면도형과 같습니다.

5 원기둥의 최대 높이 구하기

71 서현이는 가로 40 cm, 세로 42 cm인 두꺼운 종이에 원기둥의 전개도를 그리고 오려 붙여 원기둥 모양의 상자를 만들려고 합니다. 밑면의 반지름을 7 cm로 하여 최대한 높은 상자를 만든다면 상자의 높이는 몇 cm가 되는지 구해 보세요. (원주율: 3)

(   )

72 한 변의 길이가 52.7 cm인 정사각형 모양 종이에 그림과 같이 원기둥의 전개도를 그리고 오려 붙여 원기둥 모양의 저금통을 만들려고 합니다. 최대한 높은 저금통을 만든다면 저금통의 높이는 몇 cm가 되는지 구해 보세요.

(원주율: 3.1)

(   )

🔑 **개념 KEY**

가   나

나 방법으로 만든 원기둥의 높이가 가 방법으로 만든 것보다 더 높습니다.

6 원기둥의 옆면의 넓이 활용하기

73 높이가 12 cm인 원기둥 모양의 풀을 5바퀴 굴렸더니 풀이 지나간 부분의 넓이가 558 cm^{2}였습니다. 풀의 밑면의 지름은 몇 cm일까요? (원주율: 3.1)

12 cm

(   )

74 원기둥 모양의 롤러에 페인트를 묻힌 후 7바퀴 굴렸더니 색칠된 부분의 넓이가 8792 cm^{2}였습니다. 롤러의 밑면의 반지름은 몇 cm일까요?

25 cm

(원주율: 3.14)

(   )

75 크기가 같은 원기둥 모양의 음료수 캔 2개의 옆면을 그림과 같이 겹치는 부분 없이 포장지로 둘러싸려고 합니다. 필요한 포장지의 넓이는 몇 cm^{2}일까요? (원주율: 3)

19 cm   4 cm

(   )

🔑 **개념 KEY**

• (옆면의 넓이)＝(밑면의 둘레)×(원기둥의 높이)
• (밑면의 둘레)＝(밑면의 지름)×(원주율)

기출 단원 평가

1 서로 평행하고 합동인 두 원을 면으로 하는 입체도형을 찾아 기호를 쓰고, 이 입체도형의 이름을 써 보세요.

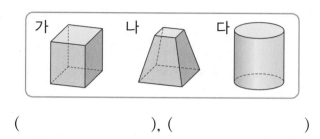

( ), ( )

2 원기둥을 만들 수 있는 전개도를 그린 사람의 이름을 써 보세요.

주연   성원   정민

( )

3 오른쪽 직각삼각형 모양의 종이를 한 변을 기준으로 돌려 만들 수 있는 입체도형의 이름을 써 보세요.

( )

4 오른쪽은 원뿔의 무엇의 길이를 재는 그림일까요?

( )

5 어느 방향에서 보아도 모양이 모두 원인 입체도형을 찾아 기호를 써 보세요.

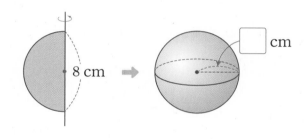

㉠ 원기둥   ㉡ 삼각뿔
㉢ 구   ㉣ 원뿔

( )

6 ☐ 안에 알맞은 수를 써넣으세요.

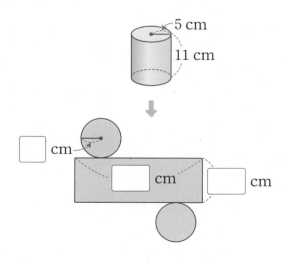

7 원기둥과 원기둥의 전개도를 보고 ☐ 안에 알맞은 수를 써넣으세요. (원주율: 3)

6

8 오른쪽 구에 대해 바르게 설명한 사람은 누구일까요?

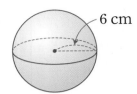

예지: 구의 지름은 6 cm입니다.
연우: 구의 중심은 셀 수 없이 많아.
주하: 위에서 본 모양은 지름이 12 cm인 원이야.

(   )

9 직각삼각형 모양의 종이를 한 변을 기준으로 돌려 만든 입체도형을 보고 밑면의 지름과 높이를 각각 구해 보세요.

밑면의 지름 (   )
높이 (   )

10 원기둥에는 없고 각기둥에는 있는 것을 모두 고르세요. (   )

① 밑면   ② 옆면   ③ 높이
④ 꼭짓점   ⑤ 모서리

11 원뿔과 원기둥의 높이의 차는 몇 cm일까요?

(   )

12 원뿔과 각뿔에 대한 설명으로 옳은 것을 모두 찾아 기호를 써 보세요.

㉠ 뿔 모양의 입체도형입니다.
㉡ 꼭짓점이 1개입니다.
㉢ 밑면이 원입니다.
㉣ 밑면의 수가 같습니다.

(   )

13 원뿔을 앞에서 본 모양의 둘레는 몇 cm일까요?

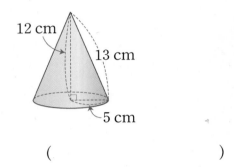

(   )

14 원기둥, 원뿔, 구를 '원기둥과 원뿔', '구'로 분류했습니다. 분류한 기준으로 알맞은 것을 찾아 기호를 써 보세요.

㉠ 앞에서 본 모양이 직사각형인 것과 아닌 것
㉡ 꼭짓점이 있는 것과 없는 것
㉢ 평평한 면이 있는 것과 없는 것

(   )

15 오른쪽 원기둥의 전개도에서 색칠한 부분은 정사각형입니다. 이 원기둥의 밑면의 반지름은 몇 cm일까요? (원주율: 3.1)

(   )

16 직사각형 모양의 종이를 한 변을 기준으로 돌려 만든 입체도형입니다. 돌리기 전의 직사각형 모양 종이의 넓이는 몇 cm²일까요?

(   )

17 오른쪽 그림과 같은 원기둥 모양의 롤러에 페인트를 묻혀 벽에 4바퀴 굴렸습니다. 페인트가 묻은 벽의 넓이는 몇 cm²일까요? (원주율: 3)

(   )

18 원기둥의 전개도입니다. 전개도의 옆면의 둘레는 몇 cm일까요? (원주율: 3.1)

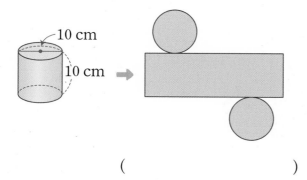

(   )

19 원기둥, 원뿔, 구의 공통점과 차이점을 써 보세요.

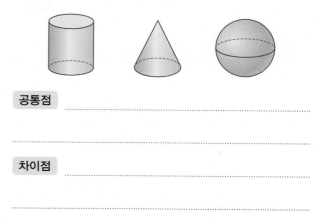

공통점 _____

_____

차이점 _____

_____

20 옆면의 넓이가 175.84 cm²일 때 이 전개도로 만든 원기둥의 밑면의 반지름은 몇 cm인지 풀이 과정을 쓰고 답을 구해 보세요.

(원주율: 3.14)

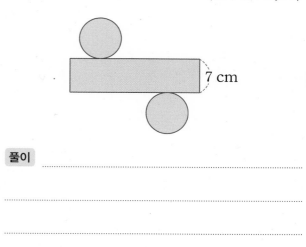

풀이 _____

_____

_____

답 _____

수학은 개념이다! 디딤돌수학

예비중 개념완성 세트

개념연산 으로 단계적 개념학습

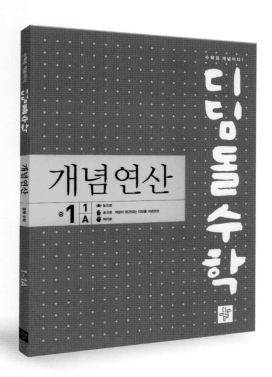

'개념 이해'와 기본 문제 적용

'개념 이해도'가 높아집니다.

개념기본 으로 통합적 개념완성

'개념 정리'와 실전 문제 적용

문제에 '개념 적용'이 쉬워집니다.

"디딤돌수학이면 충분합니다"

독해 원리부터 실전 훈련까지!

수능까지 연결되는

디딤돌
초등
독해력

❶~❻단계

초등 교과서별 학년별 성취 기준에 맞춰 구성

Ⅰ~Ⅳ단계(고학년용)

다양한 영역의 비문학 제재로만 구성

수학 좀 한다면

유형탄탄북

$\dfrac{6}{2}$

차례

수학 좀 한다면

초등수학

유형탄탄북

$\dfrac{6}{2}$

- **꼭 나오는 유형** | 진도책의 교과서＋익힘책 유형에서 자주 나오는 문제들을 다시
  한 번 풀어 보세요.

- **자주 틀리는 유형** | 진도책의 자주 틀리는 유형에서 문제의 틀린 이유를 생각하여
  오답을 피할 수 있어요.

- **수시 평가 대비** | 수시평가를 대비하여 꼭 한 번 풀어 보세요.
  시험에 대한 자신감이 생길 거예요.

➕ 꼭 나오는 유형

1 분자끼리 나누어떨어지는 분모가 같은 (분수)÷(분수)

• $\frac{6}{7} \div \frac{2}{7}$의 계산

$\frac{6}{7}$은 $\frac{1}{7}$이 6개, $\frac{2}{7}$는 $\frac{1}{7}$이 2개입니다.

$\frac{6}{7}$은 $\frac{2}{7}$가 3개입니다.
└ 6은 2의 3배

➡ $\frac{6}{7} \div \frac{2}{7} = 6 \div 2 = 3$

⚡ 분모가 같은 분수는 분자끼리 나누자.

2 분자끼리 나누어떨어지지 않는 분모가 같은 (분수)÷(분수)

• $\frac{4}{5} \div \frac{3}{5}$의 계산

$\frac{4}{5}$는 $\frac{1}{5}$이 4개, $\frac{3}{5}$은 $\frac{1}{5}$이 3개입니다.

$\frac{4}{5} \div \frac{3}{5}$은 4개를 3개로 나누는 것과 같습니다.

➡ $\frac{4}{5} \div \frac{3}{5} = 4 \div 3 = \frac{4}{3} = 1\frac{1}{3}$ ─ 가분수는 대분수로 나타냅니다.

⚡ 분자끼리 나누어떨어지지 않으므로 분수로 나타내자.

---

1 ☐ 안에 알맞은 수를 써넣으세요.

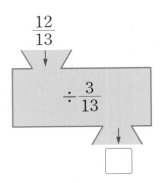

$\frac{12}{13}$

$\div \frac{3}{13}$

☐

2 ☐ 안에 알맞은 수를 써넣으세요.

$\frac{18}{19} \div \frac{\boxed{}}{19} = 6$

점프 보기 에서 두 수를 골라 ☐ 안에 알맞게 써넣으세요.

보기
> 3   4   8   9

$\frac{\boxed{}}{11} \div \frac{\boxed{}}{11} = 2$

3 계산 결과를 비교하여 ◯ 안에 >, =, <를 알맞게 써넣으세요.

$\frac{5}{16} \div \frac{7}{16}$ ◯ $\frac{5}{11} \div \frac{7}{11}$

4 냉장고 안에 우유가 $\frac{13}{17}$ L, 주스가 $\frac{9}{17}$ L 있습니다. 우유의 양은 주스의 양의 몇 배인지 구해 보세요.

(   )

5 ☐ 안에 들어갈 수 있는 자연수 중에서 가장 큰 수를 구해 보세요.

$\frac{23}{25} \div \frac{4}{25} > \boxed{}$

(   )

3 분모가 다른 (분수)÷(분수)

· $\frac{2}{3} \div \frac{3}{4}$ 의 계산

$\frac{2}{3} \div \frac{3}{4} = \frac{2 \times 4}{3 \times 4} \div \frac{3 \times 3}{4 \times 3}$ ── 통분합니다.

$= \frac{8}{12} \div \frac{9}{12} = 8 \div 9 = \frac{8}{9}$

└─ 분자끼리 나눕니다.

⚡ 두 분모의 최소공배수로 통분하면 계산이 간단해.

4 (자연수)÷(분수)

· $10 \div \frac{5}{6}$ 의 계산

자연수를 분수의 분자로 나누고

$10 \div \frac{5}{6} = (10 \div 5) \times 6 = 12$

분모를 곱합니다.

⚡ ●÷$\frac{▲}{■}$는 먼저 ●÷▲의 몫을 구한 다음 ■를 곱하자.

6 계산이 잘못된 곳을 찾아 바르게 계산해 보세요.

$$\frac{2}{5} \div \frac{5}{6} = 2 \div 5 = \frac{2}{5}$$

$\frac{2}{5} \div \frac{5}{6}$ _____

7 계산 결과가 가장 작은 것을 찾아 기호를 써 보세요.

㉠ $\frac{9}{10} \div \frac{4}{7}$ ㉡ $\frac{3}{4} \div \frac{4}{7}$ ㉢ $\frac{3}{8} \div \frac{4}{7}$

(   )

8 수 카드를 한 번씩만 사용하여 2개의 진분수를 만들고, 큰 수를 작은 수로 나눈 몫은 얼마인지 ☐ 안에 알맞은 수를 써넣으세요.

[2] [5] [7] [9]

$\frac{☐}{☐} \div \frac{☐}{☐} = ☐$

9 자연수는 분수의 몇 배인지 구해 보세요.

[9]   [$\frac{3}{7}$]

(   )

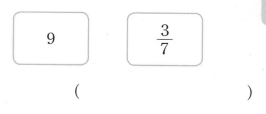 점프 가장 큰 수는 가장 작은 수의 몇 배인지 구해 보세요.

[$\frac{2}{3}$ 4   8 $\frac{4}{5}$]

(   )

10 어느 약수터에서 약수 $\frac{5}{9}$ L를 받는 데 35분이 걸립니다. 매시간 받는 약수의 양이 일정할 때 약수를 1 L 받으려면 몇 시간 몇 분이 걸리는지 구해 보세요.

(   )

➕ 개념 적용

5 (분수)÷(분수)를 (분수)×(분수)로 나타내기

• $\dfrac{5}{9} \div \dfrac{2}{5}$의 계산

나눗셈을 곱셈으로 나타내고

$\dfrac{5}{9} \div \dfrac{2}{5} = \dfrac{5}{9} \times \dfrac{5}{2}$ ── 나누는 분수의 분모와 분자를 바꿉니다.

$= \dfrac{25}{18} = 1\dfrac{7}{18}$ ── 가분수는 대분수로 나타냅니다.

$\div \dfrac{\blacktriangle}{\blacksquare} \rightarrow \times \dfrac{\blacksquare}{\blacktriangle}$로 바꾸자.

11 나눗셈식을 곱셈식으로 나타내어 계산해 보세요.

(1) $\dfrac{3}{5} \div \dfrac{9}{10}$

(2) $\dfrac{7}{8} \div \dfrac{3}{7}$

12 두 수를 자유롭게 골라 (분수)÷(분수)를 만들었을 때의 몫을 구해 보세요.

| $\dfrac{5}{6}$ | $\dfrac{4}{5}$ | $\dfrac{8}{9}$ |

( )

13 빨간색 테이프의 길이는 $\dfrac{3}{4}$ m, 노란색 테이프의 길이는 $\dfrac{2}{11}$ m입니다. 빨간색 테이프의 길이는 노란색 테이프의 길이의 몇 배인지 구해 보세요.

( )

6 (분수)÷(분수)

• $\dfrac{8}{3} \div \dfrac{3}{4}$의 계산 ── (가분수)÷(분수)

$\dfrac{8}{3} \div \dfrac{3}{4} = \dfrac{8}{3} \times \dfrac{4}{3} = \dfrac{32}{9} = 3\dfrac{5}{9}$

• $1\dfrac{3}{5} \div \dfrac{5}{7}$의 계산 ── (대분수)÷(분수)

$1\dfrac{3}{5} \div \dfrac{5}{7} = \dfrac{8}{5} \div \dfrac{5}{7} = \dfrac{8}{5} \times \dfrac{7}{5} = \dfrac{56}{25} = 2\dfrac{6}{25}$

가분수, 대분수도 계산 방법은 같아.

14 계산이 잘못된 곳을 찾아 바르게 계산해 보세요.

$2\dfrac{2}{3} \div \dfrac{5}{7} = 2\dfrac{2}{3} \times \dfrac{7}{5} = 2\dfrac{14}{15}$

$2\dfrac{2}{3} \div \dfrac{5}{7}$ ⋯⋯⋯⋯⋯⋯⋯⋯⋯

15 몫이 가장 작게 되도록 보기 의 분수 중 하나를 골라 ☐ 안에 써넣고, 몫을 구해 보세요.

| 보기 |
| $\dfrac{5}{8}$ | $\dfrac{2}{3}$ | $\dfrac{1}{4}$ |

$\dfrac{16}{9} \div \boxed{}$

( )

🏃 점프 보기 의 분수 중 하나를 골라 ☐ 안에 써넣어 구할 수 있는 가장 큰 몫과 가장 작은 몫의 차를 구해 보세요.

| 보기 |
| $\dfrac{7}{9}$ | $\dfrac{3}{8}$ | $\dfrac{5}{6}$ |

$3\dfrac{3}{5} \div \boxed{}$

( )

➕ 자주 틀리는 유형

1 곱해지는 수 구하기

□ 안에 알맞은 수를 구해 보세요.

(1) $\square \times \dfrac{3}{7} = \dfrac{2}{5}$

(   )

(2) $\square \times \dfrac{9}{10} = 2\dfrac{7}{8}$

(   )

2 계산 결과와 1의 크기 비교

계산 결과가 1보다 큰 것을 모두 찾아 기호를 써 보세요.

㉠ $\dfrac{5}{8} \div \dfrac{2}{3}$ ㉡ $\dfrac{6}{5} \div \dfrac{1}{2}$

㉢ $\dfrac{4}{15} \div \dfrac{7}{12}$ ㉣ $\dfrac{4}{9} \div \dfrac{2}{5}$

(   )

3 몫이 가장 큰(작은) 나눗셈식

다음 분수 중에서 두 수를 골라 몫이 가장 큰 나눗셈식과 몫이 가장 작은 나눗셈식
을 각각 만들어 몫을 구해 보세요.

$$\frac{10}{7} \qquad \frac{4}{5} \qquad \frac{5}{9} \qquad 1\frac{7}{8}$$

몫이 가장 큰 나눗셈 (   )

몫이 가장 작은 나눗셈 (   )

4 단위 길이의 무게와 단위 무게의 길이

굵기가 일정한 철근 $\frac{3}{4}$ m의 무게는 $\frac{11}{12}$ kg입니다. 물음에 답하세요.

(1) 이 철근 1 m의 무게는 몇 kg인지 구해 보세요.

(   )

(2) 이 철근 1 kg의 길이는 몇 m인지 구해 보세요.

(   )

수시 평가 대비

1 계산 결과가 $\frac{2}{7} \div \frac{1}{7}$과 같은 것은 어느 것일까요? (　　　)

① $7 \div 2$　　② $1 \div 2$　　③ $7 \div 1$

④ $2 \div 1$　　⑤ $2 \div 7$

2 관계있는 것끼리 이어 보세요.

$\frac{3}{5} \div \frac{4}{5}$ ·　　　　· $4 \div 5$

$\frac{5}{8} \div \frac{3}{8}$ ·　　　　· $3 \div 4$

$\frac{4}{7} \div \frac{5}{7}$ ·　　　　· $5 \div 3$

3 보기 와 같이 계산해 보세요.

보기
$$\frac{1}{3} \div \frac{4}{9} = \frac{3}{9} \div \frac{4}{9} = 3 \div 4 = \frac{3}{4}$$

$\frac{3}{8} \div \frac{5}{6}$

4 □ 안에 알맞은 수를 써넣어 곱셈식으로 나타내어 보세요.

$$\frac{5}{7} \div \frac{3}{4} = \frac{5}{7} \times \frac{1}{\square} \times \square = \frac{5}{7} \times \frac{\square}{\square}$$

5 계산 결과가 <u>다른</u> 하나를 찾아 기호를 써 보세요.

㉠ $6 \div \frac{3}{8}$	㉡ $15 \div \frac{5}{7}$
㉢ $12 \div \frac{3}{4}$	㉣ $8 \div \frac{1}{2}$

(　　　　　　　)

6 대분수를 진분수로 나눈 몫을 빈칸에 써넣으세요.

$\frac{5}{9}$	$1\frac{2}{3}$

7 20을 진분수로 나눈 몫을 구해 빈칸에 써넣으세요.

$\div$	$\frac{4}{9}$	$\frac{5}{9}$	$\frac{7}{9}$
20			

8 □ 안에 알맞은 수를 써넣으세요.

(1) $\frac{4}{7} \div \frac{\square}{7} = 4$　　(2) $8 \div \frac{2}{\square} = 12$

9 $\frac{9}{11}$ L의 주스를 한 컵에 $\frac{3}{11}$ L씩 나누어 담으려고 합니다. 컵은 모두 몇 개 필요한지 구해 보세요.

( )

10 파란색 테이프의 길이는 $\frac{5}{8}$ m, 초록색 테이프의 길이는 $\frac{3}{7}$ m입니다. 파란색 테이프의 길이는 초록색 테이프의 길이의 몇 배인지 구해 보세요.

( )

11 계산 결과가 가장 작은 것을 찾아 기호를 써 보세요.

$$\begin{array}{ll} \bigcirc \ 2\frac{1}{4} \div \frac{4}{5} & \bigcirc \ 2\frac{1}{4} \div \frac{3}{5} \\ \bigcirc \ 2\frac{1}{4} \div \frac{1}{4} & \textcircled{e} \ 2\frac{1}{4} \div \frac{8}{9} \end{array}$$

( )

12 두 식을 만족하는 ㉠, ㉡의 값을 각각 구해 보세요.

$$3 \div \frac{1}{5} = \bigcirc \qquad \bigcirc \div \frac{5}{6} = \bigcirc$$

㉠ ( )

㉡ ( )

13 계산 결과가 1보다 작은 것을 모두 고르세요.

( )

① $\frac{5}{8} \div \frac{3}{4}$ ② $\frac{7}{5} \div \frac{4}{5}$ ③ $\frac{9}{14} \div \frac{5}{6}$

④ $\frac{7}{10} \div \frac{1}{3}$ ⑤ $\frac{8}{9} \div \frac{3}{8}$

14 ☐ 안에 들어갈 수 있는 자연수 중에서 가장 작은 수는 얼마인지 구해 보세요.

$$\frac{17}{19} \div \frac{6}{19} < \square$$

( )

15 $\frac{8}{15}$ 에 어떤 수를 곱했더니 $\frac{7}{10}$ 이 되었습니다. 어떤 수를 구해 보세요.

( )

16 재민이는 동화책을 45쪽 읽었더니 전체 쪽수의 $\frac{5}{9}$만큼 읽었습니다. 동화책의 전체 쪽수는 몇 쪽인지 구해 보세요.

(   )

17 한 대각선의 길이가 $\frac{6}{7}$ cm이고 넓이가 $\frac{9}{10}$ cm²인 마름모가 있습니다. 이 마름모의 다른 대각선의 길이는 몇 cm인지 구해 보세요.

(   )

18 휘발유 $\frac{3}{4}$ L로 $3\frac{1}{3}$ km를 가는 자동차가 있습니다. 이 자동차는 휘발유 3 L로 몇 km를 갈 수 있는지 구해 보세요.

(   )

19 들이가 $\frac{15}{16}$ L인 빈 물통에 들이가 $\frac{3}{8}$ L인 그릇으로 물을 부어 물통을 가득 채우려고 합니다. 물을 적어도 몇 번 부어야 하는지 풀이 과정을 쓰고 답을 구해 보세요.

풀이 _____

_____

_____

답 _____

20 다음 분수 중에서 두 수를 골라 몫이 가장 큰 나눗셈식을 만들려고 합니다. 만든 나눗셈식의 몫은 얼마인지 풀이 과정을 쓰고 답을 구해 보세요.

$$\frac{4}{9} \qquad 2\frac{2}{3} \qquad \frac{14}{5} \qquad \frac{6}{7}$$

풀이 _____

_____

_____

답 _____

➕ 꼭 나오는 유형

---

1 자연수의 나눗셈을 이용한 (소수)÷(소수)

- 12.5÷0.5의 계산

12.5÷0.5

(10배) (10배)

125 ÷ 5 = 25

➡ 12.5÷0.5 = 25

- 1.25÷0.05의 계산

1.25÷0.05

(100배) (100배)

125 ÷ 5 = 25

➡ 1.25÷0.05 = 25

⚡ 나누어지는 수와 나누는 수에 같은 수를 곱하면 몫은 변하지 않아.

---

2 자릿수가 같은 (소수)÷(소수)

- 2.04÷0.34의 계산

방법 1

$2.04 \div 0.34$

$= \dfrac{204}{100} \div \dfrac{34}{100}$

$= 204 \div 34 = 6$

방법 2

```
        6
0.34 ) 2.0 4
       2 0 4
           0
```

⚡ 나누는 수와 나누어지는 수의 소수점을 똑같이 옮겨 계산하자.

---

1 끈 27.6 cm를 0.6 cm씩 자르면 몇 도막이 되는지 ☐ 안에 알맞은 수를 써넣으세요.

27.6 cm = ☐ mm

0.6 cm = ☐ mm

27.6÷0.6 = ☐ ÷ ☐ = ☐ (도막)

2 1.52÷0.08과 몫이 같은 것을 모두 찾아 기호를 써 보세요.

㉠ 152÷8   ㉡ 15.2÷0.08

㉢ 15.2÷0.8   ㉣ 152÷0.8

( )

3 조건 을 만족하는 나눗셈식을 찾아 계산해 보세요.

조건

• 969÷3을 이용하여 풀 수 있습니다.

• 나누는 수와 나누어지는 수를 각각 10배 하면 969÷3이 됩니다.

식 _____

---

4 계산 결과를 비교하여 ◯ 안에 >, =, <를 알맞게 써넣으세요.

7.28÷0.52 ◯ 4.93÷0.29

5 고구마 한 상자의 무게는 양파 한 상자의 무게의 몇 배인지 구해 보세요.

8.68 kg   2.17 kg

( )

🦘 점프 빨간색 테이프의 길이는 파란색 테이프의 길이의 3배입니다. 두 색 테이프의 길이를 각각 찾아 써 보세요.

| 9.6 cm | 11.8 cm |
| 23.6 cm | 28.8 cm |

빨간색 테이프 ( )

파란색 테이프 ( )

---

3 자릿수가 다른 (소수)÷(소수)

• 3.91÷1.7의 계산

방법 1

$3.91 \div 1.7$

$= \dfrac{391}{100} \div \dfrac{170}{100}$

$= 391 \div 170 = 2.3$

방법 2

$$1.7 \overline{)3.9\,1}$$
$$2.3$$
$$3\,4$$
$$\overline{5\,1}$$
$$5\,1$$
$$\overline{0}$$

옮긴 소수점의 위치에 맞추어 몫의 소수점을 찍자.

---

4 (자연수)÷(소수)

• 7÷3.5의 계산

방법 1

$7 \div 3.5$

$= \dfrac{70}{10} \div \dfrac{35}{10}$

$= 70 \div 35 = 2$

방법 2

$$3.5 \overline{)7.0}$$
$$2$$
$$7\,0$$
$$\overline{0}$$

나누는 수가 자연수가 되도록 소수점을 옮긴 자리 수만큼 나누어지는 수에 0을 붙이자.

---

6 잘못 계산한 곳을 찾아 바르게 계산해 보세요.

$$2.5 \overline{)4.7\,5}$$
$$0.1\,9$$
$$2\,5$$
$$\overline{2\,2\,5}$$
$$2\,2\,5$$
$$\overline{0}$$

→ [   ]

7 가장 큰 수를 가장 작은 수로 나눈 몫을 구해 보세요.

| 3.96 | 0.9 | 5.04 | 1.2 |

(   )

8 가÷나의 값은 얼마인지 구해 보세요.

가: 0.01이 756개인 수
나: 0.18을 10배 한 수

(   )

---

9 ☐ 안에 알맞은 수를 써넣으세요.

$324 \div 12 = $ ☐

$324 \div 1.2 = $ ☐

$324 \div 0.12 = $ ☐

10 둘레가 2.25 km인 공원 둘레를 따라 하루에 한 바퀴씩 며칠 동안 걸었더니 걸은 거리가 모두 27 km였습니다. 공원 둘레를 따라 며칠 동안 걸었는지 구해 보세요.

(   )

점프 동하는 철사를 2 m 가지고 있었습니다. 그중 미술 시간에 4 cm를 사용하고 남은 철사를 5.6 cm씩 잘랐습니다. 자른 철사는 모두 몇 도막인지 구해 보세요.

(   )

➕ **개념 적용**

---

5 **몫을 반올림하여 나타내기**

· 1.7÷0.6의 몫을 반올림하여 나타내기

$$1.7÷0.6=2.833\cdots$$

① 일의 자리까지 나타내기: 2.8$\cdots$ ➡ 3
② 소수 첫째 자리까지 나타내기: 2.8$\underline{3}\cdots$ ➡ 2.8
③ 소수 둘째 자리까지 나타내기: 2.83$\underline{3}\cdots$ ➡ 2.83

⚡ 구하려는 자리 바로 아래 자리의 숫자가 0, 1, 2, 3, 4이면 버리고 5, 6, 7, 8, 9이면 올리자.

11 계산 결과를 비교하여 ○ 안에 >, =, <를 알맞게 써넣으세요.

| 30.6÷13의 몫을 반올림하여 소수 둘째 자리까지 나타낸 수 | ○ | 30.6÷13 |

🏃 **점프** 나눗셈의 몫을 반올림하여 주어진 자리까지 나타내었을 때 큰 것부터 차례로 기호를 써 보세요.

47.4÷9	㉠ 일의 자리까지
	㉡ 소수 첫째 자리까지
	㉢ 소수 둘째 자리까지

(   )

12 몫을 반올림하여 소수 첫째 자리까지 나타낸 수와 몫을 반올림하여 소수 둘째 자리까지 나타낸 수의 차를 구해 보세요.

$$10.1÷2.1$$

(   )

---

6 **나누어 주고 남는 양 알아보기**

· 끈 7.1 m를 한 사람에게 2 m씩 나누어 주기

방법 1

$$7.1-2-2-2=1.1$$
     └─ 3번 ─┘

방법 2

$$\begin{array}{r} 3 \\ 2\overline{)7.1} \\ \underline{6} \\ 1.1 \end{array}$$

➡ ┌ 나누어 줄 수 있는 사람 수: **3**명
   └ 남는 끈의 길이: **1.1** m

⚡ 사람 수는 자연수이므로 몫을 자연수까지만 계산하자.

13 설탕 15.9 kg을 한 봉지에 3 kg씩 나누어 담을 때 담을 수 있는 봉지 수와 남는 설탕의 양을 구하기 위해 다음과 같이 계산했습니다. 계산 방법이 옳은 사람의 이름을 써 보세요.

재현이의 방법	민서의 방법
$\begin{array}{r} 5.3 \\ 3\overline{)15.9} \\ \underline{15} \\ 9 \\ \underline{9} \\ 0 \end{array}$	$\begin{array}{r} 5 \\ 3\overline{)15.9} \\ \underline{15} \\ 0.9 \end{array}$
· 봉지 수: 5봉지	· 봉지 수: 5봉지
· 남는 설탕의 양: 0.3 kg	· 남는 설탕의 양: 0.9 kg

(   )

14 끈을 한 사람당 6 m씩 나누어 주려고 합니다. 75.8 m의 끈으로는 몇 명까지 나누어 줄 수 있고, 남는 끈은 몇 m인지 구해 보세요.

나누어 줄 수 있는 사람 수 (   )

남는 끈의 길이 (   )

2 ➕ 자주 틀리는 유형

1 나누어지는 수, 나누는 수, 몫의 관계

알고 풀어요 ❗

●÷□에서 ●가 같을 경우 □ 안에 작은 수가 들어갈수록 몫은 커져.

몫이 큰 것부터 차례로 기호를 써 보세요.

> ㉠ $5.88 \div 1.2$ ㉡ $5.88 \div 0.7$
> ㉢ $5.88 \div 1.47$ ㉣ $5.88 \div 0.49$

(   )

2 곱셈식에서 □ 안에 알맞은 수 구하기

알고 풀어요 ❗

곱셈과 나눗셈의 관계를 이용하여 □ 안의 수를 구하는 나눗셈식으로 바꿔.

□ 안에 알맞은 수를 구해 보세요.

(1)
> $0.15 \times \square = 1.95$

(   )

(2)
> $\square \times 2.24 = 56$

(   )

3 넓이가 주어진 삼각형의 높이 구하기

넓이가 $14.72 \, cm^2$인 삼각형이 있습니다. 이 삼각형의 밑변의 길이가 $6.4 \, cm$일 때 높이는 몇 cm인지 구해 보세요.

넓이: $14.72 \, cm^2$

(   )

4 바르게 계산한 값 구하기

어떤 수를 1.4로 나누어야 할 것을 잘못하여 14로 나누었더니 몫이 4, 나머지가 0.8이었습니다. 바르게 계산했을 때의 몫을 반올림하여 소수 둘째 자리까지 나타내어 보세요.

(   )

수시 평가 대비

1 8.48÷0.04를 자연수의 나눗셈을 이용하여 계산해 보세요.

8.48÷0.04=☐

2 22.4÷0.7과 몫이 같은 것을 찾아 기호를 써 보세요.

┌─────────────────────────────────┐
│ ㉠ 22.4÷7   ㉡ 224÷7   │
│ ㉢ 2.24÷0.7   ㉣ 22.4÷0.07   │
└─────────────────────────────────┘

(   )

3 보기 와 같이 분수의 나눗셈으로 계산해 보세요.

┌─────────────────────────────────┐
│ **보기**   │
│ $3÷0.25=\dfrac{300}{100}÷\dfrac{25}{100}$ │
│ $\qquad\quad =300÷25=12$ │
└─────────────────────────────────┘

6÷0.75

4 조건 을 만족하는 나눗셈식을 찾아 계산해 보세요.

┌─────────────────────────────────┐
│ **조건**   │
│ • 725÷5를 이용하여 풀 수 있습니다. │
│ • 나누는 수와 나누어지는 수를 각각 100 │
│   배 하면 725÷5가 됩니다.   │
└─────────────────────────────────┘

식

5 ☐ 안에 알맞은 수를 써넣으세요.

288÷48=☐

288÷4.8=☐

288÷0.48=☐

6 계산 결과를 비교하여 ○ 안에 >, =, <를 알맞게 써넣으세요.

┌──────────────┐   ○   ┌──────────────┐
│ 1.36÷0.04 │   │ 83.7÷2.7 │
└──────────────┘   └──────────────┘

7 큰 수를 작은 수로 나눈 몫을 빈칸에 써넣으세요.

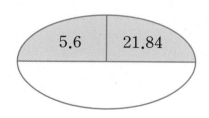

8 색 테이프 8.1 m를 0.3 m씩 나누어 자르려고 합니다. 몇 도막으로 자를 수 있는지 구해 보세요.

(   )

9 계산 결과를 비교하여 ◯ 안에 >, =, <를 알맞게 써넣으세요.

┌─────────────────────┐
│ 9.5÷7의 몫을 반   │   ◯   ┌─────────┐
│ 올림하여 소수 첫째   │   │ 9.5÷7   │
│ 자리까지 나타낸 수   │   └─────────┘
└─────────────────────┘

10 재현이의 몸무게는 32.76 kg이고 동생의 몸무게는 15.6 kg입니다. 재현이의 몸무게는 동생의 몸무게의 몇 배인지 구해 보세요.

(   )

11 ☐ 안에 알맞은 수를 써넣으세요.

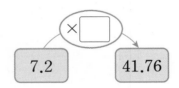

12 물 35.2 L를 2 L 들이 병에 가득 차게 나누어 담으려고 합니다. 몇 병까지 담을 수 있고, 남는 물은 몇 L인지 구해 보세요.

담을 수 있는 병의 수 (   )
남는 물의 양 (   )

13 몫의 소수 30째 자리 숫자를 구해 보세요.

(   )

14 가÷나의 값은 얼마인지 구해 보세요.

┌─────────────────────────┐
│ 가: 0.567을 10배 한 수   │
│ 나: 0.1이 9개인 수   │
└─────────────────────────┘

(   )

15 몫을 반올림하여 일의 자리까지 나타낸 수와 몫을 반올림하여 소수 둘째 자리까지 나타낸 수의 차를 구해 보세요.

┌─────────────┐
│ 9.7÷3.7   │
└─────────────┘

(   )

16 1시간 30분 동안 132 km를 달리는 자동차가 있습니다. 이 자동차는 한 시간에 몇 km를 달리는 셈인지 구해 보세요.

(   )

17 수 카드 2 , 4 , 8 을 ☐ 안에 한 번씩만 써넣어 몫이 가장 작은 나눗셈식을 만들고 몫을 구해 보세요.

$$33.68 \div \boxed{}.\boxed{}\boxed{}$$

(   )

18 둘레가 291 m인 원 모양의 광장이 있습니다. 이 광장의 둘레에 18.6 m 간격으로 안내판을 설치하려고 합니다. 안내판의 가로 길이가 0.8 m일 때 안내판은 몇 개 필요한지 구해 보세요.

(   )

19 밤 45.6 kg을 한 상자에 6 kg씩 나누어 담을 때 담을 수 있는 상자 수와 남는 밤은 몇 kg인지 알기 위해 다음과 같이 계산했습니다. 잘못 계산한 곳을 찾아 바르게 계산하고, 그 이유를 써 보세요.

- 상자 수: 7상자
- 남는 밤의 양: 0.6 kg

- 상자 수: ☐ 상자
- 남는 밤의 양: ☐ kg

이유 _____

_____

_____

20 굵기가 일정한 철근 5.3m의 무게는 25.97 kg입니다. 이 철근 2 m의 무게는 몇 kg인지 풀이 과정을 쓰고 답을 구해 보세요.

풀이 _____

_____

_____

답 _____

1 여러 방향에서 본 모양 알아보기

물체와 같은 높이에서 보았을 때 왼쪽부터 앞, 오른쪽, 뒤에서 보이는 모양을 살펴보자.

2 쌓은 모양과 쌓기나무의 개수 알아보기(1)

➡ 쌓기나무의 개수: 4＋3＝7(개)
　　　　　　　　　　1층　2층

'위에서 본 모양' 중 '보이는 위의 면'이 아닌 면이 숨겨진 쌓기나무야.

1 오른쪽 장난감 배를 놓고 사진을 찍었습니다. 각 사진은 어느 방향에서 찍은 것인지 찾아 기호를 써 보세요.

(　　　) (　　　) (　　　)

2 오른쪽과 같이 컵을 놓았을 때 찍을 수 없는 사진을 찾아 기호를 써 보세요.

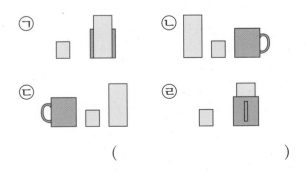

(　　　　　)

3 쌓기나무의 개수를 구해 보세요.

위에서 본 모양

(　　　　　)

🏃점프 쌓기나무의 개수는 최대 몇 개인지 구해 보세요.

위에서 본 모양

(　　　　　)

4 오른쪽 모양을 위에서 내려다보면 어떤 모양인지 찾아 기호를 써 보세요.

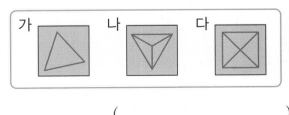

가　　　　나　　　　다

(　　　　　)

3 쌓은 모양과 쌓기나무의 개수 알아보기(2)

쌓기나무의 개수: $3+1=4$(개)

앞과 옆에서 보면 각 줄의 가장 높은 층수까지 보여.

4 쌓은 모양과 쌓기나무의 개수 알아보기(3)

쌓기나무의 개수: $3+1+2=6$(개)

위에서 본 모양에 수를 쓰면 쌓은 모양을 정확히 알 수 있어.

5 쌓기나무로 쌓은 모양을 위, 앞, 옆에서 본 모양입니다. 똑같은 모양으로 쌓는 데 필요한 쌓기나무의 개수를 구해 보세요.

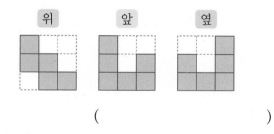

(   )

6 쌓기나무 7개를 붙여서 만든 모양을 구멍이 있는 오른쪽 상자에 넣으려고 합니다. 상자 안에 넣을 수 없는 모양을 찾아 기호를 써 보세요.

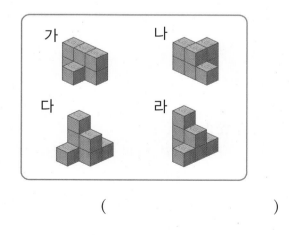

(   )

7 쌓기나무로 쌓은 모양을 보고 위에서 본 모양에 수를 썼습니다. 관계있는 것끼리 이어 보세요.

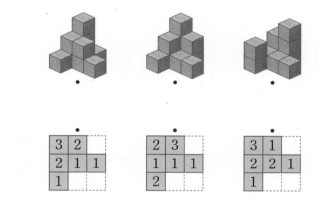

8 쌓기나무를 12개씩 사용하여 조건 을 만족하도록 쌓았습니다. 쌓은 모양을 보고 위에서 본 모양에 수를 쓰는 방법으로 나타내어 보세요.

조건
• 가와 나의 쌓은 모양은 서로 다릅니다.
• 위, 앞, 옆에서 본 모양이 각각 서로 같습니다.

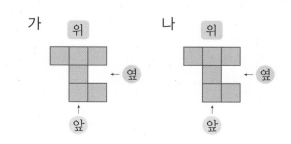

➕ 개념 적용

5 쌓은 모양과 쌓기나무의 개수 알아보기(4)

➡ 쌓기나무의 개수: $4+2+1=7$(개)
　　　　　　　　　1층　2층　3층

⚡ 1층의 모양은 위에서 본 모양과 같아.

6 여러 가지 모양 만들기

⚡ 면과 면끼리 붙여서 만들자.

9 쌓기나무로 쌓은 모양과 1층 모양을 보고 2층과 3층 모양을 각각 그려 보세요.

11 쌓기나무 5개로 만든 모양입니다. 다른 모양을 찾아 기호를 써 보세요.

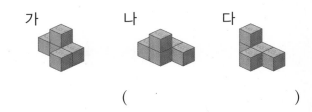

(　　　　　　　)

10 쌓기나무로 1층 위에 2층과 3층을 쌓으려고 합니다. 1층 모양을 보고 쌓을 수 있는 2층과 3층으로 알맞은 모양을 찾아 기호를 써 보세요.

(　　　　) (　　　　)

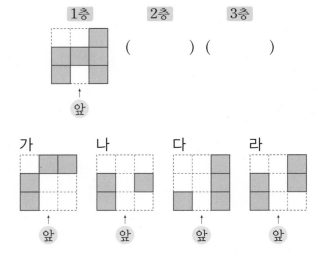

12 가, 나, 다 모양 중에서 두 가지 모양을 사용하여 새로운 모양 2개를 만들었습니다. 사용한 두 가지 모양을 찾아 기호를 써 보세요.

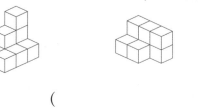

(　　　　　　　　　　　　　)

🏃 점프 **12**번의 가, 나, 다 모양을 모두 사용하여 다음 모양을 만들었습니다. 어떻게 만들었는지 구분하여 색칠해 보세요.

1 위, 앞, 옆에서 본 모양

알고 풀어요 ❗
위, 앞, 옆에서 보이는 면에 각각 다른 색을 칠해 보고 색칠한 모양을 그려 봐.

쌓기나무 10개로 쌓은 모양입니다. 위, 앞, 옆에서 본 모양을 각각 그려 보세요.

위　　　　앞　　　　옆

2 위에서 본 모양에 수를 쓴 것을 보고 옆에서 본 모양 알아보기

알고 풀어요 ❗
옆에서 보았을 때 각 줄에서 가장 큰 수만큼 쌓기나무의 개수가 보여.

쌓기나무로 쌓은 세 모양을 보고 위에서 본 모양에 각각 수를 썼습니다. 쌓기나무로 쌓은 모양을 옆에서 본 모양이 <u>다른</u> 것을 찾아 기호를 써 보세요.

(　　　　　　　　　　)

3 층별로 나타낸 모양을 보고 쌓기나무의 개수 구하기

쌓기나무로 쌓은 모양을 층별로 나타낸 모양입니다. 위에서 본 모양에 수를 쓰는 방법으로 나타내고, 똑같은 모양으로 쌓는 데 필요한 쌓기나무의 개수를 구해 보세요.

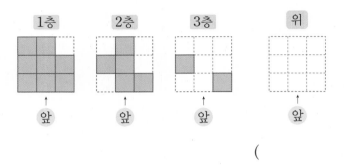

(   )

4 쌓기나무를 더 붙여서 만들 수 있는 모양

 모양에 쌓기나무 1개를 더 붙여서 만들 수 있는 모양을 모두 찾아 기호를 써 보세요.

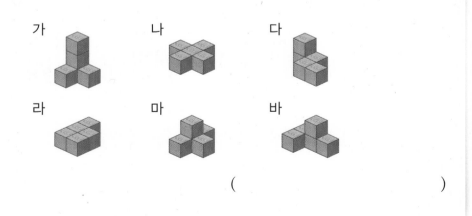

(   )

수시 평가 대비

[1~2] 보기 의 집을 여러 방향에서 사진을 찍었습니다. 물음에 답하세요.

보기

ㄱ

ㄴ

ㄷ

ㄹ

1 ㉮ 방향에서 찍은 사진을 찾아 기호를 써 보세요.

( )

2 ㉱ 방향에서 찍은 사진을 찾아 기호를 써 보세요.

( )

3 쌓기나무로 쌓은 모양을 보고 위에서 본 모양에 수를 썼습니다. 똑같은 모양으로 쌓는 데 필요한 쌓기나무는 몇 개일까요?

( )

4 주어진 모양과 똑같이 쌓는 데 필요한 쌓기나무는 몇 개일까요?

위에서 본 모양

( )

[5~6] 쌓기나무로 쌓은 모양과 1층 모양을 보고 물음에 답하세요.

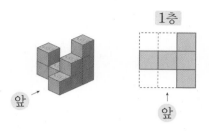

5 2층과 3층 모양을 각각 그려 보세요.

2층   3층

앞   앞

6 똑같은 모양으로 쌓는 데 필요한 쌓기나무는 몇 개일까요?

( )

7 쌓기나무 9개로 쌓은 모양입니다. 위, 앞, 옆 중 어느 방향에서 본 모양인지 써 보세요.

( ) ( )

8 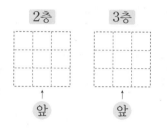 모양에 쌓기나무 1개를 붙여서 만들 수 있는 모양은 모두 몇 가지일까요?

( )

9 쌓기나무로 쌓은 모양을 보고 위에서 본 모양에 수를 썼습니다. 앞과 옆에서 본 모양을 각각 그려 보세요.

10 쌓기나무로 쌓은 모양을 보고 위에서 본 모양에 수를 썼습니다. 쌓은 모양의 3층에 쌓인 쌓기나무는 몇 개일까요?

( )

11 쌓기나무 6개로 쌓은 모양입니다. 앞에서 본 모양이 <u>다른</u> 하나를 찾아 기호를 써 보세요.

( )

12 쌓기나무 11개로 쌓은 모양을 보고 위, 앞, 옆에서 본 모양을 각각 그려 보세요.

13 쌓기나무를 4개씩 붙여서 만든 두 가지 모양을 사용하여 만들 수 있는 모양을 모두 찾아 기호를 써 보세요.

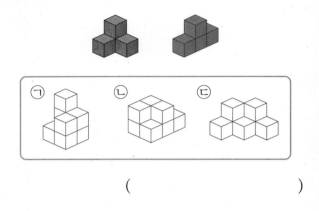

( )

14 쌓기나무로 쌓은 모양을 층별로 나타낸 모양입니다. 위에서 본 모양에 수를 쓰는 방법으로 나타내고, 똑같은 모양으로 쌓는 데 필요한 쌓기나무의 개수를 구해 보세요.

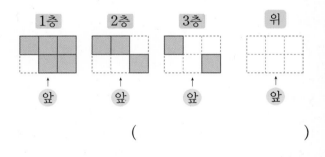

( )

15 쌓기나무 12개로 쌓은 모양입니다. 빨간색 쌓기나무 3개를 뺐을 때 옆에서 보면 쌓기나무 몇 개가 보일까요?

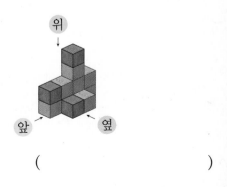

( )

16 쌓기나무 14개로 쌓은 모양과 위에서 본 모양입니다. ㉠에 쌓인 쌓기나무는 몇 개일까요?

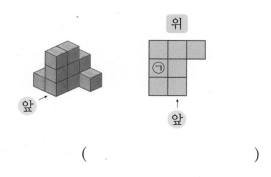

( )

17 쌓기나무로 쌓은 모양을 위, 앞, 옆에서 본 모양입니다. 2층에 쌓인 쌓기나무는 몇 개일까요?

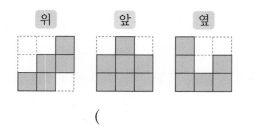

위   앞   옆

( )

18 쌓기나무로 쌓은 모양과 위에서 본 모양입니다. 쌓기나무로 쌓은 모양에 쌓기나무 몇 개를 더 쌓아서 정육면체 모양을 만들려면 필요한 쌓기나무는 적어도 몇 개일까요?

위에서 본 모양

( )

19 쌓기나무로 쌓은 모양과 위에서 본 모양입니다. 승호는 쌓기나무 8개를 가지고 있습니다. 승호가 똑같은 모양으로 쌓으려면 쌓기나무가 몇 개 더 필요한지 풀이 과정을 쓰고 답을 구해 보세요.

위에서 본 모양

풀이

답

20 쌓기나무로 쌓은 모양을 위, 앞, 옆에서 본 모양입니다. 똑같은 모양으로 쌓는 데 필요한 쌓기나무는 적어도 몇 개인지 풀이 과정을 쓰고 답을 구해 보세요.

위   앞   옆

풀이

답

1 비의 성질

• 비의 전항과 후항

$$5 : 3$$

전항 ┘　└ 후항

• 비의 성질
비의 전항과 후항에 0이 아닌 같은 수를 곱하거나 비의 전항과 후항을 0이 아닌 같은 수로 나누어도 비율은 같습니다.

⚡ 비율이 같은 비는 $\dfrac{(전항)}{(후항)}$ 을 기약분수로 나타낸 값이 같아.

2 간단한 자연수의 비로 나타내기

• $0.3 : 0.4$ ➡ $(0.3 \times 10) : (0.4 \times 10)$ ➡ $3 : 4$
└ 소수 한 자리 수이므로 10을 곱합니다.

• $\dfrac{2}{3} : \dfrac{1}{4}$ ➡ $\left(\dfrac{2}{3} \times 12\right) : \left(\dfrac{1}{4} \times 12\right)$ ➡ $8 : 3$
└ 두 분모의 공배수를 곱합니다.

• $25 : 10$ ➡ $(25 \div 5) : (10 \div 5)$ ➡ $5 : 2$
└ 두 수의 공약수로 나눕니다.

⚡ 두 분모의 최소공배수를 곱하거나, 두 수의 최대공약수로 나누면 계산이 간단해.

1 두 비의 비율이 같습니다. 비의 성질을 이용하여 □ 안에 알맞은 수를 구해 보세요.

$$18 : 45 \qquad \boxed{} : 5$$

(　　　　　　　)

2 가 끈의 길이는 4 cm이고, 나 끈의 길이는 7 cm입니다. 가 끈과 나 끈의 길이의 비를 <u>잘못</u> 쓴 것을 찾아 써 보세요.

$$4 : 7 \qquad 14 : 8 \qquad 12 : 21$$

(　　　　　　　)

🏃 점프 조건 을 만족하는 비를 모두 써 보세요. (단, 2 : 5는 제외합니다.)

조건
• 2 : 5와 비율이 같습니다.
• 전항과 후항이 모두 자연수입니다.
• 전항이 10보다 작습니다.

(　　　　　　　)

3 지수와 성하가 같은 벽을 1시간 동안 칠했는데 지수는 전체의 $\dfrac{1}{7}$ 을, 성하는 전체의 $\dfrac{1}{5}$ 을 칠했습니다. 지수와 성하가 각각 1시간 동안 칠한 양을 간단한 자연수의 비로 나타내어 보세요. (단, 한 시간 동안 칠한 양은 각각 일정합니다.)

(　　　　　　　)

4 $55 : 70$을 간단한 자연수의 비로 나타내려고 합니다. 후항이 14일 때 전항은 얼마일까요?

(　　　　　　　)

5 서연이와 준현이는 유자차를 만들었습니다. 서연이는 유자청 0.4 L, 물 0.5 L를 넣었고, 준현이는 유자청 $\dfrac{2}{5}$ L, 물 $\dfrac{1}{2}$ L를 넣었습니다. □ 안에 알맞게 써넣으세요.

유자청의 양과 물의 양의 비를 간단한 자연수의 비로 나타내면 서연이는 □ : □ 이고, 준현이는 □ : □ 입니다. 두 비의 비율이 □ 두 유자차의 진하기는 □ .

3 비례식

• 비례식: 비율이 같은 두 비를 기호 '='를 사용하여 나타낸 식

$$\overset{\boxed{\quad 외항 \quad}}{2 : \underset{\underset{내항}{\boxed{\quad}}}{5} = 4 : 10}$$

$\dfrac{(전항)}{(후항)}$이 같은 두 비를 비례식으로 나타낼 수 있어.

4 비례식의 성질

• 비례식의 성질
비례식에서 외항의 곱과 내항의 곱은 같습니다.

예 $4 : 3 = 8 : 6$ 같습니다.
$4 \times 6 = 24$
$3 \times 8 = 24$

외항의 곱과 내항의 곱이 같으면 옳은 비례식이야.

---

6 주어진 식은 비례식입니다. □ 안에 들어갈 수 있는 비를 모두 찾아 기호를 써 보세요.

$$9 : 4 = \boxed{}$$

> ㉠ 18 : 8   ㉡ 10 : 8
> ㉢ 27 : 20   ㉣ 36 : 16

(   )

7 외항이 10과 8, 내항이 16과 5인 비례식을 2개 세워 보세요.

(   )

점프 조건 을 만족하는 비례식을 세워 보세요.

> **조건**
> • 외항이 3과 42입니다.
> • 내항이 7과 18입니다.
> • 후항이 42와 7입니다.

(   )

8 비례식을 모두 찾아 기호를 써 보세요.

> ㉠ $12 : 6 = 3 : 2$ ㉡ $\dfrac{5}{9} : \dfrac{1}{3} = 5 : 3$
> ㉢ $8 : 9 = 24 : 30$ ㉣ $0.4 : 1.2 = 2 : 6$

(   )

9 비례식에서 $5 \times \boxed{}$의 값을 구해 보세요.

$$7 : 5 = \boxed{} : 20$$

(   )

10 비례식의 성질을 이용하여 □ 안에 알맞은 수를 써넣으세요.

(1) $8 : 6 = 12 : \boxed{}$

(2) $4 : 11 = \boxed{} : 66$

➕ **개념 적용**

5 비례식의 활용

- 남학생 수와 여학생 수의 비가 5 : 6이고, 남학생이 15명일 때 여학생 수 구하기
  여학생 수를 ☐명이라 하고 비례식을 세우면
  $5 : 6 = 15 : ☐$입니다.
  $5 × ☐ = 6 × 15, 5 × ☐ = 90, ☐ = 18$
  └── 비례식의 성질

⚡ 비례식에서 외항의 곱과 내항의 곱이 같음을 이용하여 ☐를 구하자.

11 가로와 세로의 비가 2 : 5인 수첩이 있습니다. 실제 수첩의 가로가 8 cm라면 세로는 몇 cm인지 비례식을 세워 구해 보세요.

비례식 _____

답 _____

12 어떤 사람이 6일 동안 일하고 54만 원을 받았습니다. 이 사람이 같은 일을 9일 동안 하면 얼마를 받을 수 있을까요? (단, 하루에 하는 일의 양은 같습니다.)

(   )

13 바닷물 4 L를 증발시켜 116 g의 소금을 얻었습니다. 소금 377 g을 얻으려면 몇 L의 바닷물을 증발시켜야 할까요?

(   )

6 비례배분

- 비례배분: 전체를 주어진 비로 배분하는 것
  예 10을 3 : 2로 나누기

$$10 × \frac{3}{3+2} = 10 × \frac{3}{5} = 6$$
$$10 × \frac{2}{3+2} = 10 × \frac{2}{5} = 4$$

⚡ 간단한 자연수의 비로 나타낸 후 비례배분하면 계산이 간단해.

14 공깃돌 56개를 재석이와 가민이가 5 : 9로 나누어 가지려고 합니다. 두 사람은 공깃돌을 각각 몇 개씩 가져야 할까요?

재석 (   )
가민 (   )

15 초콜릿 22개를 학생 수에 따라 두 모둠에 나누어 주려고 합니다. 두 모둠에 초콜릿을 각각 몇 개씩 주어야 할까요?

모둠	1모둠	2모둠
학생 수(명)	4	7

1모둠 (   )
2모둠 (   )

🏃 점프 사탕 50개를 학생 수에 따라 두 모둠이 나누어 가지려고 합니다. 두 모둠에 사탕을 각각 25개씩 주었다면 어떻게 해야 하는지 구해 보세요.

반	1모둠	2모둠
학생 수(명)	6	4

☐모둠이 ☐모둠에게 사탕을 ☐개 주어야 합니다.

4

➕ 자주 틀리는 유형

1 간단한 자연수의 비를 이용하여 ☐ 구하기

알고 풀어요 ❗

대분수를 가분수로 바꾼 다음 두 분모의 최소공배수를 곱해 간단한 자연수의 비로 나타내.

다음 비를 간단한 자연수의 비로 나타내면 $28 : 15$입니다. ☐ 안에 알맞은 수를 구해 보세요.

$$1\frac{1}{6} : \frac{\square}{8}$$

(   )

2 비례식 알아보기

알고 풀어요 ❗

비례식 $5 : 8 = 20 : 32$에 대해 **잘못** 설명한 것을 찾아 기호를 쓰고 바르게 고쳐 보세요.

> ㉠ 두 비 $5 : 8$과 $20 : 32$의 비율이 같으므로 옳은 비례식입니다.
> ㉡ 전항은 5와 8이고, 후항은 20과 32입니다.
> ㉢ 외항은 5와 32이고, 내항은 8과 20입니다.

잘못 설명한 것 ....

바르게 고치기 ....

3 외항의 곱이 주어진 비례식

비례식에서 외항의
곱이 ●이면 내항의
곱도 ●야.

비례식에서 외항의 곱이 180일 때 ㉠과 ㉡에 알맞은 수를 각각 구해 보세요.

$$9 : 15 = ㉠ : ㉡$$

㉠ (   )

㉡ (   )

4 하루를 비례배분하기

알고 풀어요 !

낮과 밤의 합인 하루
는 24시간이므로 24
시간을 비례배분하자.

어느 날 낮과 밤의 길이의 비가 7 : 5라면 낮과 밤의 길이는 각각 몇 시간인지 구해 보세요.

낮 (   )

밤 (   )

수시 평가 대비

1 다음 비에서 전항과 후항을 각각 써 보세요.

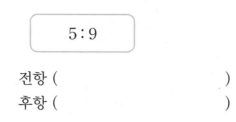

전항 (   )

후항 (   )

2 □ 안에 알맞은 수를 써넣어 간단한 자연수의 비로 나타내어 보세요.

3 비례식에서 외항의 곱과 내항의 곱을 각각 구해 보세요.

$$2:7=4:14$$

외항의 곱 (   )

내항의 곱 (   )

4 전항과 후항을 0이 아닌 같은 수로 나누어 비율이 같은 비를 2개 써 보세요.

$$20:30$$

(   )

5 비례식 $7:9=21:27$에 대해 잘못 설명한 것을 찾아 기호를 써 보세요.

> ㉠ $7:9$의 비율과 $21:27$의 비율이 같습니다.
> ㉡ 전항은 7과 21입니다.
> ㉢ 외항은 9와 21이고, 내항은 7과 27입니다.

(   )

6 재호와 유나가 같은 숙제를 한 시간 동안 했는데 재호는 전체의 $\frac{1}{5}$을, 유나는 전체의 $\frac{1}{3}$을 했습니다. 재호와 유나가 각각 한 시간 동안 한 숙제의 양을 간단한 자연수의 비로 나타내어 보세요. (단, 한 시간 동안 하는 숙제의 양은 각각 일정합니다.)

(   )

7 후항이 18인 비가 있습니다. 이 비의 비율이 $\frac{5}{6}$일 때 전항은 얼마인지 구해 보세요.

(   )

8 주어진 식은 비례식입니다. □ 안에 들어갈 수 있는 비를 모두 찾아 기호를 써 보세요.

$$3:7=\boxed{}$$

> ㉠ $7:3$ ㉡ $12:28$
> ㉢ $6:14$ ㉣ $15:21$

(   )

9 비를 간단한 자연수의 비로 나타내어 보세요.

$$0.8:1$$

( )

10 비례식을 모두 찾아 기호를 써 보세요.

⊙ $4:5=16:20$ ⊙ $\frac{1}{2}:\frac{3}{5}=2:3$

ⓒ $1.5:0.3=5:1$ ② $12:18=3:4$

( )

11 비례식의 성질을 이용하여 □ 안에 알맞은 수를 써넣으세요.

$$5:8=\boxed{}:24$$

12 학교 체육관에 있는 축구공과 배구공 수의 비가 $3:2$입니다. 축구공이 24개일 때 배구공은 몇 개일까요?

( )

13 같은 구슬 4개가 640원입니다. 1120원으로 똑같은 구슬을 몇 개까지 살 수 있을까요?

( )

14 아리와 주승이가 길이가 21 cm인 철사를 $4:3$으로 나누어 가지려고 합니다. 아리와 주승이는 철사를 각각 몇 cm씩 가지면 될까요?

아리 ( )
주승 ( )

15 9월 한 달 동안 지민이가 책을 읽은 날수와 책을 읽지 않은 날수의 비가 $4:1$이라고 합니다. 지민이가 9월에 책을 읽지 않은 날은 며칠일까요?

( )

16 외항이 6과 15, 내항이 5와 18인 비례식을 2개 세워 보세요.

(   )

17 일정한 빠르기로 6분에 8 km를 가는 자동차가 있습니다. 같은 빠르기로 이 자동차가 180 km를 가는 데 걸리는 시간은 몇 시간 몇 분일까요?

(   )

18 둘레가 88 cm인 직사각형의 가로와 세로의 비가 $\frac{3}{4} : \frac{5}{8}$입니다. 이 직사각형의 가로는 몇 cm일까요?

(   )

19 비례식에서 내항의 곱이 200일 때 ⓛ에 알맞은 수는 얼마인지 풀이 과정을 쓰고 답을 구해 보세요.

$$5 : 4 = ㉠ : ㉡$$

풀이

답

20 밤을 유라와 지성이가 4 : 5로 나누어 가졌더니 지성이가 가진 밤이 40개였습니다. 두 사람이 나누어 가진 밤은 모두 몇 개인지 풀이 과정을 쓰고 답을 구해 보세요.

풀이

답

5 원의 넓이

✚ 꼭 나오는 유형

---

1 원주와 지름의 관계 알아보기

- 원주: 원의 둘레
- 원주와 지름의 관계
  원의 지름이 길어지면 원주도
  길어집니다.

원주

⚡ 원의 크기가 커질수록 원주도 길어져.

---

1 잘못 설명한 것을 모두 찾아 기호를 써 보세요.

> ㉠ 원의 지름은 항상 원의 중심을 지납니다.
> ㉡ 원주는 원의 지름의 3배보다 짧습니다.
> ㉢ 원의 지름이 길어지면 원주도 길어집니다.
> ㉣ 원의 반지름이 길어지면 원주는 짧아집니다.

(   )

---

2 지름이 2 cm인 원의 원주와 가장 비슷한 길이를 찾아 기호를 써 보세요.

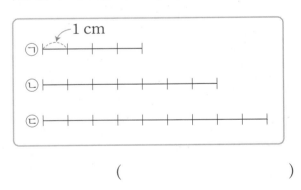

(   )

🔺**쌍둥** 반지름이 5 cm인 원의 원주와 가장 비슷한 길이를 찾아 써 보세요.

| 10 cm   24 cm   32 cm   45 cm |

(   )

---

2 원주율 알아보기

- 원주율: 원의 지름에 대한 원주의 비율
  (원주율)＝(원주)÷(지름)
  └비교하는 양   └기준량
- 원주율을 소수로 나타내면 끝없이 계속되므로 3, 3.1, 3.14 등으로 어림하여 사용하기도 합니다.

⚡ 원의 크기와 상관없이 원주를 지름으로 나눈 값인 원주율은 일정해.

---

3 크기가 다른 두 원의 원주율을 비교하여 ◯ 안에 >, =, <를 알맞게 써넣으세요.

원주: 24.8 cm   원주: 18.6 cm

(가의 원주율) ◯ (나의 원주율)

---

4 원의 크기가 커지면 커지는 것이 아닌 것을 찾아 기호를 써 보세요.

> ㉠ 원주율   ㉡ 원의 반지름
> ㉢ 원의 지름   ㉣ 원주

(   )

---

5 원 모양 접시의 원주가 44 cm이고 지름이 14 cm입니다. (원주)÷(지름)을 반올림하여 주어진 자리까지 나타내어 보세요.

일의 자리	소수 첫째 자리	소수 둘째 자리

3 원주와 지름 구하기

- 지름을 알 때 원주 구하기

  (원주율)=(원주)÷(지름)

  ➡ (원주)=(지름)×(원주율)

- 원주를 알 때 지름 구하기

  (원주율)=(원주)÷(지름)

  ➡ (지름)=(원주)÷(원주율)

⚡ 원주율을 구하는 나눗셈식을 이용하여 원주나 지름을 구하자.

4 원의 넓이 어림하기

$8\,\text{cm}^2<$(반지름이 2 cm인 원의 넓이)$<16\,\text{cm}^2$

원 안의 정사각형의 넓이: 원 밖의 정사각형의 넓이:
4×4÷2=8 (cm²)   4×4=16 (cm²)

⚡ ●와 ▲ 사이의 값은 (●+▲)÷2로 예상할 수 있어.

6 지름이 150 m인 원 모양의 대관람차를 타고 한 바퀴를 돌았습니다. 움직인 거리는 몇 m인지 구해 보세요. (원주율: 3.14)

(   )

7 원주가 84 cm인 피자를 밑면이 정사각형 모양인 직육면체 모양의 상자에 넣어 포장하려고 합니다. 상자의 밑면의 한 변의 길이는 적어도 몇 cm이어야 하는지 구해 보세요. (원주율: 3)

(   )

점프 원주가 49.6 cm인 원 안에 그릴 수 있는 가장 큰 정사각형 가의 넓이와 원 바깥에 그릴 수 있는 가장 작은 정사각형 나의 넓이는 각각 몇 cm²인지 구해 보세요. (원주율: 3.1)

가의 넓이 (   )

나의 넓이 (   )

8 한 변이 8 cm인 정사각형에 지름이 8 cm인 원을 그리고 1 cm 간격으로 점선을 그렸습니다. 모눈의 수를 세어 □ 안에 알맞은 수를 써넣고, 원의 넓이는 몇 cm²쯤 될지 어림해 보세요.

$\boxed{}\,\text{cm}^2<$(원의 넓이)

(원의 넓이)$<\boxed{}\,\text{cm}^2$

(   )

9 정육각형의 넓이를 이용하여 원의 넓이를 어림하려고 합니다. 삼각형 ㄱㅇㄷ의 넓이가 15 cm², 삼각형 ㄹㅇㅂ의 넓이가 20 cm²일 때, 원의 넓이는 몇 cm²쯤 될지 어림해 보세요.

(   )

5 원의 넓이 구하는 방법

(원의 넓이)＝(원주)×$\frac{1}{2}$×(반지름)
(지름)×(원주율)
＝(반지름)×(반지름)×(원주율)

⚡ 원의 넓이를 구하려면 지름이 아닌 반지름을 이용하자.

10 컴퍼스를 7 cm만큼 벌려 원을 그렸을 때 그린 원의 넓이는 몇 cm²일까요? (원주율: 3.1)

(   )

11 ㉠에 알맞은 수를 구해 보세요. (원주율: 3)

넓이: 432 cm²

(   )

12 반지름이 3 cm인 원의 넓이는 반지름이 1 cm인 원의 넓이의 몇 배인지 구해 보세요.

(원주율: 3.14)

(   )

6 여러 가지 원의 넓이

색칠한 부분의 넓이 구하기 (원주율: 3)

(색칠한 부분의 넓이)
＝(큰 원의 넓이)
－(작은 원의 넓이)
＝4×4×3－3×3×3
＝48－27＝21 (cm²)

⚡ 전체의 넓이에서 색칠하지 않은 부분의 넓이를 빼 보자.

13 색칠한 부분의 넓이를 구해 보세요. (원주율: 3.1)

(   )

14 색칠한 부분의 넓이를 구해 보세요.

(원주율: 3)

(   )

🏃 점프 색칠한 부분의 넓이를 구해 보세요.

(원주율: 3.14)

(   )

5

➕ 자주 틀리는 유형

1 원의 원주와 넓이

두 원의 원주의 차와 넓이의 차를 각각 구해 보세요. (원주율: 3.14)

 9 cm   16 cm

원주의 차 (   )

넓이의 차 (   )

2 원주가 주어진 원의 넓이

원주가 주어진 원의 넓이를 구해 보세요. (원주율: 3)

(1)
원주가 30 cm인 원

(   )

(2)
원주가 102 cm인 원

(   )

3 넓이가 주어진 원의 원주

넓이가 주어진 원의 원주를 구해 보세요. (원주율: 3.1)

(1)
> 넓이가 49.6 cm²인 원

(   )

(2)
> 넓이가 375.1 cm²인 원

(   )

4 원주, 원의 넓이가 주어질 때 원의 크기 비교

크기가 큰 원부터 차례로 기호를 써 보세요. (원주율: 3)

> ㉠ 반지름이 13 cm인 원
> ㉡ 원주가 96 cm인 원
> ㉢ 넓이가 432 cm²인 원
> ㉣ 지름이 28 cm인 원

(   )

수시 평가 대비

점수

확인

1 지름이 $10\,\text{cm}$, 둘레가 $31.4\,\text{cm}$인 원 모양 시계가 있습니다. 시계의 둘레는 지름의 몇 배일까요?

(   )

2 원의 넓이를 구해 보세요. (원주율: 3.1)

3 cm

(원의 넓이)

$= \boxed{} \times \boxed{} \times \boxed{}$

$= \boxed{} \ (\text{cm}^2)$

3 옳은 설명을 모두 찾아 기호를 써 보세요.

> ㉠ 원주는 원의 지름의 3배보다 길고 원의 지름의 4배보다 짧습니다.
>
> ㉡ 원의 지름이 길어지면 원주율도 커집니다.
>
> ㉢ 원의 반지름이 짧아지면 원주도 짧아집니다.
>
> ㉣ 원주율을 반올림하여 소수 첫째 자리까지 나타내면 3.4입니다.

(   )

4 두 원에서 같은 것을 찾아 ○표 하세요.

2 cm

2 cm

원주: 6.28 cm   원주: 12.56 cm

> 지름   반지름   넓이   원주율

5 정육각형의 넓이를 이용하여 원의 넓이를 어림하려고 합니다. 삼각형 ㄱㅇㄷ의 넓이가 $32\,\text{cm}^2$, 삼각형 ㄹㅇㅂ의 넓이가 $24\,\text{cm}^2$일 때, 원의 넓이의 범위를 구해 보세요.

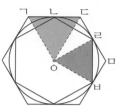

ㄱ ㄴ ㄷ ㄹ ㅁ ㅂ ㅇ

$\boxed{}\,\text{cm}^2 < $ (원의 넓이)

(원의 넓이) $< \boxed{}\,\text{cm}^2$

6 반지름이 $4\,\text{cm}$인 원을 잘게 잘라 이어 붙여 직사각형 모양을 만들었습니다. ㉠, ㉡의 길이를 각각 구해 보세요. (원주율: 3.1)

4 cm

㉠ (   )

㉡ (   )

7 원주를 구해 보세요.

(원주율: 3)

15 cm

(   )

8 지름이 $10\,\text{cm}$인 원의 넓이를 구해 보세요.

(원주율: 3.14)

(   )

5

9 세영이는 반지름이 30 m인 원 모양의 호수를 둘레를 따라 2바퀴 걸었습니다. 세영이가 걸은 거리는 몇 m일까요? (원주율: 3.14)

(   )

10 원주가 68.2 cm인 원의 지름은 몇 cm일까요? (원주율: 3.1)

(   )

11 두 원의 원주의 차를 구해 보세요. (원주율: 3)

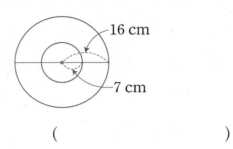

(   )

12 원의 넓이는 192 cm²입니다. ☐ 안에 알맞은 수를 써넣으세요. (원주율: 3)

13 한 변이 18 cm인 정사각형 안에 들어갈 수 있는 가장 큰 원의 넓이를 구해 보세요.

(원주율: 3.1)

(   )

14 넓이가 넓은 원부터 차례로 기호를 써 보세요.

(원주율: 3.14)

> ㉠ 지름이 6 cm인 원
> ㉡ 원주가 15.7 cm인 원
> ㉢ 반지름이 4 cm인 원
> ㉣ 넓이가 12.56 cm²인 원

(   )

15 그림과 같은 모양의 운동장의 둘레는 몇 m인지 구해 보세요. (원주율: 3)

(   )

16 색칠한 부분의 둘레는 몇 cm인지 구해 보세요. (원주율: 3.1)

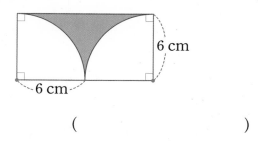

6 cm

6 cm

(   )

17 색칠한 부분의 넓이는 몇 cm²인지 구해 보세요. (원주율: 3.14)

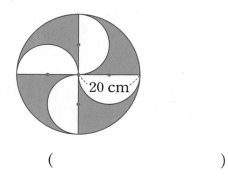

20 cm

(   )

18 넓이가 615.44 cm²인 원의 원주를 구해 보세요. (원주율: 3.14)

(   )

19 그림과 같은 두 굴렁쇠 가와 나를 같은 방향으로 5바퀴 굴렸습니다. 나 굴렁쇠는 가 굴렁쇠보다 몇 cm 더 갔는지 풀이 과정을 쓰고 답을 구해 보세요. (원주율: 3)

가   나

33 cm   44 cm

풀이 ....

....

....

....

답 ....

20 색칠한 부분의 넓이는 몇 cm²인지 풀이 과정을 쓰고 답을 구해 보세요. (원주율: 3.1)

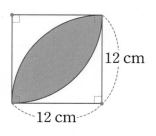

12 cm

12 cm

풀이 ....

....

....

....

답 ....

1 원기둥

• 원기둥: 위와 아래에 있는 면이 서로 평행하고 합동인 원으로 이루어진 입체도형

밑면
옆면
높이
밑면

⚡ 원기둥은 원 모양인 2개의 밑면과 굽은 면인 옆면으로 이루어져 있어.

2 원기둥의 전개도

• 원기둥의 전개도: 원기둥을 잘라서 펼쳐 놓은 그림

밑면: 원
옆면: 직사각형

⚡ 원기둥을 펼치면 굽은 면인 옆면은 직사각형 모양이 돼.

1 원기둥을 앞에서 본 모양은 가로가 12 cm, 세로가 20 cm인 직사각형입니다. 원기둥의 밑면의 반지름과 높이를 차례로 써 보세요.

(,   )

2 직사각형 모양의 종이를 돌려 입체도형을 만들려고 합니다. 변 ㄱㄴ과 변 ㄴㄷ을 각각 기준으로 돌려 만든 입체도형의 밑면의 지름의 차는 몇 cm일까요?

5 cm
ㄱ   ㄹ
8 cm
ㄴ   ㄷ

(   )

3 원기둥과 각기둥에 대한 설명으로 옳지 않은 것을 찾아 기호를 써 보세요.

> ㉠ 모두 기둥 모양입니다.
> ㉡ 모두 꼭짓점이 없습니다.
> ㉢ 원기둥에는 모서리가 없지만 각기둥에는 모서리가 있습니다.
> ㉣ 모두 두 밑면이 합동입니다.

(   )

4 원기둥을 만들 수 <u>없는</u> 전개도를 찾아 기호를 쓰고 이유를 써 보세요.

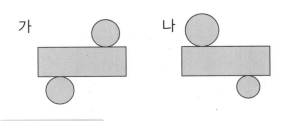

가   나

만들 수 없는 전개도 ....

이유 ....

....

🏃 점프 다음 그림을 원기둥의 전개도가 되도록 고쳐 바르게 그려 보세요.

3 원기둥의 전개도의 각 부분의 길이

- (원기둥의 전개도에서 옆면의 세로)=(원기둥의 높이)
- (원기둥의 전개도에서 옆면의 가로)=(원기둥의 밑면의 둘레)

⚡ 원기둥의 전개도를 접었을 때 서로 맞닿는 부분의 길이는 같아.

5 원기둥의 전개도에서 옆면의 가로와 세로는 몇 cm인지 차례로 써 보세요. (원주율: 3.1)

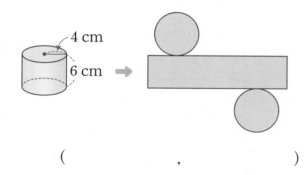

(,   )

6 원기둥을 펼쳐 전개도를 만들었을 때 전개도의 둘레는 몇 cm인지 구해 보세요. (원주율: 3)

(   )

🛫 점프 밑면의 지름이 20 cm이고 높이가 14 cm인 원기둥을 펼쳐 전개도를 만들었습니다. 전개도의 둘레는 몇 cm인지 구해 보세요. (원주율: 3.14)

(   )

4 원뿔

- 원뿔: 평평한 면이 원이고 옆을 둘러싼 면이 굽은 면인 뿔 모양의 입체도형

원뿔의 꼭짓점
높이
옆면
모선
밑면

⚡ 원뿔의 꼭짓점은 1개이고, 하나의 원뿔에서 모선의 길이는 항상 높이보다 길어.

7 원뿔의 높이, 모선의 길이, 밑면의 지름을 차례로 써 보세요.

15 cm
17 cm
8 cm

(,   ,   )

8 원뿔에 대한 설명으로 옳지 않은 것을 찾아 기호를 써 보세요.

> ㉠ 밑면은 평면이고, 옆면은 굽은 면입니다.
> ㉡ 높이는 항상 모선의 길이보다 짧습니다.
> ㉢ 모선은 1개 그릴 수 있습니다.
> ㉣ 원뿔의 밑면은 1개이고, 원뿔의 꼭짓점도 1개입니다.

(   )

9 원뿔에서 삼각형 ㄱㄴㄷ의 둘레는 몇 cm인지 구해 보세요.

12 cm
13 cm
5 cm

(   )

➕ 개념 적용

5 구

• 구: 공 모양의 입체도형

구의 중심은 I개이고, 하나의 구에서 구의 반지름은 모두 같아.

10 지름을 기준으로 반원 모양의 종이를 한 바퀴 돌려 만든 입체도형의 반지름은 몇 cm일까요?

6 cm

(   )

11 구에 대한 설명으로 옳지 않은 것을 찾아 기호를 써 보세요.

> ㉠ 구를 위에서 본 모양이 앞에서 본 모양보다 더 큰 원입니다.
> ㉡ 구의 중심은 1개입니다.
> ㉢ 구의 지름은 셀 수 없이 많이 그릴 수 있습니다.

(   )

12 지름이 14 cm인 구를 평면으로 잘랐을 때 가장 큰 단면의 넓이는 몇 cm²인지 구해 보세요. (원주율: 3.1)

14 cm

(   )

6 원기둥, 원뿔, 구의 비교

	원기둥	원뿔	구
밑면의 수	2개	1개	없음
옆면의 수	1개	1개	없음
꼭짓점의 수	없음	1개	없음

원기둥, 원뿔, 구는 평면도형을 돌려서 만든 도형이므로 위에서 본 모양이 모두 원이야.

13 구에 있는 것을 모두 찾아 기호를 써 보세요.

> ㉠ 원 모양인 면   ㉡ 반지름   ㉢ 모선
> ㉣ 지름   ㉤ 꼭짓점   ㉥ 중심

(   )

14 원기둥, 원뿔, 구의 공통점에 대한 설명입니다. 잘못 설명한 사람의 이름을 써 보세요.

> 종하: 모두 굽은 부분이 있어.
> 기웅: 앞에서 본 모양이 모두 같아.

(   )

점프 원기둥, 원뿔, 구에 대한 설명으로 옳지 않은 것을 찾아 기호를 쓰고 바르게 고쳐 보세요.

> ㉠ 밑면의 수가 서로 다릅니다.
> ㉡ 구의 중심은 1개입니다.
> ㉢ 원뿔은 앞에서 본 모양과 옆에서 본 모양이 다릅니다.

옳지 않은 것 ....

바르게 고치기 ....

6

➕ 자주 틀리는 유형

정답과 풀이 63쪽

---

1 전개도가 주어진 원기둥의 밑면의 반지름

알고 풀어요 ❗
전개도에서 옆면의 가로는 밑면의 둘레와 같아.

원기둥의 전개도입니다. 밑면의 반지름은 몇 cm인지 구해 보세요. (원주율: 3.1)

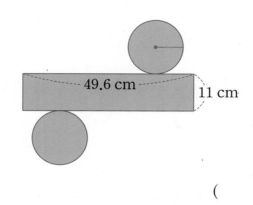

(   )

---

2 조건을 만족하는 원기둥의 높이

알고 풀어요 ❗
원기둥을 앞에서 본 모양은 가로가 밑면의 지름이고, 세로가 높이인 직사각형이야.

다음을 만족하는 원기둥의 높이는 몇 cm인지 구해 보세요.

- 위에서 본 모양은 반지름이 7 cm인 원입니다.
- 앞에서 본 모양은 정사각형입니다.

(   )

6

수시 평가 대비

[1~2] 입체도형을 보고 물음에 답하세요.

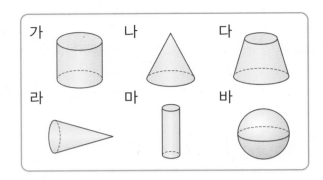

1 원기둥을 모두 찾아 기호를 써 보세요.

( )

2 원뿔을 모두 찾아 기호를 써 보세요.

( )

3 원뿔의 모선의 길이를 재는 그림을 찾아 ○표 하세요.

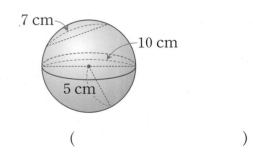

( )　( )　( )

4 구의 반지름은 몇 cm일까요?

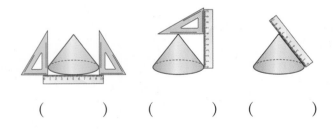

( )

5 원기둥의 전개도를 모두 찾아 기호를 써 보세요.

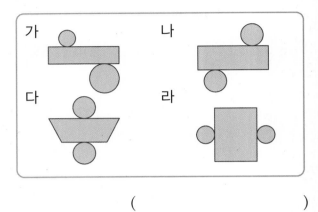

( )

6 직각삼각형 모양의 종이를 한 변을 기준으로 돌려 만든 입체도형의 높이는 몇 cm일까요?

( )

7 오른쪽 원기둥을 앞에서 본 모양은 가로가 14 cm, 세로가 12 cm인 직사각형입니다. 원기둥의 밑면의 반지름과 높이를 구해 보세요.

밑면의 반지름 ( )

높이 ( )

8 각기둥과 원기둥에서 수가 같은 것을 찾아 기호를 써 보세요.

┌─────────────────────────┐
│ ㉠ 밑면의 수　　㉡ 옆면의 수 │
│ ㉢ 모서리의 수　㉣ 꼭짓점의 수 │
└─────────────────────────┘

( )

9 원기둥과 원기둥의 전개도를 보고 ☐ 안에 알맞은 수를 써넣으세요. (원주율: 3)

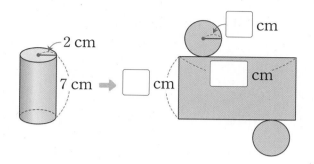

10 원기둥과 원뿔의 높이의 합은 몇 cm일까요?

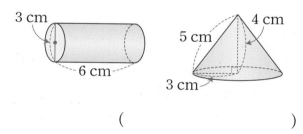

( )

11 어느 방향에서 보아도 모양이 같은 입체도형을 찾아 써 보세요.

> 원기둥   각기둥   구   원뿔

( )

12 원기둥, 원뿔, 구에 대해 옳게 설명한 것을 찾아 기호를 써 보세요.

> ㉠ 원기둥에는 밑면이 있지만 원뿔, 구에는 밑면이 없습니다.
> ㉡ 원기둥, 원뿔에는 모서리가 있지만 구에는 모서리가 없습니다.
> ㉢ 원뿔에는 꼭짓점이 있지만 원기둥, 구에는 꼭짓점이 없습니다.

( )

13 원뿔에서 삼각형 ㄱㄴㄷ의 둘레는 몇 cm인지 구해 보세요.

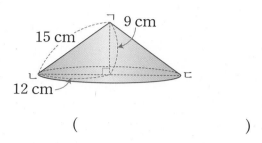

( )

14 반지름이 6 cm인 구를 평면으로 잘랐을 때 가장 큰 단면의 넓이는 몇 cm²인지 구해 보세요. (원주율: 3.14)

( )

15 직사각형 모양의 종이를 한 변을 기준으로 한 바퀴 돌려 만든 입체도형입니다. 직사각형 모양 종이의 둘레는 몇 cm인지 구해 보세요.

( )

➜ 정답과 풀이 **63쪽**

16 원기둥 모양의 페인트 통 옆면의 넓이가 다음과 같을 때 페인트 통의 높이는 몇 cm인지 구해 보세요. (원주율: 3.14)

5 cm

옆면의 넓이: 314 cm²

(   )

17 다음을 만족하는 원기둥의 높이는 몇 cm인지 구해 보세요. (원주율: 3)

- 위에서 본 모양의 넓이는 48 cm²입니다.
- 앞에서 본 모양은 정사각형입니다.

(   )

18 원기둥을 펼쳐 전개도를 만들었을 때 전개도의 둘레는 몇 cm인지 구해 보세요. (원주율: 3.1)

12 cm   30 cm

(   )

19 원기둥과 원뿔의 공통점과 차이점을 2가지씩 써 보세요.

공통점

＿＿＿＿＿＿＿＿＿＿＿＿＿＿＿

＿＿＿＿＿＿＿＿＿＿＿＿＿＿＿

＿＿＿＿＿＿＿＿＿＿＿＿＿＿＿

차이점

＿＿＿＿＿＿＿＿＿＿＿＿＿＿＿

＿＿＿＿＿＿＿＿＿＿＿＿＿＿＿

＿＿＿＿＿＿＿＿＿＿＿＿＿＿＿

20 원기둥의 전개도의 넓이는 몇 cm²인지 풀이 과정을 쓰고 답을 구해 보세요. (원주율: 3.1)

18.6 cm   5 cm

풀이

＿＿＿＿＿＿＿＿＿＿＿＿＿＿＿

＿＿＿＿＿＿＿＿＿＿＿＿＿＿＿

＿＿＿＿＿＿＿＿＿＿＿＿＿＿＿

＿＿＿＿＿＿＿＿＿＿＿＿＿＿＿

답＿＿＿＿＿＿＿＿＿＿＿＿

국어, 사회, 과학을
한 권으로 끝내는 교재가 있다?

이 한 권에 다 있다! 국·사·과 교과개념 통합본

디딤돌
통합본

국어·사회·과학

3~6학년(학기용)

"그건 바로 디딤돌만이 가능한 3 in 1"

한걸음 한걸음 디딤돌을 걷다 보면
수학이 완성됩니다.

- **개념 다지기**
  원리, 기본

- **문제해결력 강화**
  문제유형, 응용

- **심화 완성**
  최상위 수학S, 최상위 수학

- **연산 개념 다지기**
  디딤돌 연산

- **개념+문제해결력 강화를 동시에**
  기본+유형, 기본+응용

- **상위권의 힘, 사고력 강화**
  최상위 사고력

개념 이해 〉 개념 응용 〉 개념 확장

학습 능력과 목표에 따라
맞춤형이 가능한 디딤돌 초등 수학

개념 이해
디딤돌수학 개념연산

개념 응용
최상위수학 라이트

개념 이해 · 적용
디딤돌수학 고등 개념기본

개념 적용
디딤돌수학 개념기본

개념 확장
최상위수학

고등 수학

중학 수학

초등부터
고등까지

수학 좀 한다면 디딤돌

개념을 이해하고, 깨우치고, 꺼내 쓰는
올바른 중고등 개념 학습서

상위권의 기준

상위권의 기준

최상위 사고력

수학 좀 한다면

디딤돌

도도한 직선길

친절한 곡선길

문제유형 | 정답과 풀이

6
2

수학 좀 한다면

디딤돌

유형책 정답과 풀이

1 분수의 나눗셈

8~9쪽

개념을 짚어 보는 문제

1 6, 6

2 (1) 2, 4 (2) 15, 5

3 (1) 5, 2, $\frac{5}{2}$, $2\frac{1}{2}$ (2) 9, 4, $\frac{9}{4}$, $2\frac{1}{4}$

4 (1) 8, 4, 8, 4, 2 (2) 9, 8, 9, 8, $\frac{9}{8}$, $1\frac{1}{8}$

5 3, 5, 10

6 $\frac{3}{2}$, $\frac{21}{16}$, $1\frac{5}{16}$

7 방법 1 7, 42, 42, 42, $1\frac{17}{25}$

　方법 2 7, 7, 5, $\frac{42}{25}$, $1\frac{17}{25}$

8 (1) $5\frac{5}{8}$ (2) $3\frac{1}{4}$

---

8 (1) $\frac{5}{4} \div \frac{2}{9} = \frac{5}{4} \times \frac{9}{2} = \frac{45}{8} = 5\frac{5}{8}$

(2) $2\frac{1}{6} \div \frac{2}{3} = \frac{13}{\overset{}{\underset{2}{6}}} \times \frac{\overset{1}{3}}{2} = \frac{13}{4} = 3\frac{1}{4}$

STEP 1 교과서+익힘책 유형

10~15쪽

1 (1) 5 (2) 5　　준비 (1) 3 (2) $\frac{5}{9}$

2 14, 2, 7　　**3** (1) 7 (2) 2 (3) 8

4 2　　**5** 4

6 >　　**7** 예 4배

8 (1) $1\frac{1}{4}$ (2) $2\frac{3}{4}$ (3) $1\frac{1}{2}$

9 (선 연결)　　**10** =

11 $\frac{10}{11} \div \frac{3}{11} = 10 \div 3 = \frac{10}{3} = 3\frac{1}{3}$

---

12 4　　**13** 3, 3, $1\frac{5}{7}$, $1\frac{5}{7}$

14 6　　준비 (1) 4, 7 (2) 4, 1

15 18, 13, 18, 13, $\frac{18}{13}$, $1\frac{5}{13}$

16 (1) $1\frac{2}{3}$ (2) $1\frac{1}{6}$ (3) $1\frac{11}{24}$

17 이유 예 분모가 다른 분수의 나눗셈은 통분한 후 계산해야 하는데 통분하지 않고 계산하였으므로 잘못되었습니다.

바른 계산 $\frac{14}{15} \div \frac{7}{30} = \frac{28}{30} \div \frac{7}{30} = 28 \div 7 = 4$

18 ㉡　　**19** 예 $\frac{5}{8}$, $\frac{9}{10}$, $\frac{25}{36}$

20 $1\frac{1}{20}$ km　　**21** (○)(　)

22 (1) $6 \div \frac{3}{8} = (6 \div 3) \times 8 = 16$

(2) $12 \div \frac{6}{11} = (12 \div 6) \times 11 = 22$

23 (위에서부터) 16, 14　　**24** 27배

25 ㉠, ㉢, ㉡

26 예 / $60 \div \frac{1}{3} = 180$ / 180 cm²

27 75분　　**28** 3 / $\frac{4}{21}$ / 3, 4, $\frac{16}{21}$

29 6, 7, $\frac{7}{6}$, $\frac{35}{48}$

30 (1) $\frac{2}{7} \div \frac{4}{5} = \frac{2}{7} \times \frac{5}{\overset{}{\underset{2}{4}}} = \frac{5}{14}$

(2) $\frac{7}{16} \div \frac{3}{4} = \frac{7}{\overset{}{\underset{4}{16}}} \times \frac{\overset{1}{4}}{3} = \frac{7}{12}$

31 예 $\frac{15}{28}$　　**32** ㉢

33 $1\frac{17}{28}$배

34 $\frac{5}{13} \div \frac{3}{8} = 1\frac{1}{39}$ / $1\frac{1}{39}$ kg

35 ㉠

36 방법 1 $1\frac{3}{4}\div\frac{5}{9}=\frac{7}{4}\div\frac{5}{9}=\frac{63}{36}\div\frac{20}{36}$

$=63\div20=\frac{63}{20}=3\frac{3}{20}$

방법 2 $1\frac{3}{4}\div\frac{5}{9}=\frac{7}{4}\div\frac{5}{9}=\frac{7}{4}\times\frac{9}{5}$

$=\frac{63}{20}=3\frac{3}{20}$

37 $6\frac{3}{4}$ km

38 (1) $5\frac{3}{4}$ (2) $6\frac{1}{4}$

39 $1\frac{2}{5}\div\frac{7}{9}=\frac{7}{5}\div\frac{7}{9}=\frac{\overset{1}{7}}{5}\times\frac{9}{\underset{1}{7}}=\frac{9}{5}=1\frac{4}{5}$

40 $\frac{1}{5}$, 12

41 $4\frac{1}{3}$배

3 분모가 같은 분수의 나눗셈은 분자끼리 나누어 계산합니다.

4 $\frac{12}{17}\div\frac{6}{17}=12\div6=2$

5 $\frac{20}{23}\div\frac{\square}{23}=20\div\square=5$, $\square=20\div5=4$

6 $\frac{8}{13}\div\frac{2}{13}=8\div2=4$, $\frac{8}{13}\div\frac{4}{13}=8\div4=2$
➡ $4>2$

😊 내가 만드는 문제
7 ⑩ $\frac{8}{9}$ L 주스와 $\frac{2}{9}$ L 주스를 고른다면

$\left(\frac{8}{9}\text{ L 주스}\right)\div\left(\frac{2}{9}\text{ L 주스}\right)$

$=\frac{8}{9}\div\frac{2}{9}=8\div2=4$(배)입니다.

8 분모가 같은 분수의 나눗셈은 분자끼리 나누어 계산합니다.
(1) $\frac{10}{17}\div\frac{8}{17}=10\div8=\frac{10}{8}=\frac{5}{4}=1\frac{1}{4}$
(2) $\frac{11}{7}\div\frac{4}{7}=11\div4=\frac{11}{4}=2\frac{3}{4}$
(3) $\frac{15}{19}\div\frac{10}{19}=15\div10=\frac{15}{10}=\frac{3}{2}=1\frac{1}{2}$

9 $\frac{3}{8}\div\frac{2}{8}=3\div2=\frac{3}{2}=1\frac{1}{2}$

$\frac{9}{13}\div\frac{11}{13}=9\div11=\frac{9}{11}$

$\frac{8}{15}\div\frac{7}{15}=8\div7=\frac{8}{7}=1\frac{1}{7}$

10 $\frac{9}{14}\div\frac{5}{14}=9\div5=\frac{9}{5}=1\frac{4}{5}$

$\frac{9}{17}\div\frac{5}{17}=9\div5=\frac{9}{5}=1\frac{4}{5}$ ➡ $1\frac{4}{5}=1\frac{4}{5}$

12 ⑩ $\frac{17}{18}\div\frac{5}{18}=17\div5=\frac{17}{5}=3\frac{2}{5}$

$3\frac{2}{5}<\square$이므로 $\square$ 안에 들어갈 수 있는 자연수는 4, 5, 6, …입니다. 따라서 $\square$ 안에 들어갈 수 있는 자연수 중에서 가장 작은 자연수는 4입니다.

평가 기준
$\frac{17}{18}\div\frac{5}{18}$를 계산했나요?
$\square$ 안에 들어갈 수 있는 가장 작은 자연수를 구했나요?

14 $\frac{2}{3}$에는 $\frac{1}{9}$이 6번 들어갑니다.

따라서 $\frac{2}{3}\div\frac{1}{9}=6$입니다.

16 (1) $\frac{5}{12}\div\frac{1}{4}=\frac{5}{12}\div\frac{3}{12}=5\div3=\frac{5}{3}=1\frac{2}{3}$
(2) $\frac{7}{16}\div\frac{3}{8}=\frac{7}{16}\div\frac{6}{16}=7\div6=\frac{7}{6}=1\frac{1}{6}$
(3) $\frac{5}{6}\div\frac{4}{7}=\frac{35}{42}\div\frac{24}{42}=35\div24=\frac{35}{24}=1\frac{11}{24}$

17

평가 기준
계산이 잘못된 곳을 찾아 이유를 썼나요?
바르게 고쳐 계산했나요?

18 나누는 수가 $\frac{3}{4}$으로 같으므로 나누어지는 수가 가장 큰 수일 때 계산 결과가 가장 큽니다. $\frac{2}{3}<\frac{5}{6}<\frac{7}{8}$이므로 계산 결과가 가장 큰 것은 ㉡입니다.

😊 내가 만드는 문제
19 ⑩ 수 카드를 9와 10, 5와 8을 골랐다면 만들 수 있는 진분수는 $\frac{9}{10}$, $\frac{5}{8}$입니다. 작은 수를 큰 수로 나누면

$\frac{5}{8}\div\frac{9}{10}=\frac{25}{40}\div\frac{36}{40}=25\div36=\frac{25}{36}$입니다.

20 (1분 동안 갈 수 있는 거리)
=(간 거리)÷(걸린 시간)
$=\frac{3}{4}\div\frac{5}{7}=\frac{21}{28}\div\frac{20}{28}=21\div20$
$=\frac{21}{20}=1\frac{1}{20}$ (km)

21 (자연수)÷(분수)는 자연수를 분수의 분자로 나눈 다음 분모를 곱하여 계산합니다. ➡ $10 \div \dfrac{2}{5} = (10 \div 2) \times 5$

22 $\bullet \div \dfrac{\blacktriangle}{\blacksquare} = (\bullet \div \blacktriangle) \times \blacksquare$

23 $12 \div \dfrac{3}{4} = (12 \div 3) \times 4 = 16$

$12 \div \dfrac{6}{7} = (12 \div 6) \times 7 = 14$

24 $21 \div \dfrac{7}{9} = (21 \div 7) \times 9 = 27$(배)

25 ㉠ $8 \div \dfrac{2}{9} = (8 \div 2) \times 9 = 36$

㉡ $9 \div \dfrac{3}{5} = (9 \div 3) \times 5 = 15$

㉢ $12 \div \dfrac{2}{3} = (12 \div 2) \times 3 = 18$

따라서 계산 결과가 큰 것부터 차례로 기호를 쓰면 ㉠, ㉢, ㉡입니다.

😊 내가 만드는 문제
26 예) 색칠한 부분은 전체의 $\dfrac{2}{6} = \dfrac{1}{3}$입니다.

(도형 전체의 넓이)$= 60 \div \dfrac{1}{3} = 60 \times 3 = 180$ (cm²)

27 (배터리를 완전히 충전하는 데 걸리는 시간)
$=$ (충전한 시간)÷(충전된 양)
$= 45 \div \dfrac{3}{5} = (45 \div 3) \times 5 = 75$(분)

😊 내가 만드는 문제
31 예) $\dfrac{5}{12}$와 $\dfrac{7}{9}$을 고른다면 $\dfrac{5}{12} \div \dfrac{7}{9} = \dfrac{5}{\underset{4}{12}} \times \dfrac{\overset{3}{9}}{7} = \dfrac{15}{28}$입니다.

32 ㉠ $\dfrac{5}{9} \div \dfrac{4}{11} = \dfrac{5}{9} \times \dfrac{11}{4} = \dfrac{55}{36} = 1\dfrac{19}{36}$

㉡ $\dfrac{5}{6} \div \dfrac{2}{9} = \dfrac{5}{\underset{2}{6}} \times \dfrac{\overset{3}{9}}{2} = \dfrac{15}{4} = 3\dfrac{3}{4}$

㉢ $\dfrac{3}{5} \div \dfrac{5}{7} = \dfrac{3}{5} \times \dfrac{7}{5} = \dfrac{21}{25}$

33 예) (밀가루의 무게)÷(쌀가루의 무게)
$= \dfrac{5}{14} \div \dfrac{2}{9} = \dfrac{5}{14} \times \dfrac{9}{2} = \dfrac{45}{28} = 1\dfrac{17}{28}$(배)

평가 기준
알맞은 나눗셈식을 세웠나요?
밀가루의 무게는 쌀가루의 무게의 몇 배인지 구했나요?

34 (우유 1 L의 무게)
$= \dfrac{5}{13} \div \dfrac{3}{8} = \dfrac{5}{13} \times \dfrac{8}{3} = \dfrac{40}{39} = 1\dfrac{1}{39}$ (kg)

35 ㉡ $\dfrac{10}{3} \div \dfrac{5}{9} = \dfrac{30}{9} \div \dfrac{5}{9} = 30 \div 5 = 6$

37 예) (휘발유 1 L로 갈 수 있는 거리)
$=$ (자동차가 이동한 거리)÷(휘발유의 양)

$= 5\dfrac{1}{4} \div \dfrac{7}{9} = \dfrac{21}{4} \div \dfrac{7}{9} = \dfrac{\overset{3}{21}}{4} \times \dfrac{9}{\underset{1}{7}}$

$= \dfrac{27}{4} = 6\dfrac{3}{4}$ (km)

평가 기준
알맞은 나눗셈식을 세웠나요?
휘발유 1 L로 몇 km를 갈 수 있는지 구했나요?

38 (1) $3\dfrac{5}{6} \div \dfrac{2}{3} = \dfrac{23}{6} \div \dfrac{2}{3} = \dfrac{23}{\underset{2}{6}} \times \dfrac{\overset{1}{3}}{2} = \dfrac{23}{4} = 5\dfrac{3}{4}$

(2) $1\dfrac{7}{8} \div \dfrac{3}{10} = \dfrac{15}{8} \div \dfrac{3}{10} = \dfrac{\overset{5}{15}}{\underset{4}{8}} \times \dfrac{\overset{5}{10}}{\underset{1}{3}} = \dfrac{25}{4} = 6\dfrac{1}{4}$

40 나누어지는 수가 같을 때 몫이 가장 크려면 나누는 수가 가장 작아야 합니다. $\dfrac{1}{5} < \dfrac{3}{14} < \dfrac{3}{10}$이므로 □ 안에는 $\dfrac{1}{5}$이 들어가야 합니다.

➡ $2\dfrac{2}{5} \div \dfrac{1}{5} = \dfrac{12}{5} \div \dfrac{1}{5} = 12 \div 1 = 12$

41 (해왕성의 반지름)÷(금성의 반지름)

$= 3\dfrac{9}{10} \div \dfrac{9}{10} = \dfrac{39}{10} \div \dfrac{9}{10} = \dfrac{\overset{13}{39}}{\underset{1}{10}} \times \dfrac{\overset{1}{10}}{\underset{3}{9}}$

$= \dfrac{13}{3} = 4\dfrac{1}{3}$(배)

STEP 2 자주 틀리는 유형
16~18쪽

| **42** $\dfrac{7}{8}$ | **43** $4\dfrac{2}{9}$ | **44** $11\dfrac{1}{5}$ |

45 이유 예) 분모가 같은 (분수)÷(분수)인데 분자끼리 나누어 계산하지 않았습니다.

바른 계산 $\dfrac{11}{16} \div \dfrac{3}{16} = 11 \div 3 = \dfrac{11}{3} = 3\dfrac{2}{3}$

정답과 풀이

46 $\dfrac{4}{7} \div \dfrac{3}{4} = \dfrac{16}{28} \div \dfrac{21}{28} = 16 \div 21 = \dfrac{16}{21}$

47 **이유** **예** 자연수를 나누는 분수의 분자로 나누고 분모를 곱해야 하는데 분모로 나누고 분자를 곱했습니다.

바른 계산 $12 \div \dfrac{2}{3} = (12 \div 2) \times 3 = 18$

48 ㉡ **49** < **50** ㉠

51 ㉡ **52** ㉣ **53** 2개

54 $10\dfrac{15}{16}$ **55** $\dfrac{6}{25}$ **56** $4\dfrac{1}{2}$

57 $\dfrac{5}{6}$ kg **58** $\dfrac{2}{9}$ m **59** 9 kg

42 $\square \times \dfrac{5}{7} = \dfrac{5}{8}$, $\square = \dfrac{5}{8} \div \dfrac{5}{7} = \dfrac{\overset{1}{\cancel{5}}}{8} \times \dfrac{7}{\underset{1}{\cancel{3}}} = \dfrac{7}{8}$

43 $\square \times \dfrac{3}{10} = 1\dfrac{4}{15}$

$\square = 1\dfrac{4}{15} \div \dfrac{3}{10} = \dfrac{19}{15} \div \dfrac{3}{10} = \dfrac{19}{\underset{3}{\cancel{15}}} \times \dfrac{\overset{2}{\cancel{10}}}{3}$

$ = \dfrac{38}{9} = 4\dfrac{2}{9}$

44 $1\dfrac{1}{6} \div \dfrac{1}{4} = \dfrac{7}{6} \div \dfrac{1}{4} = \dfrac{7}{\underset{3}{\cancel{6}}} \times \overset{2}{\cancel{4}} = \dfrac{14}{3} = 4\dfrac{2}{3}$

$\square \times \dfrac{5}{12} = 4\dfrac{2}{3}$

$\square = 4\dfrac{2}{3} \div \dfrac{5}{12} = \dfrac{14}{3} \div \dfrac{5}{12} = \dfrac{14}{\underset{1}{\cancel{3}}} \times \dfrac{\overset{4}{\cancel{12}}}{5}$

$ = \dfrac{56}{5} = 11\dfrac{1}{5}$

48 ㉠ $\dfrac{5}{12} \div \dfrac{7}{18} = \dfrac{5}{\underset{2}{\cancel{12}}} \times \dfrac{\overset{3}{\cancel{18}}}{7} = \dfrac{15}{14} = 1\dfrac{1}{14}$

㉡ $\dfrac{9}{11} \div \dfrac{3}{5} = \dfrac{\overset{3}{\cancel{9}}}{11} \times \dfrac{5}{\underset{1}{\cancel{3}}} = \dfrac{15}{11} = 1\dfrac{4}{11}$

➡ $1\dfrac{1}{14} < 1\dfrac{4}{11}$이므로 계산 결과가 더 큰 것은 ㉡입니다.

49 $2\dfrac{2}{9} \div \dfrac{2}{3} = \dfrac{20}{9} \div \dfrac{2}{3} = \dfrac{\overset{10}{\cancel{20}}}{\underset{3}{\cancel{9}}} \times \dfrac{\overset{1}{\cancel{3}}}{\underset{1}{\cancel{2}}} = \dfrac{10}{3} = 3\dfrac{1}{3}$

$2\dfrac{4}{5} \div \dfrac{7}{9} = \dfrac{14}{5} \div \dfrac{7}{9} = \dfrac{\overset{2}{\cancel{14}}}{5} \times \dfrac{9}{\underset{1}{\cancel{7}}} = \dfrac{18}{5} = 3\dfrac{3}{5}$

➡ $3\dfrac{1}{3} < 3\dfrac{3}{5}$이므로 $2\dfrac{4}{5} \div \dfrac{7}{9}$이 더 큽니다.

50 ㉠ $\dfrac{5}{8} \div \dfrac{3}{8} = 5 \div 3 = \dfrac{5}{3} = 1\dfrac{2}{3}$

㉡ $3 \div \dfrac{9}{10} = 3 \times \dfrac{10}{\underset{3}{\cancel{9}}} = \dfrac{10}{3} = 3\dfrac{1}{3}$

㉢ $1\dfrac{3}{4} \div \dfrac{11}{12} = \dfrac{7}{4} \div \dfrac{11}{12} = \dfrac{7}{\underset{1}{\cancel{4}}} \times \dfrac{\overset{3}{\cancel{12}}}{11} = \dfrac{21}{11} = 1\dfrac{10}{11}$

㉣ $3\dfrac{1}{8} \div \dfrac{5}{6} = \dfrac{25}{8} \div \dfrac{5}{6} = \dfrac{\overset{5}{\cancel{25}}}{\underset{4}{\cancel{8}}} \times \dfrac{\overset{3}{\cancel{6}}}{\underset{1}{\cancel{5}}} = \dfrac{15}{4} = 3\dfrac{3}{4}$

➡ $1\dfrac{2}{3} < 1\dfrac{10}{11} < 3\dfrac{1}{3} < 3\dfrac{3}{4}$이므로 가장 작은 것은 ㉠입니다.

51 ㉠ $4 > \dfrac{5}{12}$ ㉡ $\dfrac{2}{5} < \dfrac{7}{8}$ ㉢ $1\dfrac{3}{4} > \dfrac{1}{4}$ ㉣ $3\dfrac{1}{3} > \dfrac{8}{9}$

따라서 몫이 1보다 작은 것은 (나누어지는 수) < (나누는 수)인 ㉡입니다.

52 (나누어지는 수) > (나누는 수)이면 몫이 1보다 큽니다.

㉠ $\dfrac{3}{7} < \dfrac{5}{7}$ ㉡ $\dfrac{2}{9} < \dfrac{5}{8}$ ㉢ $\dfrac{11}{14} < \dfrac{4}{5}$ ㉣ $\dfrac{9}{10} > \dfrac{5}{7}$

따라서 몫이 1보다 큰 것은 ㉣입니다.

53 (나누어지는 수) < (나누는 수)이면 몫이 1보다 작습니다.

$\dfrac{3}{10} < \dfrac{2}{3}$, $4\dfrac{2}{5} > \dfrac{2}{3}$, $\dfrac{17}{6} > \dfrac{2}{3}$, $\dfrac{5}{11} < \dfrac{2}{3}$이므로 몫이 1보다 작은 것은 $\dfrac{3}{10} \div \dfrac{2}{3}$, $\dfrac{5}{11} \div \dfrac{2}{3}$로 모두 2개입니다.

54 $4\dfrac{3}{8} > 2\dfrac{1}{4} > \dfrac{7}{12} > \dfrac{2}{5}$이므로 가장 큰 수는 $4\dfrac{3}{8}$, 가장 작은 수는 $\dfrac{2}{5}$입니다.

➡ $4\dfrac{3}{8} \div \dfrac{2}{5} = \dfrac{35}{8} \div \dfrac{2}{5} = \dfrac{35}{8} \times \dfrac{5}{2} = \dfrac{175}{16} = 10\dfrac{15}{16}$

55 $\dfrac{1}{5}<\dfrac{1}{3}<\dfrac{1}{2}<\dfrac{2}{3}<\dfrac{5}{6}$이므로 가장 작은 수는 $\dfrac{1}{5}$, 가장

큰 수는 $\dfrac{5}{6}$입니다.

$$\Rightarrow \dfrac{1}{5}\div\dfrac{5}{6}=\dfrac{1}{5}\times\dfrac{6}{5}=\dfrac{6}{25}$$

56 가장 큰 수를 가장 작은 수로 나눌 때 나눗셈의 몫이 가장

큽니다. $2\dfrac{1}{2}>2\dfrac{1}{6}>\dfrac{2}{3}>\dfrac{5}{9}$이므로 가장 큰 수는 $2\dfrac{1}{2}$,

가장 작은 수는 $\dfrac{5}{9}$입니다.

$$\Rightarrow 2\dfrac{1}{2}\div\dfrac{5}{9}=\dfrac{5}{2}\div\dfrac{5}{9}=\dfrac{\overset{1}{\cancel{5}}}{2}\times\dfrac{9}{\underset{1}{\cancel{5}}}=\dfrac{9}{2}=4\dfrac{1}{2}$$

57 (고무관 1 m의 무게)

$=$(고무관의 무게)$\div$(고무관의 길이)

$=\dfrac{5}{8}\div\dfrac{3}{4}=\dfrac{5}{8}\div\dfrac{6}{8}=5\div6=\dfrac{5}{6}$ (kg)

58 (철근 1 kg의 길이)

$=$(철근의 길이)$\div$(철근의 무게)

$=\dfrac{1}{5}\div\dfrac{9}{10}=\dfrac{2}{10}\div\dfrac{9}{10}=2\div9=\dfrac{2}{9}$ (m)

59 (통나무 1 m의 무게)

$=$(통나무의 무게)$\div$(통나무의 길이)

$=\dfrac{9}{11}\div\dfrac{3}{11}=9\div3=3$ (kg)

(통나무 3 m의 무게)$=3\times3=9$ (kg)

STEP 3 응용 유형

19~22쪽

60 1, 2, 3		**61** 3개
62 5개		**63** $\dfrac{9}{10}\div\dfrac{7}{10}$, $\dfrac{9}{11}\div\dfrac{7}{11}$
64 $\dfrac{7}{8}\div\dfrac{3}{8}$		**65** $\dfrac{5}{12}\div\dfrac{11}{12}$, $\dfrac{5}{13}\div\dfrac{11}{13}$
66 25		**67** $\dfrac{9}{10}$
68 $5\dfrac{11}{14}$		**69** $1\dfrac{7}{8}$ m
70 $1\dfrac{1}{3}$ m		**71** $2\dfrac{1}{3}$

72 $2\dfrac{1}{4}$배	**73** $23\dfrac{2}{5}$ km
74 1시간 10분	**75** 7 km
76 80 mL	**77** $60\dfrac{2}{3}$ km
78 $3\dfrac{1}{3}$	**79** $9\dfrac{4}{5}$
80 $4\dfrac{2}{25}$	**81** $\dfrac{4}{7}$
82 $\dfrac{9}{19}$	**83** 3

60 $\square\div\dfrac{1}{6}=\square\times6$이므로 $\square\times6<20$입니다.

$1\times6=6$, $2\times6=12$, $3\times6=18$, $4\times6=24$, …이

므로 $\square$ 안에 들어갈 수 있는 자연수는 1, 2, 3입니다.

61 $3\div\dfrac{1}{\square}=3\times\square$이므로 $9<3\times\square<19$입니다.

따라서 $\square$ 안에 들어갈 수 있는 자연수는 4, 5, 6으로 모

두 3개입니다.

62 $\square\div\dfrac{1}{5}=\square\times5$

$5<\square\times5<34$이므로 $\square$ 안에 들어갈 수 있는 자연수

는 2, 3, 4, 5, 6으로 모두 5개입니다.

63 분모가 12보다 작고 분자가 9인 진분수는 $\dfrac{9}{10}$, $\dfrac{9}{11}$입니다.

따라서 조건을 만족하는 분수의 나눗셈식은

$\dfrac{9}{10}\div\dfrac{7}{10}$, $\dfrac{9}{11}\div\dfrac{7}{11}$입니다.

64 분모가 9보다 작고 분자가 7인 진분수는 $\dfrac{7}{8}$입니다.

따라서 조건을 만족하는 분수의 나눗셈식은 $\dfrac{7}{8}\div\dfrac{3}{8}$입

니다.

65 분모가 14보다 작고 분자가 11인 진분수는 $\dfrac{11}{12}$, $\dfrac{11}{13}$입

니다.

따라서 조건을 만족하는 분수의 나눗셈식은

$\dfrac{5}{12}\div\dfrac{11}{12}$, $\dfrac{5}{13}\div\dfrac{11}{13}$입니다.

66 어떤 수를 □라고 하면 □÷5=4에서
□=4×5=20입니다.

따라서 바르게 계산하면 $20 \div \frac{4}{5} = \overset{5}{20} \times \frac{5}{\underset{1}{4}} = 25$입니다.

67 어떤 수를 □라고 하면 $\square \times \frac{2}{3} = \frac{2}{5}$이므로

$\square = \frac{2}{5} \div \frac{2}{3} = \frac{\overset{1}{2}}{5} \times \frac{3}{\underset{1}{2}} = \frac{3}{5}$입니다.

따라서 바르게 계산하면 $\frac{3}{5} \div \frac{2}{3} = \frac{3}{5} \times \frac{3}{2} = \frac{9}{10}$입니다.

68 어떤 수를 □라고 하면 $\square \times \frac{4}{9} = 1\frac{1}{7}$이므로

$\square = 1\frac{1}{7} \div \frac{4}{9} = \frac{8}{7} \div \frac{4}{9} = \frac{\overset{2}{8}}{7} \times \frac{9}{\underset{1}{4}} = \frac{18}{7} = 2\frac{4}{7}$입니다.

따라서 바르게 계산하면

$2\frac{4}{7} \div \frac{4}{9} = \frac{18}{7} \div \frac{4}{9} = \frac{\overset{9}{18}}{7} \times \frac{9}{\underset{2}{4}} = \frac{81}{14} = 5\frac{11}{14}$입니다.

69 (평행사변형의 넓이)=(밑변의 길이)×(높이)
➡ (밑변의 길이)=(평행사변형의 넓이)÷(높이)

$$= 1\frac{1}{8} \div \frac{3}{5} = \frac{9}{8} \div \frac{3}{5} = \frac{\overset{3}{9}}{8} \times \frac{5}{\underset{1}{3}}$$

$$= \frac{15}{8} = 1\frac{7}{8} \text{ (m)}$$

70 $\frac{15}{32} \times (높이) \div 2 = \frac{5}{16}$, $\frac{15}{32} \times (높이) = \frac{5}{16} \times \overset{1}{2} = \frac{5}{8}$

$(높이) = \frac{5}{8} \div \frac{15}{32} = \frac{\overset{1}{5}}{\underset{1}{8}} \times \frac{\overset{4}{32}}{\underset{3}{15}} = \frac{4}{3} = 1\frac{1}{3}$ (m)

71 $\square \times \frac{4}{7} \div 2 = \frac{2}{3}$, $\square \times \frac{4}{7} = \frac{2}{3} \times 2 = \frac{4}{3}$

$\square = \frac{4}{3} \div \frac{4}{7} = \frac{\overset{1}{4}}{3} \times \frac{7}{\underset{1}{4}} = \frac{7}{3} = 2\frac{1}{3}$

72 40분=$\frac{40}{60}$시간=$\frac{2}{3}$시간

(피아노 연습을 한 시간)÷(수학 공부를 한 시간)
$= 1\frac{1}{2} \div \frac{2}{3} = \frac{3}{2} \div \frac{2}{3} = \frac{3}{2} \times \frac{3}{2} = \frac{9}{4} = 2\frac{1}{4}$(배)

73 5분=$\frac{5}{60}$시간=$\frac{1}{12}$시간

(1시간 동안 가는 거리)
=(자전거를 타고 간 거리)÷(걸린 시간)

$= 1\frac{19}{20} \div \frac{1}{12} = \frac{39}{20} \div \frac{1}{12} = \frac{39}{\underset{5}{20}} \times \overset{3}{12}$

$= \frac{117}{5} = 23\frac{2}{5}$ (km)

74 40분=$\frac{40}{60}$시간=$\frac{2}{3}$시간

(1 L를 채취하는 데 걸리는 시간)

$= \frac{2}{3} \div \frac{4}{7} = \frac{\overset{1}{2}}{3} \times \frac{7}{\underset{2}{4}} = \frac{7}{6} = 1\frac{1}{6}$(시간)

➡ $1\frac{1}{6}$시간=$1\frac{10}{60}$시간이므로 1시간 10분입니다.

75 집에서 출발하여 은행까지 갔다가 돌아온 전체 거리는
2+2=4 (km)이고, 걸린 시간은 $\frac{4}{7}$시간입니다.

➡ (한 시간 동안 갈 수 있는 거리)
= (움직인 거리)÷(걸린 시간)
$= 4 \div \frac{4}{7} = \overset{1}{4} \times \frac{7}{\underset{1}{4}} = 7$ (km)

76 병의 들이를 □mL라고 하면

$\square \times \frac{5}{6} = 400$이므로

$\square = 400 \div \frac{5}{6} = \overset{80}{400} \times \frac{6}{\underset{1}{5}} = 480$입니다.

따라서 물을 480−400=80 (mL) 더 부어야 합니다.

77 (1 L의 휘발유로 갈 수 있는 거리)

$= 8\frac{2}{3} \div \frac{4}{5} = \frac{\overset{13}{26}}{3} \times \frac{5}{\underset{2}{4}} = \frac{65}{6} = 10\frac{5}{6}$ (km)

$\left(5\frac{3}{5} \text{ L의 휘발유로 갈 수 있는 거리}\right)$

$= 10\frac{5}{6} \times 5\frac{3}{5} = \frac{\overset{13}{65}}{\underset{3}{6}} \times \frac{\overset{14}{28}}{\underset{1}{5}} = \frac{182}{3} = 60\frac{2}{3}$ (km)

78 가장 큰 대분수: $5\frac{1}{3}$, 가장 작은 대분수: $1\frac{3}{5}$

➡ $5\frac{1}{3} \div 1\frac{3}{5} = \frac{16}{3} \div \frac{8}{5} = \frac{\overset{2}{16}}{3} \times \frac{5}{\underset{1}{8}} = \frac{10}{3} = 3\frac{1}{3}$

79 나누는 수가 같을 때 몫이 가장 작으려면 나누어지는 수가 가장 작아야 하므로 수 카드로 가장 작은 대분수를 만들어 나눗셈을 합니다.

$$\Rightarrow 2\frac{4}{5} \div \frac{2}{7} = \frac{14}{5} \div \frac{2}{7} = \frac{\overset{7}{14}}{5} \times \frac{7}{\underset{1}{2}} = \frac{49}{5} = 9\frac{4}{5}$$

80 태호의 수가 은하의 수보다 크므로 태호는 가장 큰 대분수를, 은하는 가장 작은 대분수를 만들어 나눗셈을 합니다.
(태호가 만든 대분수) ÷ (은하가 만든 대분수)
$$= 6\frac{4}{5} \div 1\frac{2}{3} = \frac{34}{5} \div \frac{5}{3} = \frac{34}{5} \times \frac{3}{5} = \frac{102}{25} = 4\frac{2}{25}$$

81 $5\frac{1}{4} \odot \frac{2}{3} = 4\frac{1}{2} \div \left(5\frac{1}{4} \div \frac{2}{3}\right)$

$$= 4\frac{1}{2} \div \left(\frac{21}{4} \div \frac{2}{3}\right) = 4\frac{1}{2} \div \left(\frac{21}{4} \times \frac{3}{2}\right)$$

$$= 4\frac{1}{2} \div \frac{63}{8} = \frac{9}{2} \div \frac{63}{8} = \frac{\overset{1}{9}}{\underset{1}{2}} \times \frac{\overset{4}{8}}{\underset{7}{63}} = \frac{4}{7}$$

82 $\frac{3}{8} \odot \frac{5}{12} = \frac{3}{8} \div \left(\frac{3}{8} + \frac{5}{12}\right) = \frac{3}{8} \div \frac{19}{24}$

$$= \frac{3}{\underset{1}{8}} \times \frac{\overset{3}{24}}{19} = \frac{9}{19}$$

83 $2\frac{1}{4} \odot \frac{2}{3} = \frac{9}{4} \div \left(\frac{9}{4} \div \frac{2}{3}\right) = \frac{9}{4} \div \left(\frac{9}{4} \times \frac{3}{2}\right)$

$$= \frac{9}{4} \div \frac{27}{8} = \frac{\overset{1}{9}}{\underset{1}{4}} \times \frac{\overset{2}{8}}{\underset{3}{27}} = \frac{2}{3}$$

$\square \times \frac{2}{3} = 2$에서 $\square = 2 \div \frac{2}{3} = \overset{1}{2} \times \frac{3}{\underset{1}{2}} = 3$입니다.

---

1. 분수의 나눗셈 **기출 단원 평가**   23~25쪽

1 2, 1

2 $\frac{7}{8} \div \frac{2}{3} = \frac{21}{24} \div \frac{16}{24} = 21 \div 16 = \frac{21}{16} = 1\frac{5}{16}$

3 ©

4 10

5

6 $9 \div \frac{12}{13}$에 ○표

7 소율

8 (1) $\frac{20}{21}$ (2) $2\frac{10}{13}$

9 ©

10 $5\frac{5}{8}$

11 =

12 36일

13 $4\frac{2}{7}$

14 $4\frac{8}{9}$ cm

15 (위에서부터) $12\frac{1}{2}$, $14\frac{2}{7}$

16 25쪽

17 8개

18 $1\frac{1}{2}$시간

19 14

20 42개

---

3 $4\frac{1}{5} \div \frac{3}{4} = \frac{21}{5} \div \frac{3}{4} = \frac{21}{5} \times \frac{4}{3}$

4 $\cdot \frac{3}{4} \div \frac{1}{4} = 3 \div 1 = 3 \div \bigcirc \rightarrow \bigcirc = 1$

$\cdot \frac{\bigcirc}{13} \div \frac{8}{13} = \bigcirc \div 8 = 9 \div 8 \rightarrow \bigcirc = 9$

$\Rightarrow \bigcirc + \bigcirc = 1 + 9 = 10$

5 $6 \div \frac{1}{3} = 6 \times 3 = 18$, $8 \div \frac{4}{7} = (8 \div 4) \times 7 = 14$

6 $16 \div \frac{8}{17} = (16 \div 8) \times 17 = 34$

$9 \div \frac{12}{13} = 9 \times \frac{13}{\underset{4}{12}} = \frac{39}{4} = 9\frac{3}{4}$

$8 \div \frac{2}{3} = (8 \div 2) \times 3 = 12$

7 대분수의 나눗셈은 대분수를 가분수로 고친 다음 분수를 통분하여 분자끼리 나누어 계산합니다.

8 (1) $\frac{8}{9} \div \frac{14}{15} = \frac{\overset{4}{8}}{\underset{3}{9}} \times \frac{\overset{5}{15}}{\underset{7}{14}} = \frac{20}{21}$

(2) $2\frac{6}{13} \div \frac{8}{9} = \frac{32}{13} \div \frac{8}{9} = \frac{\overset{4}{32}}{13} \times \frac{9}{\underset{1}{8}} = \frac{36}{13} = 2\frac{10}{13}$

9 ㉠ $\square \times 5 = 20$, $\square = 4$
ㄴ $4 \times \square = 16$, $\square = 4$
ㄷ $\square \times 7 = 49$, $\square = 7$
ㄹ $9 \times \square = 36$, $\square = 4$

10 $3\dfrac{3}{8} \div \dfrac{3}{5} = \dfrac{27}{8} \div \dfrac{3}{5} = \overset{9}{\underset{}{\dfrac{27}{8}}} \times \dfrac{5}{\underset{1}{3}} = \dfrac{45}{8} = 5\dfrac{5}{8}$

11 $2\dfrac{1}{10} \div \dfrac{4}{5} = \dfrac{21}{10} \div \dfrac{4}{5} = \dfrac{21}{\underset{2}{10}} \times \dfrac{\overset{1}{5}}{4} = \dfrac{21}{8} = 2\dfrac{5}{8}$

$\dfrac{7}{12} \div \dfrac{2}{9} = \dfrac{7}{\underset{4}{12}} \times \dfrac{\overset{3}{9}}{2} = \dfrac{21}{8} = 2\dfrac{5}{8}$

12 (설탕 20 kg을 사용할 수 있는 날수)
$= 20 \div \dfrac{5}{9} = \overset{4}{\underset{}{20}} \times \dfrac{9}{\underset{1}{5}} = 36$(일)

13 $\dfrac{3}{5} \times \square = 2\dfrac{4}{7}$

$\square = 2\dfrac{4}{7} \div \dfrac{3}{5} = \dfrac{18}{7} \div \dfrac{3}{5} = \dfrac{\overset{6}{18}}{7} \times \dfrac{5}{\underset{1}{3}} = \dfrac{30}{7} = 4\dfrac{2}{7}$

14 (높이) = (평행사변형의 넓이) ÷ (밑변의 길이)

$= 8\dfrac{8}{9} \div 1\dfrac{9}{11} = \dfrac{80}{9} \div \dfrac{20}{11} = \dfrac{80}{9} \times \dfrac{11}{\underset{1}{20}}^{4}$

$= \dfrac{44}{9} = 4\dfrac{8}{9}$ (cm)

15 빈칸을 위에서부터 각각 ㉠, ㉡이라 하면
$㉠ \times 1\dfrac{1}{5} = 15$, $㉠ \times \dfrac{6}{5} = 15$

➡ $㉠ = 15 \div \dfrac{6}{5} = \overset{5}{\underset{}{15}} \times \dfrac{5}{\underset{2}{6}} = \dfrac{25}{2} = 12\dfrac{1}{2}$

$12\dfrac{1}{2} \div ㉡ = \dfrac{7}{8}$

➡ $㉡ = 12\dfrac{1}{2} \div \dfrac{7}{8} = \dfrac{25}{2} \div \dfrac{7}{8} = \dfrac{25}{2} \times \dfrac{\overset{4}{8}}{7}$

$= \dfrac{100}{7} = 14\dfrac{2}{7}$

16 동화책의 전체 쪽수를 $\square$쪽이라 하면
남은 쪽수는 전체의 $1 - \dfrac{3}{5} = \dfrac{2}{5}$이므로

$\square \times \dfrac{2}{5} = 10$, $\square = 10 \div \dfrac{2}{5} = \overset{5}{\underset{}{10}} \times \dfrac{5}{\underset{1}{2}} = 25$입니다.

17 $6 \div \dfrac{2}{\square} = \overset{3}{\underset{}{6}} \times \dfrac{\square}{\underset{1}{2}} = 3 \times \square$이므로 $3 \times \square < 40$입니다.

$3 \times 1 = 3$, $3 \times 2 = 6$, ..., $3 \times 13 = 39$, $3 \times 14 = 42$
이므로 $\square$ 안에 들어갈 수 있는 자연수는 1, 2, 3, ...,
13이고 이 중에서 5보다 큰 수는 6, 7, 8, 9, 10, 11,
12, 13으로 모두 8개입니다.

18 (1시간 동안 탄 양초의 길이) $= 14\dfrac{1}{4} - 4\dfrac{3}{4} = 9\dfrac{1}{2}$ (cm)

$\left(14\dfrac{1}{4} \text{ cm인 양초가 다 타는 데 걸리는 시간} \right)$

$= 14\dfrac{1}{4} \div 9\dfrac{1}{2} = \dfrac{57}{4} \div \dfrac{19}{2} = \dfrac{\overset{3}{57}}{\underset{2}{4}} \times \dfrac{\overset{1}{2}}{\underset{1}{19}}$

$= \dfrac{3}{2} = 1\dfrac{1}{2}$(시간)

19 예 나눗셈의 몫이 가장 큰 경우는 가장 큰 수를 가장 작은
수로 나눌 때이므로 ㉠에는 가장 큰 수인 6을, ㉡에는 가
장 작은 수인 3을 써넣어야 합니다.

➡ $6 \div \dfrac{3}{7} = (6 \div 3) \times 7 = 14$

평가 기준	배점
㉠, ㉡에 들어갈 수를 각각 구했나요?	3점
몫이 가장 큰 나눗셈의 몫을 구했나요?	2점

20 예 0.13 km = 130 m이므로 도로 한쪽에 놓은 화분 사
이의 간격 수는

$130 \div 6\dfrac{1}{2} = 130 \div \dfrac{13}{2} = (130 \div 13) \times 2 = 20$(군데)
입니다.
도로 한쪽에 놓은 화분 수는 $20 + 1 = 21$(개)이므로 도로
양쪽에 놓은 화분 수는 $21 \times 2 = 42$(개)입니다.

평가 기준	배점
도로 한쪽에 놓은 화분 사이의 간격 수를 구했나요?	2점
도로 한쪽에 놓은 화분 수를 구했나요?	2점
도로 양쪽에 놓은 화분 수를 구했나요?	1점

2 소수의 나눗셈

개념을 짚어 보는 문제

28~29쪽

1 28, 7, 4, 4

2 (1) 46, 46, 9 (2) 9, 414

3 100, 408, 2.4

4
```
        2.3
3.6) 8.2 8
      7 2
    1 0 8
    1 0 8
          0
```

5 (1) 3600, 3600, 16 (2) 16, 225, 1350, 1350

6 (1) 0.7 (2) 0.73

7 6 / 6명, 1.3 m

---

2 (2)
```
            9
0.46) 4.1 4
        4 1 4
              0
```

4 나누는 수와 나누어지는 수의 소수점을 각각 오른쪽으로 한 자리씩 옮겨서 계산합니다.

5 (2)
```
              1 6
2.25) 3 6.0 0
        2 2 5
      1 3 5 0
      1 3 5 0
                0
```

6 (1) 8÷11=0.72…이고, 몫의 소수 둘째 자리 숫자가 2이므로 몫을 반올림하여 소수 첫째 자리까지 나타내면 0.7입니다.

(2) 8÷11=0.727…이고, 몫의 소수 셋째 자리 숫자가 7이므로 몫을 반올림하여 소수 둘째 자리까지 나타내면 0.73입니다.

STEP 1 교과서⊕익힘책 유형

30~35쪽

1

/ 5개

준비 (왼쪽에서부터) 500, 50, 5, $\frac{1}{10}$, $\frac{1}{100}$

---

2 (1) 10, 10, 258, 43, 43
(2) 100, 100, 765, 85, 85

3 312

4 312, 8, 312, 8, 39

5 ㉡, ㉣

6 식 8.46÷0.02=423

이유 예 846과 2를 각각 $\frac{1}{100}$배 하면 8.46과 0.02가 됩니다.

7

8 $5.88÷0.42=\frac{588}{100}÷\frac{42}{100}=588÷42=14$

9 10, 29, 28, 28

10 예
```
      1.6 / 3개
  1.6
  1.4
  1.2
  1.0
  0.8
  0.6
  0.4
  0.2
    0
```

11 >

12 (1) 56 (2) 23

13
```
          1 8
0.48) 8.6 4
        4 8
      3 8 4
      3 8 4
              0
```

14 3배

15 예 3

16
```
          3.2
1.80) 5.7 6 0
        5 4 0
        3 6 0
        3 6 0
              0
```

17 ㉡

18 5.6

19 2.7

20 3.1배

21 280

22 $25÷1.25=\frac{2500}{100}÷\frac{125}{100}=2500÷125=20$

23 (위에서부터) 100, 25, 25, 100

24 (1) 14 (2) 15 (3) 50 (4) 350

25 18, 180, 1800

26 2.5

27 ⑩ 18, 14.4

28 방법 1 ⑩ $15 \div 2.5$

$$= \frac{150}{10} \div \frac{25}{10}$$
$$= 150 \div 25 = 6 \ / \ 6개$$

방법 2 ⑩

$$\begin{array}{r} 6 \\ 2.5{\overline{\smash{\big)}\,15}} \\ \underline{150} \\ 0 \ / \ 6개 \end{array}$$

준비 0.6, 0.65

29 6.3

30 1, 1.4, 1.43

31 $<$

32 ⑩ 6.39배

33 9.4배

34 0.03

35 2.6 / 2.6, 3, 2.6

36 3.6

37 5상자, 3.6 kg

38 5, 3.6 / 5, 3.6

39 준호

40 8송이, 2.2 m

41 방법 1 ⑩ $14.9 - 3 - 3 - 3 - 3 = 2.9 \ / \ 4, \ 2.9$

방법 2 ⑩

$$\begin{array}{r} 4 \\ 3{\overline{\smash{\big)}\,14.9}} \\ \underline{12} \\ 2.9 \ / \ 4, \ 2.9 \end{array}$$

1 1.5에서 0.3을 5번 덜어 낼 수 있습니다.

2 (1) $25.8 \div 0.6$을 자연수의 나눗셈으로 바꾸려면 나누는 수와 나누어지는 수에 똑같이 10배 하면 됩니다.
(2) $7.65 \div 0.09$를 자연수의 나눗셈으로 바꾸려면 나누는 수와 나누어지는 수에 똑같이 100배 하면 됩니다.

3 나눗셈에서 나누는 수와 나누어지는 수에 같은 수를 곱하여도 몫은 변하지 않습니다.
9.36과 0.03에 각각 100을 곱하면 936과 3이므로 $9.36 \div 0.03 = 312$입니다.

4 $31.2 \ cm = 312 \ mm$, $0.8 \ cm = 8 \ mm$이므로 $31.2 \div 0.8 = 312 \div 8$로 계산할 수 있습니다.

5 $3.55 \div 0.05 = 35.5 \div 0.5 = 355 \div 5 = 71$

6

평가 기준
조건을 만족하는 나눗셈식을 찾아 계산했나요?
그 이유를 썼나요?

7 $1.2 \div 0.6 = \frac{12}{10} \div \frac{6}{10} = 12 \div 6 = 2$

$7.5 \div 0.5 = \frac{75}{10} \div \frac{5}{10} = 75 \div 5 = 15$

8 소수 두 자리 수는 분모가 100인 분수로 바꾸어 계산할 수 있습니다.

😊 내가 만드는 문제
10 ⑩ 음료수의 양이 0.6 L라고 하면 $0.6 \div 0.2 = 3$이므로 컵 3개가 필요합니다.

11 $3.84 \div 0.12 = 384 \div 12 = 32$
$6.88 \div 0.43 = 688 \div 43 = 16 \Rightarrow 32 > 16$

12 (1)

$$\begin{array}{r} 5 \ 6 \\ 0.7{\overline{\smash{\big)}\,39.2}} \\ \underline{3 \ 5} \\ 4 \ 2 \\ \underline{4 \ 2} \\ 0 \end{array}$$

(2)

$$\begin{array}{r} 2 \ 3 \\ 1.4{\overline{\smash{\big)}\,32.2}} \\ \underline{2 \ 8} \\ 4 \ 2 \\ \underline{4 \ 2} \\ 0 \end{array}$$

13 소수 두 자리 수이므로 나누는 수와 나누어지는 수의 소수점을 각각 오른쪽으로 두 자리씩 옮겨서 계산하고, 몫의 소수점은 옮긴 소수점의 위치에 찍습니다.

14 코끼리는 5.76 t, 흰코뿔소는 1.92 t이므로 코끼리의 무게는 흰코뿔소의 무게의 $5.76 \div 1.92 = 3$(배)입니다.

15 5.76을 6, 1.8을 2로 생각하여 $6 \div 2$로 계산하면 결과는 3에 가깝습니다.

16 나눗셈에서 나누는 수와 나누어지는 수에 같은 수를 곱하여도 몫은 변하지 않습니다.

17 자릿수가 다른 두 소수의 나눗셈을 할 때는 나누는 수와 나누어지는 수의 소수점을 각각 오른쪽으로 같은 자릿수만큼 옮겨서 계산해야 합니다.

18 나누는 수와 나누어지는 수에 똑같이 10배 하여 (소수)÷(자연수)로 계산합니다.
$3.92 \div 0.7 = 39.2 \div 7 = 5.6$

19 $3.78 > 3.46 > 2.1 > 1.4$이므로 가장 큰 수는 3.78이고 가장 작은 수는 1.4입니다.
$\Rightarrow 3.78 \div 1.4 = 2.7$

20 (집 ~ 놀이공원)÷(집 ~ 백화점)
$= 2.48 \div 0.8 = 3.1$(배)

21 (예) 가: 1.96을 10배 한 수는 19.6입니다.

나: 0.01이 7개인 수는 0.07입니다.

따라서 가÷나＝19.6÷0.07＝280입니다.

평가 기준
가와 나가 나타내는 수를 각각 구했나요?
가÷나의 몫을 구했나요?

22 소수 한 자리 수는 분모가 10인 분수로, 소수 두 자리 수는 분모가 100인 분수로 바꾸어 계산할 수 있습니다.

23 나눗셈에서 나누는 수와 나누어지는 수에 같은 수를 곱하여도 몫은 변하지 않습니다.

24 (1)
```
        1 4
  1.5)2 1.0
      1 5
        6 0
        6 0
          0
```

(2)
```
        1 5
  6.4)9 6.0
      6 4
      3 2 0
      3 2 0
          0
```

(3)
```
          5 0
  0.32)1 6.0 0
        1 6 0
            0
```

(4)
```
            3 5 0
  0.54)1 8 9.0 0
        1 6 2
          2 7 0
          2 7 0
              0
```

25 나누어지는 수가 같고 나누는 수가 $\frac{1}{10}$배, $\frac{1}{100}$배가 되면 몫은 10배, 100배가 됩니다.

26 $31÷\square=12.4$ ➡ $\square=31÷12.4=2.5$

😊 내가 만드는 문제
27 (예) $18÷1.25=14.4$

28
평가 기준
한 가지 방법으로 필요한 통은 몇 개인지 구했나요?
다른 한 가지 방법으로 필요한 통은 몇 개인지 구했나요?

29
```
        6.3 2
  7)4 4.3 0
    4 2
      2 3
      2 1
        2 0
        1 4
          6
```
$44.3÷7=6.32\cdots$이고, 몫의 소수 둘째 자리 숫자가 2이므로 몫을 반올림하여 소수 첫째 자리까지 나타내면 6.3입니다.

30 $10÷7=1.428\cdots$

몫을 반올림하여 일의 자리까지 나타내면

$1.\underline{4}$ ➡ 1입니다.

몫을 반올림하여 소수 첫째 자리까지 나타내면

$1.4\underline{2}$ ➡ 1.4입니다.

몫을 반올림하여 소수 둘째 자리까지 나타내면

$1.42\underline{8}$ ➡ 1.43입니다.

31 $35.9÷7=5.1\underline{2}\cdots$ ➡ 5.1이므로 $5.1<5.12\cdots$입니다.

😊 내가 만드는 문제
32 (예) 노란색 구슬과 분홍색 구슬을 고른다면

$32.8÷5.13=6.39\underline{3}\cdots$ ➡ 6.39입니다.

따라서 노란색 구슬의 무게는 분홍색 구슬의 무게의 6.39배입니다.

33 $79.2÷8.4=9.4\underline{2}\cdots$ ➡ 9.4배

34 (예) $1.6÷7=0.228\cdots$이므로 몫을 반올림하여 소수 첫째 자리까지 나타내면 0.2이고, 몫을 반올림하여 소수 둘째 자리까지 나타내면 0.23입니다.

따라서 차는 $0.23-0.2=0.03$입니다.

평가 기준
몫을 반올림하여 소수 첫째 자리까지 나타냈나요?
몫을 반올림하여 소수 둘째 자리까지 나타냈나요?
차를 구했나요?

37 $33.6-\underbrace{6-6-6-6-6}_{5번}=3.6$

33.6에서 6을 5번 뺄 수 있으므로 5상자에 나누어 담을 수 있고, 33.6에서 6을 5번 빼면 3.6이 남으므로 남는 사과의 무게는 3.6 kg입니다.

39 나누어 주는 물의 양과 나누어 주고 남는 물의 양의 합은 처음 물의 양과 같아야 합니다.

윤서: $4×6+0.2=24.2$ (L)

준호: $4×6+0.8=24.8$ (L)

따라서 계산 방법이 옳은 사람은 준호입니다.

40
```
        8   ◀── 수놓을 수 있는 꽃의 수
  3)2 6.2
    2 4
      2.2 ◀── 남는 실의 길이
```

41
평가 기준
한 가지 방법으로 봉지 수와 남는 귤의 무게를 구했나요?
다른 한 가지 방법으로 봉지 수와 남는 귤의 무게를 구했나요?

STEP 2 자주 틀리는 유형
36~38쪽

42 ㉡	**43** (1) > (2) <
44 ㉣, ㉡, ㉢, ㉠	**45** 7개
46 3면, 1.7 L	**47** 6개, 30.8 cm
48 7 cm	**49** 5 cm
50 5.8 cm	**51** 24
52 14	**53** 4
54 32.7	**55** 30.07
56 13.7	**57** 6
58 2	**59** 8

42 나누어지는 수가 3.92로 모두 같으므로 나누는 수가 작을 수록 몫이 큽니다.
나누는 수의 크기를 비교하면 $0.8 < 1.12 < 1.4 < 2.8$로 0.8이 가장 작으므로 몫이 가장 큰 것은 ㉡입니다.

43 (1) 나누는 수가 0.3으로 같으므로 나누어지는 수가 클수록 몫이 큽니다.
$5.4 > 2.7 \Rightarrow 5.4 \div 0.3 > 2.7 \div 0.3$
(2) 나누어지는 수가 6으로 같으므로 나누는 수가 작을수록 몫이 큽니다.
$1.5 > 0.75 \Rightarrow 6 \div 1.5 < 6 \div 0.75$

44 나누어지는 수가 3.36으로 모두 같으므로 나누는 수가 작을수록 몫이 큽니다.
나누는 수의 크기를 비교하면 $0.14 < 0.4 < 1.2 < 1.68$ 이므로 몫의 크기를 비교하면 ㉣>㉡>㉢>㉠입니다.

45 $29.6 \div 4$의 몫을 자연수까지만 구하면 7이고 1.6이 남습니다.
따라서 상자를 7개까지 포장할 수 있습니다.

46 $16.7 \div 5$의 몫을 자연수까지만 구하면 3이고, 1.7이 남습니다.
따라서 벽을 3면까지 칠할 수 있고, 남는 페인트의 양은 1.7 L입니다.

47 $330.8 \div 50$의 몫을 자연수까지만 구하면 6이고, 30.8이 남습니다.
따라서 단소를 6개까지 만들 수 있고, 남는 대나무의 길이는 30.8 cm입니다.

48 (평행사변형의 넓이)=(밑변의 길이)×(높이)이므로 높이를 □cm라고 하면 $7.8 \times □ = 54.6$입니다.
$\Rightarrow □ = 54.6 \div 7.8 = 7$

49 (세로)=(직사각형의 넓이)÷(가로)
$= 17.5 \div 3.5 = 5$ (cm)

50 (삼각형의 넓이)=(밑변의 길이)×(높이)÷2이므로 밑변의 길이를 □cm라고 하면
$□ \times 5.4 \div 2 = 15.66$입니다.
$\Rightarrow □ = 15.66 \times 2 \div 5.4 = 5.8$

51 $3.75 \times □ = 90$
$\Rightarrow □ = 90 \div 3.75 = 24$

52 $□ \times 0.52 = 7.28$
$\Rightarrow □ = 7.28 \div 0.52 = 14$

53 어떤 수를 □라고 하면 $44.64 \div □ = 3.6$이므로 $□ = 44.64 \div 3.6 = 12.4$입니다.
따라서 어떤 수를 3.1로 나눈 몫은 $12.4 \div 3.1 = 4$입니다.

54 어떤 수를 □라고 하면 $□ \div 6 = 3 \cdots 1.6$이므로 $□ = 6 \times 3 + 1.6 = 19.6$입니다.
따라서 바르게 계산하면
$19.6 \div 0.6 = 32.66 \cdots \Rightarrow 32.7$입니다.

55 어떤 수를 □라고 하면 $□ \div 28 = 3 \cdots 0.2$이므로 $□ = 28 \times 3 + 0.2 = 84.2$입니다.
따라서 바르게 계산하면
$84.2 \div 2.8 = 30.071 \cdots \Rightarrow 30.07$입니다.

56 어떤 수를 □라고 하면 $□ \times 0.5 = 2.05$이므로 $□ = 2.05 \div 0.5 = 4.1$입니다.
따라서 바르게 계산하면
$4.1 \div 0.3 = 13.66 \cdots \Rightarrow 13.7$입니다.

57 $12.3 \div 9 = 1.3666 \cdots$이므로 몫의 소수 둘째 자리부터 숫자 6이 반복됩니다.
따라서 소수 12째 자리 숫자는 6입니다.

58 $50 \div 22 = 2.2727 \cdots$로 몫의 소수점 아래 자릿수가 홀수인 자리의 숫자는 2이고, 짝수인 자리의 숫자는 7인 규칙입니다.
29는 홀수이므로 몫의 소수 29째 자리 숫자는 2입니다.

59 $3.58 \div 9 = 0.39777777777\cdots$

소수 10째 자리

소수 11째 자리

몫의 소수 11째 자리 숫자가 7이므로 올림합니다.

➡ 0.3977777778

소수 10째 자리

STEP 3 응용 유형

60 5, 3, 2 / 133	**61** 0, 4, 8 / 2.4
62 8, 7, 5, 3 / 29.2	**63** 1, 2, 3, 4, 5
64 9개	**65** 3개
66 2.08 cm	**67** 1.6 cm
68 8개	**69** 25개
70 66개	**71** 28 cm
72 1.4배	**73** 16.2 km
74 37.1 kg	**75** 51.33 kg
76 10 kg	**77** 나 가게
78 가 가게	**79** 다
80 1시간 32분	**81** 8시간 20분
82 오후 4시 30분	

60 몫이 가장 크려면 나누어지는 수가 가장 커야 합니다.

$5 > 3 > 2$ ➡ $53.2 \div 0.4 = 133$

61 몫이 가장 작은 나눗셈식을 만들려면 나누어지는 수를 가장 작은 수로 만들면 됩니다.

$0 < 4 < 8$ ➡ $0.48 \div 0.2 = 2.4$

62 몫이 가장 크려면 나누어지는 수는 가장 크고 나누는 수는 가장 작아야 합니다.

$8 > 7 > 5 > 3$이므로

$87.5 \div 3 = 29.16\cdots$ ➡ 29.2입니다.

63 $8.4 \div 1.4 = 6$이므로 $6 > \square$입니다.

따라서 $\square$ 안에 들어갈 수 있는 수는 1, 2, 3, 4, 5입니다.

64 $144 \div 3.6 = 40$, $24 \div 0.48 = 50$이므로 $40 < \square < 50$입니다.

따라서 $\square$ 안에 들어갈 수 있는 자연수는 41, 42, …, 49로 모두 9개입니다.

65 $44.2 \div 26 = 1.7$이므로 $1.7 < 1.\square5$입니다.

따라서 $\square$ 안에는 7과 같거나 큰 수가 들어갈 수 있으므로 $\square$ 안에 들어갈 수 있는 수는 7, 8, 9로 모두 3개입니다.

66 (처음 직사각형의 넓이)$= 6.24 \times 4 = 24.96 \text{ (cm}^2)$

(새로 만든 직사각형의 세로)$= 4 + 2 = 6 \text{ (cm)}$

(새로 만든 직사각형의 가로)$= 24.96 \div 6 = 4.16 \text{ (cm)}$

➡ $6.24 - 4.16 = 2.08 \text{ (cm)}$

67 (처음 마름모의 넓이)$= 3 \times 2.4 \div 2 = 3.6 \text{ (cm}^2)$

(새로 만든 마름모의 한 대각선의 길이)

$= 3 - 1.2 = 1.8 \text{ (cm)}$

(새로 만든 마름모의 다른 대각선의 길이)

$= 3.6 \times 2 \div 1.8 = 4 \text{ (cm)}$

➡ $4 - 2.4 = 1.6 \text{ (cm)}$

68 (기둥의 수)$= 11.2 \div 1.4 = 8$(개)

69 (의자와 간격의 길이의 합)$= 1.5 + 8.1 = 9.6 \text{ (m)}$

➡ (필요한 의자의 수)$= 240 \div 9.6 = 25$(개)

70 (깃발 사이의 간격의 수)$= 40 \div 1.25 = 32$(군데)

(도로 한쪽에 세우는 깃발의 수)$= 32 + 1 = 33$(개)

➡ (도로 양쪽에 세우는 깃발의 수)$= 33 \times 2 = 66$(개)

71 1시간 15분$= 1\frac{15}{60}$시간$= 1\frac{1}{4}$시간$= 1.25$시간

(달팽이가 한 시간 동안 기어가는 거리)

$=$(전체 움직인 거리)$\div$(움직인 시간)

$= 35 \div 1.25 = 28 \text{ (cm)}$

72 1시간 12분$= 1\frac{12}{60}$시간$= 1\frac{1}{5}$시간$= 1.2$시간

(혜진이가 줄넘기를 한 시간)$\div$(성호가 줄넘기를 한 시간)

$= 1.68 \div 1.2 = 1.4$(배)

73 2시간 36분$= 2\frac{36}{60}$시간$= 2\frac{3}{5}$시간$= 2.6$시간

(1시간 동안 달린 거리)

$= 42.2 \div 2.6 = 16.23\cdots$ ➡ 16.2 km

74 2 m 10 cm=2.1 m
(통나무 1 m의 무게)
=(통나무의 무게)÷(통나무의 길이)
=78÷2.1=37.1̲4…➡ 37.1 kg

75 90 cm=0.9 m
(파이프 1 m의 무게)
=(파이프의 무게)÷(파이프의 길이)
=46.2÷0.9=51.33̲3…➡ 51.33 kg

76 (잘라 낸 철근 1.8 m의 무게)
=31.6−14.4=17.2 (kg)
(철근 1 m의 무게)=17.2÷1.8=9.5̲…➡ 10 kg

77 (가 가게에서 파는 딸기 음료 1 L의 가격)
=1110÷0.6=1850(원)
(나 가게에서 파는 딸기 음료 1 L의 가격)
=2340÷1.3=1800(원)
따라서 같은 양의 딸기 음료를 산다면 나 가게가 더 저렴
합니다.

78 (가 가게에서 파는 소금 1 kg의 가격)
=9000÷2.5=3600(원)
(나 가게에서 파는 소금 1 kg의 가격)
=5700÷1.5=3800(원)
따라서 같은 양의 소금을 산다면 가 가게가 더 저렴합니다.

79 (가 아이스크림 1 kg의 가격)
=3600÷0.4=9000(원)
(나 아이스크림 1 kg의 가격)
=4600÷0.5=9200(원)
(다 아이스크림 1 kg의 가격)
=7200÷0.75=9600(원)
따라서 다 아이스크림이 가장 비쌉니다.

80 (탄 양초의 길이)=22−3.6=18.4 (cm)
(18.4 cm를 태우는 데 걸린 시간)
=18.4÷0.2=92(분)
➡ 92분=60분+32분=1시간 32분

81 (탄 양초의 길이)=18.4−6.4=12 (cm)
10분에 0.24 cm씩 타므로 1분에 0.024 cm씩 탑니다.
(12 cm를 태우는 데 걸린 시간)
=12÷0.024=500(분)
➡ 500분=480분+20분=8시간 20분

82 (탄 양초의 길이)=40−4=36 (cm)
(36 cm를 태우는 데 걸린 시간)=36÷0.4=90(분)
➡ 90분=60분+30분=1시간 30분이므로 양초의 불을
끈 시각은 오후 3시+1시간 30분=오후 4시 30분

---

2. 소수의 나눗셈 **기출 단원 평가** 43~45쪽

1 (위에서부터) 10, 10, 152, 38, 38

2 225, 45 / 5

3 $8.82÷0.09=\dfrac{882}{100}÷\dfrac{9}{100}=882÷9=98$

4 (1) 33 (2) 650   **5** 77, 770, 7700

6
```
        1 8
6.5)1 1 7.0
      6 5
      5 2 0
      5 2 0
          0
```
7 >

8 28   **9** 20

10 33번

11 식 47.6÷1.4=34

이유 예 476과 14를 각각 $\dfrac{1}{10}$배 하면 47.6과 1.4가
됩니다.

12 0.2   **13** 7병, 1.6 L

14 7   **15** 12.35 cm

16 0.21 kg   **17** 8, 6, 4, 1, 2 / 7.2

18 나 가게, 440원   **19** 3.48 km

20 7분

2 (필통의 길이)÷(지우개의 길이)
$=22.5÷4.5=225÷45=5$(배)

4 (1)

```
          3 3
  2.45)8 0.8 5
        7 3 5
        7 3 5
        7 3 5
              0
```

(2)

```
          6 5 0
  0.08)5 2.0 0
        4 8
          4 0
          4 0
            0
```

5 나누는 수가 같을 때 나누어지는 수가 10배, 100배가 되면 몫도 10배, 100배가 됩니다.
$2.31÷0.03=77$
$23.1÷0.03=770$ ⎫ 100배
$231÷0.03=7700$ ⎭

6 몫의 소수점의 위치는 나누어지는 수의 옮긴 소수점의 위치와 같아야 합니다.

7 $34.5÷1.5=23$, $10.2÷0.68=15$
➡ $23>15$이므로 $34.5÷1.5>10.2÷0.68$입니다.

8 □$×1.25=35$ ➡ □$=35÷1.25=28$

9 $31.25◎1.25=(31.25÷1.25)÷1.25$
$=25÷1.25=20$

10 (자른 도막의 수)
$=$(전체 통나무의 길이)÷(한 도막의 길이)
$=10.54÷0.31=34$(도막)
(자른 횟수)$=$(도막의 수)$-1=34-1=33$(번)

12 $6.3÷1.3=4.84…$이므로 몫을 반올림하여 일의 자리까지 나타내면 5이고, 몫을 반올림하여 소수 첫째 자리까지 나타내면 4.8입니다. ➡ $5-4.8=0.2$

13 $15.6÷2$의 몫을 자연수까지만 구하면 7이고, 1.6이 남습니다. 따라서 우유를 7병까지 담을 수 있고, 남는 우유의 양은 1.6 L입니다.

14 $37÷2.7=13.703703…$이므로 몫의 소수점 아래 숫자는 7, 0, 3이 반복됩니다.
$25÷3=8…1$이므로 몫의 소수 25째 자리 숫자는 반복되는 숫자 중 첫 번째 숫자와 같은 7입니다.

15 (사다리꼴의 넓이)
$=$((윗변의 길이)$+$(아랫변의 길이))$×$(높이)$÷2$
((윗변의 길이)$+$(아랫변의 길이))를 □cm라고 하면
□$×4.8÷2=29.64$입니다.
➡ □$=29.64×2÷4.8=12.35$

16 (잘라 낸 철사 11.7 m의 무게)$=7.2-4.7=2.5$ (kg)
(철사 1 m의 무게)
$=2.5÷11.7=0.213…$ ➡ 0.21 kg

17 몫이 가장 크려면 나누어지는 수는 가장 크고, 나누는 수는 가장 작아야 합니다.
만들 수 있는 가장 큰 소수 두 자리 수: 8.64
만들 수 있는 가장 작은 소수 한 자리 수: 1.2
➡ $8.64÷1.2=7.2$

18 (가 가게에서 파는 수정과 1 L의 가격)
$=1800÷0.6=3000$(원)
(나 가게에서 파는 수정과 1 L의 가격)
$=1920÷0.75=2560$(원)
따라서 1 L의 수정과를 산다면 나 가게가
$3000-2560=440$(원) 더 저렴합니다.

19 ⑩ 1시 30분부터 2시 45분까지는 1시간 15분입니다.
1시간 15분$=1\frac{15}{60}$시간$=1\frac{1}{4}$시간$=1.25$시간
➡ (한 시간 동안 걸은 거리)$=4.35÷1.25$
$=3.48$ (km)

평가 기준	배점
걸은 시간을 시간 단위의 소수로 나타냈나요?	2점
한 시간 동안 걸은 거리를 구했나요?	3점

20 ⑩ 160 m$=0.16$ km
(터널을 완전히 지나가는 데 달리는 거리)
$=$(터널의 길이)$+$(기차의 길이)
$=8.52+0.16=8.68$ (km)
➡ (터널을 완전히 지나가는 데 걸리는 시간)
$=8.68÷1.24=7$(분)

평가 기준	배점
터널을 완전히 지나가는 데 달리는 거리를 구했나요?	2점
터널을 완전히 지나가는 데 걸리는 시간을 구했나요?	3점

3 공간과 입체

개념을 짚어 보는 문제
48~49쪽

1 ㉢

2

3 앞, 위, 옆

4 위
	2	1
2	2	1

↑
앞

5 앞

6 2층 / 3층

7 ( )( )(○)

STEP 1 교과서⊕익힘책 유형
50~54쪽

1 ㉯, ㉰, ㉮

2 라

3 나

4 다

준비 5개

5 12개

6 예 / 12개

위에서 본 모양

7 150 킬로칼로리

8 앞 / 옆

9 8개

10 옆

11 가, 나

준비

12 가, 다, 라

13 위
	1	
2	1	2
1		1

↑
앞

14 예 위 앞
		2	
3	1	2	
2	1	1	

↑
앞

15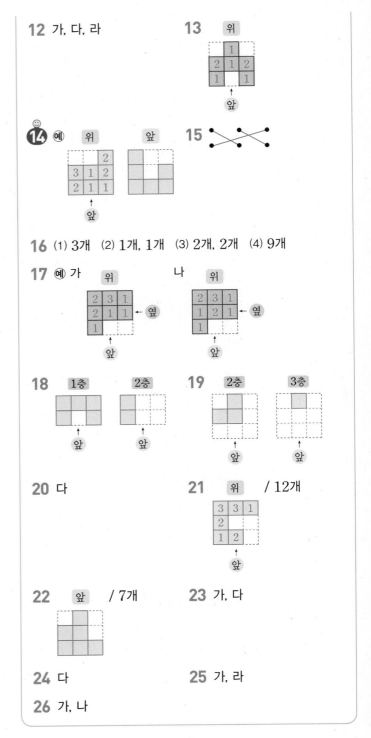

16 (1) 3개 (2) 1개, 1개 (3) 2개, 2개 (4) 9개

17 예 가 위
2	3	1	→ 옆
2	1	1	
1			

↑
앞

나 위
2	3	1	→ 옆
1	2	1	
1			

↑
앞

18 1층 / 2층

↑   ↑
앞   앞

19 2층 / 3층

↑   ↑
앞   앞

20 다

21 위 / 12개
3	3	1
2	1	
1	2	

↑
앞

22 앞 / 7개

23 가, 다

24 다

25 가, 라

26 가, 나

2 라: 손잡이 있는 컵이 가운데에 오려면 컵의 손잡이 위치가 바뀌어야 합니다.

3 나를 앞에서 보면 ○표 한 쌓기나무가 보이게 됩니다.

나   앞

4 가, 나, 라는 뒤에 숨겨진 쌓기나무가 있을 수 있으므로 쌓은 모양이 여러 가지일 수 있습니다.

준비 1층에 4개, 2층에 1개가 있습니다. ➡ 4+1=5(개)

5 쌓기나무가 1층에 8개, 2층에 3개, 3층에 1개이므로 주어진 모양과 똑같이 쌓는 데 필요한 쌓기나무는 12개입니다.

😊 내가 만드는 문제
6 앞의 쌓기나무에 가려져 보이지 않는 쌓기나무가 있는지 추측하여 위에서 본 모양을 그려 보고 개수를 세어 쌓기나무의 개수를 구해 봅니다.
예 보이는 쌓기나무의 개수가 10개, 보이지 않는 쌓기나무가 2개라고 하면 쌓기나무의 개수는 12개입니다.

7 예 각설탕은 1층에 9개, 2층에 5개, 3층에 1개이므로 모두 15개 사용되었습니다.
따라서 쌓은 각설탕의 칼로리는 모두
$10 \times 15 = 150$ (킬로칼로리)입니다.

평가 기준
쌓은 각설탕의 개수를 모두 구했나요?
쌓은 각설탕의 칼로리는 모두 몇 킬로칼로리인지 구했나요?

8 위에서 본 모양을 보면 보이지 않는 쌓기나무가 있다는 것을 알 수 있습니다. 이를 이용하여 쌓기나무로 쌓아 보고 앞과 옆에서 본 모양을 그립니다.

9 위에서 본 모양을 보면 1층의 쌓기나무는 5개입니다. 앞에서 본 모양을 보면 ○ 부분은 쌓기나무가 2개이고, ☆ 부분은 쌓기나무가 각각 1개이고, △ 부분은 3개 이하입니다. 옆에서 본 모양을 보면 △ 부분 중 □는 3개이고, 나머지는 1개입니다. 따라서 1층에 5개, 2층에 2개, 3층에 1개이므로 똑같은 모양으로 쌓는 데 필요한 쌓기나무는 8개입니다.

10 앞에서 본 모양을 보면 ○ 부분은 쌓기나무가 각각 1개, △ 부분은 쌓기나무가 2개 이하, ☆ 부분은 쌓기나무가 3개입니다. 쌓기나무 9개로 쌓은 모양이므로 △ 부분은 쌓기나무가 각각 2개입니다. 쌓기나무 9개로 쌓은 후 옆에서 본 모양을 보고 그립니다.

11 다는 앞에서 본 모양이 오른쪽과 같습니다.

12 쌓기나무 7개를 붙여서 만든 모양을 돌려 보면서 주어진 구멍이 있는 상자에 넣을 수 있는지 살펴봅니다.

13 위에서 본 모양의 각 자리에 쌓인 쌓기나무의 개수를 세어 위에서 본 모양에 수를 씁니다.

😊 내가 만드는 문제
14 예 앞에서 보았을 때 줄별로 가장 큰 수는 왼쪽부터 차례로 3, 1, 2입니다.

15 위에서 본 모양이 서로 같은 쌓기나무입니다. 위에서 본 모양의 각 자리에 쌓인 쌓기나무의 개수를 세어서 비교합니다.

16
(1) 앞에서 본 모양의 ○ 부분에 의해서 ㄹ에 쌓인 쌓기나무는 3개입니다.
(2) 앞에서 본 모양의 ☆ 부분에 의해서 ㄴ과 ㅁ에 쌓인 쌓기나무는 1개씩입니다.
(3) 옆에서 본 모양의 △ 부분에 의해서 ㄱ에 쌓인 쌓기나무는 2개입니다. 앞과 옆에서 본 모양의 ● 부분에 의해서 ㄷ에 쌓인 쌓기나무는 2개입니다.
(4) 똑같은 모양으로 쌓는 데 필요한 쌓기나무는 9개입니다.

17 쌓기나무 11개를 사용해야 하는 조건과 위에서 본 모양을 보면 2층 이상에 쌓인 쌓기나무는 4개입니다. 1층에 7개의 쌓기나무를 위에서 본 모양과 같이 놓고 나머지 4개의 위치를 이동하면서 위, 앞, 옆에서 본 모양이 서로 같은 두 모양을 만들어 봅니다.
예

18 1층에는 쌓기나무 5개가 와 같은 모양으로 있습니다. 그리고 쌓은 모양을 보고 2층에 쌓기나무 2개를 위치에 맞게 그립니다.

19 1층 모양을 보고 쌓기나무로 쌓은 모양의 뒤에 보이지 않는 쌓기나무가 없다는 것을 알 수 있습니다. 2층에는 쌓기나무 3개, 3층에는 쌓기나무 1개가 있습니다.

20 1층 모양으로 가능한 모양을 찾아보면 가와 다입니다.
가는 2층 모양이 [그림]이므로 쌓은 모양은 다입니다.

21 쌓기나무를 층별로 나타낸 모양에서 1층 모양의 ○ 부분은 쌓기나무가 3층까지 있습니다. △ 부분은 쌓기나무가 2층까지 있고, 나머지 부분은 1층만 있습니다. 따라서 똑같은 모양으로 쌓는 데 필요한 쌓기나무는 12개입니다.

22 쌓기나무를 층별로 나타낸 모양에서 ○ 부분은 2층까지, △ 부분은 3층까지 쌓여 있고 나머지 부분은 1층만 있습니다.
앞에서 보았을 때 가장 큰 수는 왼쪽부터 차례로 2, 3, 1입니다.
➡ (필요한 쌓기나무의 개수)=4+2+1=7(개)

1층

앞

23 2층으로 가능한 모양은 가, 다입니다. 2층에 가를 놓으면 3층에 다를 놓을 수 있습니다.
2층에 다를 놓으면 3층에 가를 놓을 수 없습니다.
따라서 2층에 가, 3층에 다를 놓습니다.

25 뒤집거나 돌려서 같은 모양을 찾습니다.

26

55~56쪽

STEP 2 자주 틀리는 유형

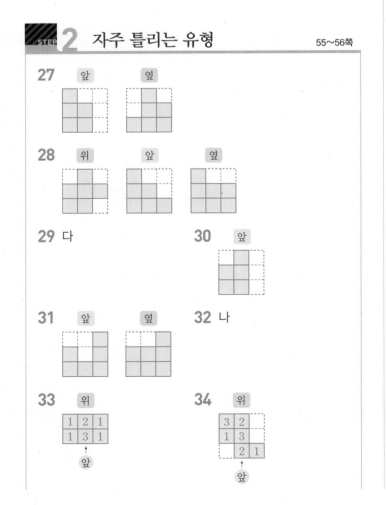

27 앞
28 위 앞 옆
29 다
30 앞
31 앞 옆
32 나
33 위

| 1 | 2 | 1 |
| 1 | 3 | 1 |

앞

34 위

3	2	1
1	3	
	2	1

앞

35 위 / 14개   **36** 다, 라

3	2	3
	2	3
		1

앞

37 에 ×표   **38** 7가지

27 앞과 옆에서 본 모양은 각 줄별로 가장 높은 층만큼 그립니다.

28 위에서 본 모양은 1층에 쌓은 모양과 같게 그리고 앞, 옆에서 본 모양은 각 줄별로 가장 높은 층만큼 그립니다.

29 쌓기나무로 쌓은 모양을 각각 옆에서 본 모양은 다음과 같습니다.

가 옆   나 옆   다 옆

따라서 옆에서 본 모양이 다른 하나는 다입니다.

30 앞에서 보았을 때 줄별로 가장 큰 수는 왼쪽부터 차례로 2, 3입니다.

31 쌓기나무로 쌓은 모양은 오른쪽과 같습니다.
앞에서 보았을 때 줄별로 가장 큰 수는 왼쪽부터 차례로 2, 1, 3이고, 옆에서 보았을 때 줄별로 가장 큰 수는 왼쪽부터 차례로 2, 2, 3입니다.

32 쌓기나무로 쌓은 모양을 각각 옆에서 본 모양은 다음과 같습니다.

가 옆   나 옆   다 옆

따라서 옆에서 본 모양이 다른 하나는 나입니다.

33 쌓기나무를 층별로 나타낸 모양에서 1층 모양의 ○ 부분은 쌓기나무가 3층까지 있고, △ 부분은 쌓기나무가 2층까지 있습니다. 나머지 부분은 1층만 있습니다.

1층

앞

34 쌓기나무를 층별로 나타낸 모양에서 1층 모양의 ○ 부분은 쌓기나무가 3층까지 있고, △ 부분은 쌓기나무가 2층까지 있습니다. 나머지 부분은 1층만 있습니다.

1층

앞

35 쌓기나무를 층별로 나타낸 모양에서 1층 모양의 ○ 부분은 쌓기나무가 3층까지 있고, △ 부분은 쌓기나무가 2층까지 있습니다. 나머지 부분은 1층만 있습니다. 따라서 똑같은 모양으로 쌓는 데 필요한 쌓기나무는 14개입니다.

36 다 라

37 는 모양에 쌓기나무 1개를 더 붙여 만들 수 없습니다.

38

➡ 7가지

STEP 3 응용 유형   57~60쪽

39 세아		**40** 3개	
41 3개		**42** 나, 다, 가	
43 1개		**44** 2개	
45 2개		**46** 5개	
47 7개		**48** 4개	
49 16개		**50** 45개	
51 19개		**52** 15개	
53 49개			

54

55   **56**

57 6개, 9개   **58** 9개, 15개

59 12개

39 (세아의 쌓기나무의 개수)
　　$=2+3+1+1+1+1=9$(개)

위에서 본 모양

　(지유의 쌓기나무의 개수)
　　$=2+1+3+1+1=8$(개)
따라서 쌓기나무를 더 많이 사용한 사람은 세아입니다.

위에서 본 모양

40 (똑같은 모양으로 쌓는 데 필요한 쌓기나무의 개수)$=3+2+1+1+1=8$(개)
➡ (더 필요한 쌓기나무의 개수)
　　$=8-5=3$(개)

위에서 본 모양

41 위에서 본 모양에 수를 쓰면 오른쪽과 같습니다.
(똑같은 모양으로 쌓는 데 필요한 쌓기나무의 개수)
　　$=2+3+1+2+2+1=11$(개)
따라서 남는 쌓기나무는 $14-11=3$(개)입니다.

위에서 본 모양

42 가　　　　나　　　　다

위에서 본 모양　위에서 본 모양　위에서 본 모양

똑같은 모양으로 쌓는 데 필요한 쌓기나무의 개수는 다음과 같습니다.
가: $1+1+3+1+1=7$(개)
나: $3+3+1+2=9$(개)
다: $2+3+2+1=8$(개)
➡ 나>다>가

43 (㉠을 뺀 나머지 부분에 쌓은 쌓기나무의 개수)
　　$=4+3+3+2+2+1=15$(개)
➡ (㉠에 쌓은 쌓기나무의 개수)
　　$=16-15=1$(개)

44 (㉠을 뺀 나머지 부분에 쌓은 쌓기나무의 개수)
　　$=1+2+2+1+3+4+1=14$(개)
➡ (㉠에 쌓은 쌓기나무의 개수)
　　$=16-14=2$(개)

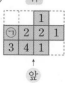

45 ㉡에 쌓은 쌓기나무는 1개입니다.
(㉠을 뺀 나머지 부분에 쌓은 쌓기나무의 개수)
$=1+4+2+3+1=11$(개)
➡ (㉠에 쌓은 쌓기나무의 개수)
$=13-11=2$(개)

46 ➡ $2+1+1+1=5$(개)

47 ➡ $3+1+1+1+1=7$(개)

48 위에서 본 모양에 수를 쓰면 오른쪽과 같습니다. 따라서 2층에 쌓은 쌓기나무의 개수는 2 이상인 수가 쓰인 칸 수와 같으므로 4개입니다.

49

[위에서 본 모양]

(빼낸 쌓기나무의 개수)
$=$(처음 쌓기나무의 개수)$-$(남은 쌓기나무의 개수)
$=(3\times3\times3)-(2+3+2+1+2+1)$
$=27-11=16$(개)

50

[위에서 본 모양]

(처음 쌓기나무의 개수)$=4\times4\times4=64$(개)
(남은 쌓기나무의 개수)
$=4+2+2+1+3+1+2+2+1+1=19$(개)
따라서 빼낸 쌓기나무는 $64-19=45$(개)입니다.

51

[위에서 본 모양]

(주어진 모양의 쌓기나무의 개수)
$=3+2+1+2=8$(개)

쌓기나무가 3층으로 쌓여 있으므로 한 모서리에 놓이는 쌓기나무가 3개인 정육면체를 만들어야 합니다.
➡ (적어도 더 필요한 쌓기나무의 개수)
$=(3\times3\times3)-8=19$(개)

52

[위에서 본 모양]

(주어진 모양의 쌓기나무의 개수)
$=1+2+3+3+1+2=12$(개)
쌓기나무가 밑면에 3줄로 놓여 있으므로 한 모서리에 놓이는 쌓기나무가 3개인 정육면체를 만들어야 합니다.
➡ (적어도 더 필요한 쌓기나무의 개수)
$=(3\times3\times3)-12=15$(개)

53

[위에서 본 모양]

(주어진 모양의 쌓기나무의 개수)
$=2+3+2+3+2+1+1+1=15$(개)
쌓기나무가 밑면에 4줄로 놓여 있으므로 한 모서리에 놓이는 쌓기나무가 4개인 정육면체를 만들어야 합니다.
➡ (적어도 더 필요한 쌓기나무의 개수)
$=(4\times4\times4)-15=49$(개)

57 • 가장 적게 사용한 경우:

 ➡ 6개

[위에서 본 모양]

• 가장 많이 사용한 경우:

➡ 9개

[위에서 본 모양]

58 • 가장 적게 사용한 경우:

 ➡ 9개

[위에서 본 모양]

• 가장 많이 사용한 경우:

 ➡ 15개

[위에서 본 모양]

59 ➡ 12개

[위에서 본 모양]

기출 단원 평가

1 다 **2** 10개

3 7개 **4** 5, 3, 1, 9

5 (○)( ) **6** 3개

7   **8** 9개

9 **10** 3개

11 **12**

13 **14**

15 21개 **16** 10가지

17 7개 **18** 12가지

19 40 cm² **20** 16개

---

1 다는 빨간색 컵의 손잡이의 위치가 가능하지 않은 방향입니다.

2 (쌓기나무의 개수)=1+4+2+3=10(개)

3 1층에 3개, 2층에 3개, 3층에 1개이므로 주어진 모양과 똑같이 쌓는 데 필요한 쌓기나무는 7개입니다.

5

6
위
4	3	2
3	2	
1		

7 위에서 본 모양을 보면 보이지 않는 쌓기나무가 있다는 것을 알 수 있습니다. 이를 이용하여 쌓기나무로 쌓아 보고 앞과 옆에서 본 모양을 그립니다.

8 위에서 본 모양을 보면 1층의 쌓기나무는 6개입니다. 앞에서 본 모양을 보면 ★ 부분은 쌓기나무가 1개씩이고, △ 부분은 3개 이하입니다. 옆에서 본 모양을 보면 △ 부분 중 □는 3개이고, ○는 2개, 나머지는 1개입니다.
따라서 1층에 6개, 2층에 2개, 3층에 1개이므로 똑같은 모양으로 쌓는 데 필요한 쌓기나무는 9개입니다.

10 2층에 쌓은 쌓기나무의 개수는 2 이상인 수가 쓰여 있는 칸 수와 같습니다.

11 앞에서 본 모양은 각 줄별로 가장 높은 층만큼 그립니다.

12 각 자리에 놓여진 쌓기나무의 개수를 세어 써넣습니다.

13 옆에서 보았을 때 줄별로 가장 큰 수는 왼쪽부터 차례로 2, 3, 1입니다.

14 1층에 쌓은 모양이 위에서 본 모양과 같으므로 위에서 본 모양의 각 자리 위에 쌓아 올린 쌓기나무의 개수를 쓰면 오른쪽과 같습니다.
따라서 앞에서 보았을 때 줄별로 가장 큰 수는 왼쪽부터 차례로 3, 3, 2입니다.

1층
3		
1	2	2
2	3	

15
가: 2+2+3+2+2=11(개)
나: 3+1+1+1+2+1+1=10(개)
➡ 11+10=21(개)

16 1층에 5개를 쌓고 남는 2개를 2층에 놓으면 다음과 같습니다.

따라서 만들 수 있는 모양은 모두 10가지입니다.

17
위 ➡ (필요한 쌓기나무의 개수)
=1+1+2+3=7(개)

18 1층을 제외한 나머지 층의 쌓기나무는
$10-4=6$(개)이고, 각 층의 쌓기나무의 개수는 모두 다
르므로 1개, 2개, 3개입니다. 따라서 위에서 본 모양이
주어진 조건과 같게 만들면

| 4 | 1 | 2 | 3 |　| 4 | 1 | 3 | 2 |　| 4 | 2 | 1 | 3 |　| 4 | 2 | 3 | 1 |

| 4 | 3 | 1 | 2 |　| 4 | 3 | 2 | 1 |　| 1 | 4 | 2 | 3 |　| 1 | 4 | 3 | 2 | 이므로

| 2 | 4 | 1 | 3 |　| 2 | 4 | 3 | 1 |　| 3 | 4 | 1 | 2 |　| 3 | 4 | 2 | 1 |

모두 12가지입니다.

19 ⓔ ((위에서 보이는 면의 넓이)＋(앞에서 보이는 면의 넓이)
＋(옆에서 보이는 면의 넓이))×2
$=(8+6+6)\times2=40\ (cm^2)$

평가 기준	배점
쌓기나무의 겉넓이 구하는 식을 세웠나요?	3점
쌓기나무의 겉넓이를 구했나요?	2점

20 ⓔ 주어진 모양에 사용한 쌓기나무는
$3+2+1+3+2=11$(개)입니다.
한 모서리에 놓이는 쌓기나무가 3개인 정
육면체를 만들어야 하므로 더 필요한 쌓
기나무는 적어도 $(3\times3\times3)-11=16$(개)입니다.

위에서 본 모양

평가 기준	배점
주어진 모양에 사용한 쌓기나무의 개수를 구했나요?	2점
적어도 더 필요한 쌓기나무의 개수를 구했나요?	3점

4 비례식과 비례배분

개념을 짚어 보는 문제

1 (1) 4, 3　(2) 13, 19

2 (1) 2, 2, 5, 10　(2) 3, 3, 9, 3

3 (1) 4　(2) 5　　**4** 21 / 7, 15

5 39, 45, × / 80, 80, ○　**6** 9, ▲

7 ⓔ / 6, 2

1 비에서 기호 ' : ' 앞에 있는 수를 전항, 뒤에 있는 수를 후항이라고 합니다.

2 (1) 4 : 5의 전항과 후항에 2를 곱하면 8 : 10이 됩니다.
(2) 9 : 12의 전항과 후항을 3으로 나누면 3 : 4가 됩니다.

4 비례식 5 : 7＝15 : 21에서 바깥쪽에 있는 5와 21을 외항, 안쪽에 있는 7과 15를 내항이라고 합니다.

5 비례식에서 외항의 곱과 내항의 곱은 같습니다.

7 과자 8개를 3 : 1로 나누면 과자 8개를 $3+1=4$로 나눈 것 중에 수영이는 3을 가지고, 현호는 1을 가집니다.

수영: $8\times\dfrac{3}{3+1}=8\times\dfrac{3}{4}=6$(개)

현호: $8\times\dfrac{1}{3+1}=8\times\dfrac{1}{4}=2$(개)

STEP 1 교과서＋익힘책 유형

1 11 : 8　　　　　　**2** (1) 5, 35　(2) 8, 3

준비 $\dfrac{3}{7}$　　　　　　**3** 2

4 0　　　　　　　　**5** 수현

6 나, 다

7 (1) 18, 15 (2) 10, 9, 10 (3) 4, 3, 4

8 (1) 예 $3:11$ (2) 예 $2:1$ (3) 예 $9:20$ (4) 예 $21:20$

9 예 $4:3$ **10** 13

11 수정

12 예 $3:8$, 예 $3:8$ /
비교 예 두 사람이 사용한 포도 원액의 양과 물의 양의
비가 같으므로 두 포도주스의 진하기는 같습니다.

13 (1) 2, 21에 △표, 7, 6에 ○표
    (2) 9, 1에 △표, 3, 3에 ○표

14 ⓒ / 바르게 고치기 예 내항은 7과 6입니다.

준비 (1) $\dfrac{1}{2}$ (2) $\dfrac{1}{3}$ **15** ㉠, ㉢

16 ㉢, ㉣   **⑰** 예 $5:8$, $15:24$

18 예 $6:7=24:28$, $6:24=7:28$

19 (1) 4, 18, 72 (2) 9, 8, 72 (3) 같습니다

20 $2:3=8:12$, $\dfrac{1}{3}:\dfrac{5}{8}=8:15$에 ○표

21 15, 30, 6   **22** 54

23 (1) 35 (2) 54   **24** 32

25 (1) 예 $2:5=6:\square$ (2) 15 cm

26 예 $3:2=15:\square$ / 10컵

27 예 $8:28=\square:105$ / 30분

28 예 $6:3000=18:\square$ / 9000원

㉘ 문제 예 요구르트가 5개에 3000원일 때 요구르트 20
개는 얼마일까요? / 12000원

30 240000원   **31** 5시간

32 480 g   **33** 60분

34 5, $\dfrac{1}{6}$, 3 / 5, $\dfrac{5}{6}$, 15   **35** $\dfrac{3}{4}$, 72 / $\dfrac{1}{4}$, 24

36 21자루

37 예 $720\times\dfrac{5}{5+4}=720\times\dfrac{5}{9}=400$(명)

38 35개, 25개   **39** 162

40 54개, 46개

41 방법1 예 둘레가 84 cm이므로
(가로)+(세로)=84÷2=42 (cm)입니다.
42 cm를 가로와 세로의 비 4:3으로 나누면 직사각형
의 가로는 $42\times\dfrac{4}{4+3}=42\times\dfrac{4}{7}=24$ (cm)입니다.

방법2 예 직사각형의 가로를 $\square$ cm라 하고 비례식을
세우면 $4:7=\square:42$입니다. 비의 성질을 이용하면 42
는 7의 6배이므로 $\square=4\times6=24$입니다.
따라서 직사각형의 가로는 24 cm입니다.

42 16 cm^2

2 (1) 비의 전항과 후항에 0이 아닌 같은 수를 곱하여도 비
율은 같습니다.
  (2) 비의 전항과 후항을 0이 아닌 같은 수로 나누어도 비
율은 같습니다.

3 비의 전항과 후항을 0이 아닌 같은 수로 나누어도 비율은
같습니다.

따라서 $\square$ 안에 알맞은 수는 $42\div21=2$입니다.

4 비의 전항과 후항에 0이 아닌 같은 수를 곱해야 비율이
같은 비를 만들 수 있습니다.
따라서 $\square$ 안에 공통으로 들어갈 수 없는 수는 0입니다.

5 가 상자와 나 상자의 높이의 비는 64:48입니다.
$64:48 \Rightarrow (64\div16):(48\div16)$
$\qquad\qquad\Rightarrow 4:3$
따라서 잘못 말한 사람은 수현입니다.

6 가 $\Rightarrow 4:6 \Rightarrow (4\div2):(6\div2) \Rightarrow 2:3$
나 $\Rightarrow 9:6 \Rightarrow (9\div3):(6\div3) \Rightarrow 3:2$
다 $\Rightarrow 6:4 \Rightarrow (6\div2):(4\div2) \Rightarrow 3:2$
라 $\Rightarrow 8:5$

8 (1) 전항과 후항에 10을 곱하면 $3:11$이 됩니다.
  (2) 전항과 후항을 16으로 나누면 $2:1$이 됩니다.
  (3) 전항과 후항에 36을 곱하면 $9:20$이 됩니다.
  (4) 전항과 후항에 30을 곱하면 $21:20$이 됩니다.

9 $\dfrac{1}{3}:\dfrac{1}{4} \Rightarrow \left(\dfrac{1}{3}\times12\right):\left(\dfrac{1}{4}\times12\right) \Rightarrow 4:3$

10 $48:52 \Rightarrow 12:\square$
$48\div4=12$이므로 $48:52$의 전항과 후항을 4로 나누
면 $12:13$입니다. 따라서 후항은 13입니다.

11 민호: 전항을 소수로 바꾸면 1.6입니다.

12 [민서] $0.3 : 0.8$의 전항과 후항에 10을 곱하면 $3 : 8$이 됩니다.

[주혁] $\dfrac{3}{10} : \dfrac{4}{5}$의 전항과 후항에 10을 곱하면 $3 : 8$이 됩니다.

평가 기준
민서와 주혁이가 사용한 포도 원액의 양과 물의 양의 비를 간단한 자연수의 비로 각각 나타냈나요?
두 포도주스의 진하기를 비교했나요?

13 (1) 비례식 $2 : 7 = 6 : 21$에서 바깥쪽에 있는 2와 21을 외항, 안쪽에 있는 7과 6을 내항이라고 합니다.

(2) 비례식 $9 : 3 = 3 : 1$에서 바깥쪽에 있는 9와 1을 외항, 안쪽에 있는 3과 3을 내항이라고 합니다.

14 ㉠ $3 : 7$의 비율은 $\dfrac{3}{7}$이고, $6 : 14$의 비율은 $\dfrac{6}{14}\left(=\dfrac{3}{7}\right)$ 입니다.

㉡ 비례식에서 안쪽에 있는 7과 6을 내항이라고 합니다.

㉢ 비례식에서 바깥쪽에 있는 3과 14를 외항이라고 합니다.

15 두 비의 비율이 같은지 비교해 봅니다.

㉠ $6 : 8 \Rightarrow \dfrac{6}{8}\left(=\dfrac{3}{4}\right)$, $3 : 4 \Rightarrow \dfrac{3}{4}$

㉡ $2 : 7 \Rightarrow \dfrac{2}{7}$, $8 : 14 \Rightarrow \dfrac{8}{14}\left(=\dfrac{4}{7}\right)$

㉢ $10 : 25 \Rightarrow \dfrac{10}{25}\left(=\dfrac{2}{5}\right)$, $2 : 5 \Rightarrow \dfrac{2}{5}$

㉣ $24 : 30 \Rightarrow \dfrac{24}{30}\left(=\dfrac{4}{5}\right)$, $4 : 3 \Rightarrow \dfrac{4}{3}$

따라서 두 비의 비율이 같은 비례식은 ㉠, ㉢입니다.

16 $3 : 8$의 비율은 $\dfrac{3}{8}$이므로 비율이 $\dfrac{3}{8}$인 비를 찾아봅니다.

비율이 ㉠ $\dfrac{8}{3}$, ㉡ $\dfrac{6}{10}\left(=\dfrac{3}{5}\right)$, ㉢ $\dfrac{9}{24}\left(=\dfrac{3}{8}\right)$,

㉣ $\dfrac{15}{40}\left(=\dfrac{3}{8}\right)$이므로 □ 안에 알맞은 비는 ㉢, ㉣입니다.

😊 내가 만드는 문제

⑰ ⑩ $5 : 8 \Rightarrow$ (비율)$=\dfrac{5}{8}$

비율이 $\dfrac{5}{8}$인 비는 $10 : 16$, $15 : 24$, ...입니다.

참고 | 보기 에서 고른 비와 비율이 같은 비를 '='를 사용하여 나타냅니다.

18 $6 : ㉠ = ㉡ : 28$ 또는 $28 : ㉠ = ㉡ : 6$으로 놓고 내항에 7과 24를 넣어 비례식을 세우면 $6 : 7 = 24 : 28$, $6 : 24 = 7 : 28$, $28 : 7 = 24 : 6$, $28 : 24 = 7 : 6$입니다.

20 • $7 : 8 = 4 : 3$에서 외항의 곱은 $7 \times 3 = 21$, 내항의 곱은 $8 \times 4 = 32$이므로 비례식이 아닙니다.

• $2 : 3 = 8 : 12$에서 외항의 곱은 $2 \times 12 = 24$, 내항의 곱은 $3 \times 8 = 24$이므로 비례식입니다.

• $\dfrac{1}{3} : \dfrac{5}{8} = 8 : 15$에서 외항의 곱은 $\dfrac{1}{3} \times 15 = 5$, 내항의 곱은 $\dfrac{5}{8} \times 8 = 5$이므로 비례식입니다.

• $0.5 : 0.6 = 10 : 14$에서 외항의 곱은 $0.5 \times 14 = 7$, 내항의 곱은 $0.6 \times 10 = 6$이므로 비례식이 아닙니다.

21 비례식을 풀 때에는 외항의 곱과 내항의 곱이 같다는 비례식의 성질을 이용합니다.

22 비례식에서 외항의 곱과 내항의 곱은 같으므로 $9 \times □ = 2 \times 27$, $9 \times □ = 54$입니다.

23 (1) $3 \times □ = 7 \times 15$, $3 \times □ = 105$, $□ = 35$

(2) $9 \times 24 = 4 \times □$, $4 \times □ = 216$, $□ = 54$

24 ⑩ 비례식에서 외항의 곱과 내항의 곱은 같습니다.

$9 \times 32 = ㉠ \times 36$, $㉠ \times 36 = 288$, $㉠ = 8$

$\dfrac{3}{5} \times 10 = \dfrac{1}{4} \times ㉡$, $\dfrac{1}{4} \times ㉡ = 6$, $㉡ = 24$

$\Rightarrow ㉠ + ㉡ = 8 + 24 = 32$

평가 기준
㉠과 ㉡에 알맞은 수를 각각 구했나요?
㉠과 ㉡에 알맞은 수의 합을 구했나요?

25 (1) 세로를 □ cm라 하고 비례식을 세우면 $2 : 5 = 6 : □$입니다.

(2) $2 : 5 = 6 : □ \Rightarrow 2 \times □ = 5 \times 6$, $2 \times □ = 30$, $□ = 30 \div 2 = 15$

26 넣어야 하는 현미의 양을 □ 컵이라 하고 비례식을 세우면 $3 : 2 = 15 : □$입니다.

$\Rightarrow 3 \times □ = 2 \times 15$, $3 \times □ = 30$, $□ = 10$

27 들이가 105 L인 빈 욕조를 가득 채우는 데 걸린 시간을 □분이라 하고 비례식을 세우면 $8 : 28 = □ : 105$입니다.

$\Rightarrow 8 \times 105 = 28 \times □$, $28 \times □ = 840$, $□ = 30$

28 요구르트 18개의 가격을 □원이라 하고 비례식을 세우면
6 : 3000=18 : □입니다.
➡ 6×□=3000×18, 6×□=54000, □=9000

😊 내가 만드는 문제

29 예 요구르트 20개의 가격을 □원이라 하고 비례식을 세우면 5 : 3000=20 : □입니다.
➡ 5×□=3000×20, 5×□=60000, □=12000

30 3일 동안 일하고 받는 돈을 □원이라 하고 비례식을 세우면 4 : 320000=3 : □입니다.
➡ 4×□=320000×3, 4×□=960000, □=240000

31 425 km를 가는 데 걸린 시간을 □시간이라 하고 비례식을 세우면 4 : 340=□ : 425입니다.
➡ 4×425=340×□, 340×□=1700, □=5

32 바닷물 15 L를 증발시켜 얻은 소금의 양을 □g이라 하고 비례식을 세우면 2 : 64=15 : □입니다.
➡ 2×□=64×15, 2×□=960, □=480

33 예 서진이가 배드민턴을 친 시간을 □분이라 하고 비례식을 세우면 10 : 84=□ : 504입니다.
➡ 10×504=84×□, 84×□=5040, □=60
따라서 서진이가 배드민턴을 친 시간은 60분입니다.

평가 기준
알맞은 비례식을 세웠나요?
서진이가 배드민턴을 친 시간을 구했나요?

35 소윤: $96 \times \frac{3}{3+1} = 96 \times \frac{3}{4} = 72$ (cm)

형준: $96 \times \frac{1}{3+1} = 96 \times \frac{1}{4} = 24$ (cm)

36 $77 \times \frac{3}{3+8} = 77 \times \frac{3}{11} = 21$(자루)

38 나영: $60 \times \frac{7}{7+5} = 60 \times \frac{7}{12} = 35$(개)

은표: $60 \times \frac{5}{7+5} = 60 \times \frac{5}{12} = 25$(개)

39 전체를 □라 하면 $□ \times \frac{7}{7+2} = 126$, $□ \times \frac{7}{9} = 126$,
$□ = 126 \div \frac{7}{9} = 162$

40 1반: $100 \times \frac{27}{27+23} = 100 \times \frac{27}{50} = 54$(개)

2반: $100 \times \frac{23}{27+23} = 100 \times \frac{23}{50} = 46$(개)

41

평가 기준
주어진 **방법 1** 로 가로를 구했나요?
주어진 **방법 2** 로 가로를 구했나요?

42 평행사변형 ㉮와 ㉯는 높이가 같으므로 ㉮와 ㉯의 넓이의 비는 밑변의 길이의 비와 같습니다.
(㉮의 넓이) : (㉯의 넓이)=9 : 7

(㉮의 넓이)$= 128 \times \frac{9}{9+7} = 128 \times \frac{9}{16} = 72$ (cm^2)

(㉯의 넓이)$= 128 \times \frac{7}{9+7} = 128 \times \frac{7}{16} = 56$ (cm^2)

➡ 72−56=16 (cm^2)

STEP 2 자주 틀리는 유형
75~77쪽

43 $5.1 : 2\frac{4}{5}$ ➡ $\frac{51}{10} : \frac{14}{5}$ ➡ 51 : 28

44 재영   **45** 3

46 (1) ×   (2) ○   **47** ㉠

48 예 ㉡ 비례식 2 : 9=6 : 27에서 내항은 9와 6이고, 외항은 2와 27입니다.

49 ②, ③   **50** ③, ④

51 수현   **52** 8, 44

53 45   **54** 21, 105

55 예 20 : 8000=9 : □ / 3600원

56 $2.8 L \left(=2\frac{4}{5} L\right)$ **57** 126 cm^2

58 11시간   **59** 12일

60 80°, 100°

43 $5.1 : 2\frac{4}{5}$의 전항 5.1을 분수로 바꾸면 $\frac{51}{10}$입니다.

$\frac{51}{10} : \frac{14}{5}$ ➡ $\left(\frac{51}{10} \times 10\right) : \left(\frac{14}{5} \times 10\right)$ ➡ 51 : 28

정답과 풀이 **25**

44 [성현] $3\frac{1}{2}:4\frac{2}{3}$ ➡ $\frac{7}{2}:\frac{14}{3}$이므로 전항과 후항에 6을 곱하면 21:28이 됩니다. 21:28의 전항과 후항을 7로 나누면 3:4가 됩니다.

[재영] 1.8:1.6의 전항과 후항에 10을 곱하면 18:16이 됩니다. 18:16의 전항과 후항을 2로 나누면 9:8이 됩니다.

45 $1\frac{1}{4}:\frac{\square}{5}$ ➡ $\frac{5}{4}:\frac{\square}{5}$이므로 전항과 후항에 20을 곱하면 25:(□×4)가 됩니다.

따라서 □×4=12이므로 □=3입니다.

46
$$4:5=12:15$$
전항 후항 전항 후항
외항, 내항

47 ㉠ 외항은 3과 16입니다.

㉢ $3:8$ ➡ $\frac{3}{8}$, $6:16$ ➡ $\frac{6}{16}\left(=\frac{3}{8}\right)$으로 비율이 같습니다.

48 ㉡ 비례식에서 바깥쪽에 있는 2와 27을 외항, 안쪽에 있는 9와 6을 내항이라고 합니다.

49 ① $6:7$ ➡ $\frac{6}{7}$, $12:21$ ➡ $\frac{12}{21}\left(=\frac{4}{7}\right)$ (×)

② $4:5$ ➡ $\frac{4}{5}$, $12:15$ ➡ $\frac{12}{15}\left(=\frac{4}{5}\right)$ (○)

③ $70:20$ ➡ $\frac{70}{20}\left(=\frac{7}{2}\right)$, $7:2$ ➡ $\frac{7}{2}$ (○)

④ $4:9$ ➡ $\frac{4}{9}$, $16:27$ ➡ $\frac{16}{27}$ (×)

⑤ $15:8$ ➡ $\frac{15}{8}$, $5:3$ ➡ $\frac{5}{3}$ (×)

50 ① $3:7$ ➡ $\frac{3}{7}$, $7:3$ ➡ $\frac{7}{3}$ (×)

② $5:13$ ➡ $\frac{5}{13}$, $15:26$ ➡ $\frac{15}{26}$ (×)

③ $4:30$ ➡ $\frac{4}{30}\left(=\frac{2}{15}\right)$, $2:15$ ➡ $\frac{2}{15}$ (○)

④ $30:45$ ➡ $\frac{30}{45}\left(=\frac{2}{3}\right)$, $10:15$ ➡ $\frac{10}{15}\left(=\frac{2}{3}\right)$ (○)

⑤ $6:18$ ➡ $\frac{6}{18}\left(=\frac{1}{3}\right)$, $2:9$ ➡ $\frac{2}{9}$ (×)

51 [아영] $8:20$ ➡ $\frac{8}{20}\left(=\frac{2}{5}\right)$,

$40:80$ ➡ $\frac{40}{80}\left(=\frac{1}{2}\right)$ (×)

[수현] $72:30$ ➡ $\frac{72}{30}\left(=\frac{12}{5}\right)$, $12:5$ ➡ $\frac{12}{5}$ (○)

[윤하] $32:24$ ➡ $\frac{32}{24}\left(=\frac{4}{3}\right)$, $3:4$ ➡ $\frac{3}{4}$ (×)

52 내항의 곱 11×㉠=88, ㉠=88÷11=8입니다.
비례식에서 외항의 곱과 내항의 곱은 같으므로
2×㉡=88, ㉡=88÷2=44입니다.

53 외항의 곱 8×㉡=168, ㉡=168÷8=21입니다.
비례식에서 외항의 곱과 내항의 곱은 같으므로
7×㉠=168, ㉠=168÷7=24입니다.
➡ ㉠+㉡=24+21=45

54 12:㉠=60:㉡이라 하면 비율이 $\frac{4}{7}$이므로

$\frac{12}{㉠}=\frac{4}{7}$, ㉠=21이고, $\frac{60}{㉡}=\frac{4}{7}$, ㉡=105입니다.

55 연필 9자루의 가격을 □원이라 하고 비례식을 세우면
20:8000=9:□입니다.
➡ 20×□=8000×9, 20×□=72000, □=3600

56 벽 16 m²를 칠하는 데 필요한 페인트의 양을 □L라 하고 비례식을 세우면 4:0.7=16:□입니다.
➡ 4×□=0.7×16, 4×□=11.2, □=2.8

57 삼각형의 높이를 □cm라 하고 비례식을 세우면
4:7=12:□입니다.
➡ 4×□=7×12, 4×□=84, □=21
따라서 삼각형의 넓이는 12×21÷2=126 (cm²)입니다.

58 하루는 24시간이므로
(낮의 길이)=$24×\frac{11}{11+13}=24×\frac{11}{24}=11$(시간)입니다.

59 6월은 30일까지 있으므로
(비 온 날의 날수)=$30×\frac{2}{3+2}=30×\frac{2}{5}=12$(일)입니다.

60 일직선은 180°이므로
㉠=$180°×\frac{4}{4+5}=180°×\frac{4}{9}=80°$,
㉡=$180°×\frac{5}{4+5}=180°×\frac{5}{9}=100°$입니다.

61 ㉎ 3 : 2

62 ㉎ 4 : 3

63 ㉎ 5 : 4

64 18

65 6

66 22

67 ㉎ 7 : 12

68 ㉎ 2 : 3

69 ㉎ 5 : 7

70 1200 m^2

71 9600원, 5400원

72 84개

73 1시간 40분

74 $25.6 \text{ km}\left(=25\frac{3}{5}\text{ km}\right)$

75 2시간 30분

76 315 cm^2

77 54 cm^2

78 15

79 40명

80 75개

81 6 kg

82 25번

83 56번

84 144개

85 60만 원, 84만 원

86 승현, 36만 원

87 2100원

88 28개

89 60 cm^2

90 25만 원

---

61 한 시간 동안 하는 숙제의 양이 지훈이는 전체의 $\frac{1}{2}$이고, 연미는 전체의 $\frac{1}{3}$입니다. ➡ (지훈) : (연미)$=\frac{1}{2}:\frac{1}{3}$

$\frac{1}{2}:\frac{1}{3}$의 전항과 후항에 6을 곱하면 3 : 2가 됩니다.

62 하루에 하는 일의 양이 정수는 전체의 $\frac{1}{15}$, 윤아는 전체의 $\frac{1}{20}$입니다. ➡ (정수) : (윤아)$=\frac{1}{15}:\frac{1}{20}$

$\frac{1}{15}:\frac{1}{20}$의 전항과 후항에 60을 곱하면 4 : 3이 됩니다.

63 1분 동안 나오는 물의 양이 A는 전체의 $\frac{1}{8}$, B는 전체의 $\frac{1}{10}$입니다. ➡ A : B $=\frac{1}{8}:\frac{1}{10}$

$\frac{1}{8}:\frac{1}{10}$의 전항과 후항에 40을 곱하면 5 : 4가 됩니다.

64 □$-8=$△라 하면 6 : 15 $=$△ : 25입니다.

➡ $6\times25=15\times$△, $15\times$△$=150$, △$=10$

따라서 □$-8=10$, □$=18$입니다.

65 $6+$㉠$=$△라 하면 144 : 96 $=$△ : 8입니다.

➡ $144\times8=96\times$△, $96\times$△$=1152$, △$=12$

따라서 $6+$㉠$=12$, ㉠$=6$입니다.

66 • ■$-7=$▲라 하면 ▲ : 5 $=40:50$입니다.

➡ ▲$\times50=5\times40$, ▲$\times50=200$, ▲$=4$

따라서 ■$-7=4$이므로 ■$=11$입니다.

• ●$+1=$★이라 하면 3 : 4 $=9:$★입니다.

➡ $3\times$★$=4\times9$, $3\times$★$=36$, ★$=12$

따라서 ●$+1=12$이므로 ●$=11$입니다.

➡ ■$+$●$=11+11=22$

67 ㉎$\times\frac{4}{7}=$㉏$\times\frac{1}{3}$에서 ㉎$\times\frac{4}{7}$를 외항의 곱, ㉏$\times\frac{1}{3}$을 내항의 곱으로 생각하여 비례식을 세우면

㉎ : ㉏ $=\frac{1}{3}:\frac{4}{7}$입니다. $\frac{1}{3}:\frac{4}{7}$의 전항과 후항에 21을 곱하면 7 : 12가 됩니다.

68 ㉎$\times0.3=$㉏$\times0.2$ ➡ ㉎ : ㉏ $=0.2:0.3$

$0.2:0.3$의 전항과 후항에 10을 곱하면 2 : 3이 됩니다.

69 ㉎$\times0.6=$㉏$\times\frac{3}{7}$ ➡ ㉎ : ㉏ $=\frac{3}{7}:0.6$

후항 0.6을 분수로 바꾸면 $\frac{3}{5}$입니다.

$\frac{3}{7}:\frac{3}{5}$의 전항과 후항에 35를 곱하면 15 : 21이 됩니다.

15 : 21의 전항과 후항을 3으로 나누면 5 : 7이 됩니다.

70 (오이밭) : (가지밭)$=\frac{2}{3}:\frac{1}{2}$

$\frac{2}{3}:\frac{1}{2}$의 전항과 후항에 6을 곱하면 4 : 3이 됩니다.

(가지밭의 넓이)$=2800\times\frac{3}{4+3}=2800\times\frac{3}{7}$
$=1200 \text{ (m}^2)$

71 $1\frac{3}{5}:0.9$의 전항 $1\frac{3}{5}$을 소수로 바꾸면 1.6입니다.

$1.6:0.9$의 전항과 후항에 10을 곱하면 16 : 9가 됩니다.

현태: $15000\times\frac{16}{16+9}=15000\times\frac{16}{25}=9600$(원)

민영: $15000\times\frac{9}{16+9}=15000\times\frac{9}{25}=5400$(원)

72 (우주) : (지후)$=0.2 : 0.5$

$0.2 : 0.5$의 전항과 후항에 10을 곱하면 $2 : 5$가 됩니다. 처음에 있던 사탕 수를 $\square$개라 하면

$\square \times \dfrac{2}{2+5} = 24$, $\square \times \dfrac{2}{7} = 24$, $\square = 24 \div \dfrac{2}{7} = 84$입니다.

73 걸리는 시간을 $\square$분이라 하고 비례식을 세우면

$6 : 9 = \square : 150$입니다.

➡ $6 \times 150 = 9 \times \square$, $9 \times \square = 900$, $\square = 100$

100분은 1시간 40분입니다.

74 1시간 20분 동안 갈 수 있는 거리를 $\square$km라 하고 비례식을 세우면 1시간 20분은 80분이므로

$25 : 8 = 80 : \square$입니다.

➡ $25 \times \square = 8 \times 80$, $25 \times \square = 640$, $\square = 25.6$

75 할아버지 댁에 가는 데 걸리는 시간을 $\square$분이라 하고 비례식을 세우면 $12 : 17 = \square : 212.5$입니다.

➡ $12 \times 212.5 = 17 \times \square$, $17 \times \square = 2550$, $\square = 150$

150분은 2시간 30분입니다.

76 세로를 $\square$cm라 하고 비례식을 세우면 $7 : 5 = 21 : \square$ 입니다.

➡ $7 \times \square = 5 \times 21$, $7 \times \square = 105$, $\square = 15$

따라서 직사각형의 넓이는 $21 \times 15 = 315 \, (\text{cm}^2)$입니다.

77 높이를 $\square$cm라 하고 비례식을 세우면

$4 : 3 = 12 : \square$입니다.

➡ $4 \times \square = 3 \times 12$, $4 \times \square = 36$, $\square = 9$

따라서 삼각형의 넓이는 $12 \times 9 \div 2 = 54 \, (\text{cm}^2)$입니다.

78 평행사변형의 높이를 $\square$cm라 하면 평행사변형과 직사각형의 넓이의 비는 $(12 \times \square) : (\bigcirc \times \square)$입니다.

$(12 \times \square) : (\bigcirc \times \square)$의 전항과 후항을 $\square$로 나누면

$12 : \bigcirc$이므로 $12 : \bigcirc = 4 : 5$입니다.

➡ $12 \times 5 = \bigcirc \times 4$, $\bigcirc \times 4 = 60$, $\bigcirc = 15$

79 안경을 쓴 학생 수와 반 전체 학생 수의 비는 $25 : 100$입니다. 반 전체 학생 수를 $\square$명이라 하고 비례식을 세우면 $25 : 100 = 10 : \square$입니다.

➡ $25 \times \square = 100 \times 10$, $25 \times \square = 1000$, $\square = 40$

80 포도 맛 사탕 수와 전체 사탕 수의 비는 $48 : 100$입니다. 전체 사탕 수를 $\square$개라 하고 비례식을 세우면

$48 : 100 = 36 : \square$입니다.

➡ $48 \times \square = 100 \times 36$, $48 \times \square = 3600$, $\square = 75$

81 혈액의 무게와 몸무게 전체의 비는 $8 : 100$이므로 혈액의 무게를 $\square$kg이라 하고 비례식을 세우면

$8 : 100 = \square : 75$입니다.

➡ $8 \times 75 = 100 \times \square$, $100 \times \square = 600$, $\square = 6$

82 (㉮의 톱니 수) : (㉯의 톱니 수)$=15 : 6$이므로

(㉮의 회전수) : (㉯의 회전수)$=6 : 15$입니다.

㉮가 10번 도는 동안 ㉯가 도는 횟수를 $\square$번이라 하고 비례식을 세우면 $6 : 15 = 10 : \square$입니다.

➡ $6 \times \square = 15 \times 10$, $6 \times \square = 150$, $\square = 25$

다른 풀이

(㉮의 톱니 수) $\times$ (㉮의 회전수)

$=$ (㉯의 톱니 수) $\times$ (㉯의 회전수)이므로

㉮가 10번 도는 동안 ㉯가 도는 횟수를 $\square$번이라 하면

$15 \times 10 = 6 \times \square$, $\square = 25$입니다.

83 톱니 수의 비가 $A : B = 36 : 28 = 9 : 7$이므로 회전수의 비는 $A : B = 7 : 9$입니다.

B 톱니바퀴가 72번 도는 동안 A 톱니바퀴가 도는 횟수를 $\square$번이라 하고 비례식을 세우면 $7 : 9 = \square : 72$입니다.

➡ $7 \times 72 = 9 \times \square$, $9 \times \square = 504$, $\square = 56$

84 회전수의 비가 ㉮ : ㉯$=4 : 3$이므로 톱니 수의 비는 ㉮ : ㉯$=3 : 4$입니다.

㉮의 톱니 수가 108개일 때 ㉯의 톱니 수를 $\square$개라 하고 비례식을 세우면 $3 : 4 = 108 : \square$입니다.

➡ $3 \times \square = 4 \times 108$, $3 \times \square = 432$, $\square = 144$

85 50만 : 70만의 전항과 후항을 10만으로 나누면 $5 : 7$이 됩니다.

윤호: $144만 \times \dfrac{5}{5+7} = 144만 \times \dfrac{5}{12} = 60만 \, (\text{원})$

성희: $144만 \times \dfrac{7}{5+7} = 144만 \times \dfrac{7}{12} = 84만 \, (\text{원})$

86 (수빈) : (승현)$=5 : 3$으로 돈을 나누어 가지므로 돈을 적게 가지는 사람은 승현이고,

$96만 \times \dfrac{3}{5+3} = 96만 \times \dfrac{3}{8} = 36만 \, (\text{원})$을 가집니다.

87 1시간 30분$= 1\dfrac{30}{60}$시간$= 1\dfrac{1}{2}$시간

(민호) : (은지)$= 1\dfrac{1}{2} : 1\dfrac{7}{20} = \dfrac{3}{2} : \dfrac{27}{20}$

$= 30 : 27 = 10 : 9$

민호: $39900 \times \dfrac{10}{10+9} = 39900 \times \dfrac{10}{19} = 21000(\text{원})$

은지: $39900 \times \dfrac{9}{10+9} = 39900 \times \dfrac{9}{19} = 18900$(원)

➡ $21000 - 18900 = 2100$(원)

88 처음 배의 수를 □개라 하면

$□ \times \dfrac{3}{3+4} = 12$, $□ \times \dfrac{3}{7} = 12$, $□ = 12 \div \dfrac{3}{7} = 28$
입니다.

89 직사각형 ㄱㄴㄹㅁ의 넓이를 □cm^2라 하면

직사각형 ㄱㄴㄷㅂ과 직사각형 ㅂㄷㄹㅁ의 넓이의 비는

5 : 7이므로 $□ \times \dfrac{5}{5+7} = 25$, $□ \times \dfrac{5}{12} = 25$,

$□ = 25 \div \dfrac{5}{12} = 60$입니다.

90 (세민) : (시원)=40만 : 60만

40만 : 60만의 전항과 후항을 20만으로 나누면 2 : 3이
됩니다.

총 이익금을 □원이라 하면

$□ \times \dfrac{2}{2+3} = 10$만, $□ \times \dfrac{2}{5} = 10$만,

$□ = 10$만 $\div \dfrac{2}{5} = 25$만입니다.

---

4. 비례식과 비례배분 **기출 단원 평가** 83~85쪽

1 4, 20 / 5, 16	**2** (1) 7, 28 (2) 6, 6
3 (1) 36, 28 (2) 66, 84	**4** ①
5 10 : 8 = 5 : 4 (또는 5 : 4 = 10 : 8)	
6 예 25 : 29	**7** 4
8 20 cm, 25 cm	**9** ㉠
10 90 g	**11** 405 cm^2
12 예 13 : 17	**13** 15개, 48개
14 12자루, 18자루	**15** 9, 3, 7
16 오후 1시 42분	**17** 예 4 : 3
18 19분 30초	**19** 24 km
20 396 cm^2	

1

외항
$4 : 5 = 16 : 20$
내항

2 (1) 비의 후항에 7을 곱했으므로 전항에도 7을 곱해야 합니다.

(2) 비의 후항을 6으로 나누었으므로 전항도 6으로 나누어야 합니다.

3 (1) $64 \times \dfrac{9}{9+7} = 64 \times \dfrac{9}{16} = 36$

$64 \times \dfrac{7}{9+7} = 64 \times \dfrac{7}{16} = 28$

(2) $150 \times \dfrac{11}{11+14} = 150 \times \dfrac{11}{25} = 66$

$150 \times \dfrac{14}{11+14} = 150 \times \dfrac{14}{25} = 84$

4 비의 전항과 후항을 0이 아닌 같은 수로 나누어도 비율은 같습니다.

5 비율을 알아보면 $10 : 8$ ➡ $\dfrac{10}{8}\left(=\dfrac{5}{4}\right)$,

$4 : 6$ ➡ $\dfrac{4}{6}\left(=\dfrac{2}{3}\right)$, $4 : 5$ ➡ $\dfrac{4}{5}$, $5 : 4$ ➡ $\dfrac{5}{4}$이므로

비율이 같은 두 비로 비례식을 세우면 $10 : 8 = 5 : 4$ 또는 $5 : 4 = 10 : 8$입니다.

6 (밑변의 길이) : (높이) $= 3\dfrac{3}{4} : 4.35$ ➡ $3.75 : 4.35$

$3.75 : 4.35$ ➡ $(3.75 \times 100) : (4.35 \times 100)$
➡ $375 : 435$
➡ $(375 \div 15) : (435 \div 15)$
➡ $25 : 29$

7 $\dfrac{2}{3} \times 30 = 5 \times □$, $5 \times □ = 20$, $□ = 4$

8 채은: $45 \times \dfrac{4}{4+5} = 45 \times \dfrac{4}{9} = 20$ (cm)

범용: $45 \times \dfrac{5}{4+5} = 45 \times \dfrac{5}{9} = 25$ (cm)

9 ㉠ $6 \times □ = 7 \times 42$, $6 \times □ = 294$, $□ = 49$

㉡ $\dfrac{1}{5} \times 10 = 0.4 \times □$, $0.4 \times □ = 2$, $□ = 5$

㉢ $□ \times 4 = 2.8 \times 7$, $□ \times 4 = 19.6$, $□ = 4.9$

10 설탕의 양을 □g이라 하고 비례식을 세우면
$5:3=150:□$입니다.
➡ $5×□=3×150$, $5×□=450$, $□=90$

11 (밑변의 길이) : (높이)$=5:9$
밑변의 길이: $42×\dfrac{5}{5+9}=42×\dfrac{5}{14}=15$ (cm)
높이: $42×\dfrac{9}{5+9}=42×\dfrac{9}{14}=27$ (cm)
➡ (평행사변형의 넓이)$=15×27=405$ (cm²)

12 영란이가 □개 가졌다면 지환이는 (□−20)개 가졌으므로 $□+□-20=150$, $□+□=170$, $□=85$입니다.
따라서 영란이는 85개, 지환이는 65개 가졌습니다.
➡ (지환) : (영란)$=65:85$
$65:85$의 전항과 후항을 5로 나누면 $13:17$이 됩니다.

13 $\dfrac{1}{4}:\dfrac{4}{5}$의 전항과 후항에 20을 곱하면 $5:16$이 됩니다.
영진: $63×\dfrac{5}{5+16}=63×\dfrac{5}{21}=15$(개)
용태: $63×\dfrac{16}{5+16}=63×\dfrac{16}{21}=48$(개)

14 가 : 나$=4:6$
$4:6$의 전항과 후항을 2로 나누면 $2:3$이 됩니다.
가: $30×\dfrac{2}{2+3}=30×\dfrac{2}{5}=12$(자루)
나: $30×\dfrac{3}{2+3}=30×\dfrac{3}{5}=18$(자루)

15 ㉠$:21=$㉡$:$㉢이라 하면 내항의 곱이 63이므로
$21×$㉡$=63$, ㉡$=3$입니다.
비율이 $\dfrac{3}{7}$이므로 $\dfrac{㉠}{21}=\dfrac{3}{7}$에서 ㉠$=9$이고,
$\dfrac{3}{㉢}=\dfrac{3}{7}$에서 ㉢$=7$입니다.

16 한 시간에 3분씩 늦어지고, 오전 8시부터 오후 2시까지는 6시간입니다. 오후 2시까지 늦어지는 시간을 □분이라 하고 비례식을 세우면 $1:3=6:□$입니다.
➡ $1×□=3×6$, $□=18$
오후 2시에는 18분 늦어지므로 시계가 가리키는 시각은 오후 1시 42분입니다.

17 ㉮$×\dfrac{3}{8}=$㉯$×0.5$ ➡ ㉮ : ㉯$=0.5:\dfrac{3}{8}$
전항 0.5를 분수로 바꾸면 $\dfrac{1}{2}$입니다.
$\dfrac{1}{2}:\dfrac{3}{8}$의 전항과 후항에 8을 곱하면 $4:3$이 됩니다.

18 물통에 물을 가득 채우는 데 걸리는 시간을 □분이라 하고 비례식을 세우면 물통의 높이가 65 cm이므로
$6:20=□:65$입니다.
➡ $6×65=20×□$, $20×□=390$, $□=19\dfrac{1}{2}$
$19\dfrac{1}{2}$분$=19\dfrac{30}{60}$분이므로 19분 30초입니다.

19 예 1시간 30분$=90$분이므로 1시간 30분 동안 갈 수 있는 거리를 □km라 하고 비례식을 세우면
$3:0.8=90:□$입니다.
따라서 $3×□=0.8×90$, $3×□=72$, $□=24$이므로 24 km를 갈 수 있습니다.

평가 기준	배점
알맞은 비례식을 세웠나요?	2점
갈 수 있는 거리를 구했나요?	3점

20 예 (가로)$+$(세로)$=90÷2=45$ (cm)
가로: $45×\dfrac{11}{11+4}=45×\dfrac{11}{15}=33$ (cm)
세로: $45×\dfrac{4}{11+4}=45×\dfrac{4}{15}=12$ (cm)
➡ (직사각형의 넓이)$=33×12=396$ (cm²)

평가 기준	배점
가로와 세로를 각각 구했나요?	3점
직사각형의 넓이를 구했나요?	2점

5 원의 넓이

개념을 짚어 보는 문제

1 (위에서부터) 원주, 원의 지름

2 3.14, 3.14

3 (1) 18, 3, 54 (2) 9, 27, 3, 9

4 (1) 16, 16, 128 (2) 16, 16, 256 (3) 128, 256

5 (위에서부터) $7 \times 7 \times 3$, 147 / $4 \times 4 \times 3$, 48

6 4, 4, 8, 8, 17.6

2 $9.42 \div 3 = 3.14$, $62.8 \div 20 = 3.14$

3 (1) (원주)=(지름)×(원주율)=$18 \times 3 = 54$ (cm)
(2) (지름)=(원주)÷(원주율)=$27 \div 3 = 9$ (cm)

5 반지름은 지름의 반이고,
(원의 넓이)=(반지름)×(반지름)×(원주율)입니다.

6 (색칠한 부분의 넓이)=(원의 넓이)-(마름모의 넓이)
  $= 4 \times 4 \times 3.1 - 8 \times 8 \div 2$
  $= 49.6 - 32 = 17.6$ (cm²)

STEP 1 교과서 + 익힘책 유형

1 원주

2 (1)

정육각형의 둘레

정사각형의 둘레

(2) 예 원의 지름

(3) 3, 4

3 (1) ○ (2) × (3) ×   **4** ㉢

5 예 1 /

6 ④   **7** =

8 예 5 cm

9 서준   **10** 3.1, 3.14

11 3.14, 3.14, 3.14 /
예 원의 크기가 달라도 원주율은 같습니다.

12 (1) 36 cm (2) 15 cm

13 14, 18, 22   **14** 775 m

15 25 cm   **16** 예 8, 49.6 cm

17 수아   **18** ⑤

19 35 cm   **20** 24 cm

21 12 cm   **22** 51그루

23 3호   **24** 800, 1600

25 60, 88 / 예 74 cm²   **26** 도현

준비 45 cm²

27 (위에서부터) 6, 18.84 / 18.84, 6, 113.04

28 예 (위에서부터) 접시, 26, 13, 507 / 거울, 16, 8, 192

29 (1) 151.9 cm² (2) 446.4 cm²

30 28.26 cm²   **31** 310 cm²

32 9   **33** 30 cm

34 446.4 cm²   **35** 4배

36 (1) 111.6 cm² (2) 50 cm²

37 예   / 175.84 cm²

38 192 cm²   **39** 36 cm²

40 62 cm²   **41** 628 cm²

1 원의 둘레를 원주라고 합니다.

2 (1) 정육각형의 한 변의 길이는 1 cm이므로 정육각형의 둘레는 $1 \times 6 = 6$ (cm)입니다.
정사각형의 한 변의 길이는 2 cm이므로 정사각형의 둘레는 $2 \times 4 = 8$ (cm)입니다.

(2) 한 변의 길이가 1 cm인 정육각형의 둘레보다 길고, 한 변의 길이가 2 cm인 정사각형의 둘레보다 짧으므로 6 cm보다 길고, 8 cm보다 짧게 그립니다.

(3) 원의 원주는 지름의 3배보다 길고, 지름의 4배보다 짧으므로 (원의 지름)×3<(원주), (원주)<(원의 지름)×4입니다.

3 (2) 원의 지름이 길어지면 원주도 길어집니다.
(3) 원주는 지름의 3배보다 길고 4배보다 짧습니다.

4 지름이 3 cm인 원의 원주는 지름의 3배인 9 cm보다 길고, 지름의 4배인 12 cm보다 짧으므로 원주와 가장 비슷한 길이는 ⓒ입니다.

😊 내가 만드는 문제
5 ⓔ 원의 지름을 1 cm로 정한다면 원의 원주는 지름의 3배인 3 cm보다 길고, 지름의 4배인 4 cm보다 짧은 선분으로 그립니다.

6 원의 지름에 대한 원주의 비율을 원주율이라고 합니다.
➡ (원주율)=(원주)÷(지름)

7 (가의 원주율)=$12.56 \div 4 = 3.14$
(나의 원주율)=$18.84 \div 6 = 3.14$
➡ (가의 원주율)=(나의 원주율)

8 원주는 지름의 약 3.14배이므로 지름이 5 cm인 원의 원주는 $5 \times 3.14 = 15.7$ (cm)입니다.
따라서 자의 15.7 cm 위치와 가까운 곳에 표시하면 됩니다.

9 지은: 원의 크기와 관계없이 지름에 대한 원주의 비율인 원주율은 일정합니다.

10 원주가 109.96 cm, 지름이 35 cm일 때 (원주)÷(지름)을 계산하면 $109.96 \div 35 = 3.141\cdots$입니다.
3.141…을 반올림하여 소수 첫째 자리까지 나타내면 3.1이고, 반올림하여 소수 둘째 자리까지 나타내면 3.14입니다.

11 한국 100원짜리 동전의 원주율: $75.36 \div 24 = 3.14$
호주 1달러짜리 동전의 원주율: $78.5 \div 25 = 3.14$
캐나다 2달러짜리 동전의 원주율: $87.92 \div 28 = 3.14$
세 동전의 원주율은 모두 3.14로 같습니다. 이를 통하여 원의 크기가 달라도 원주율은 같다는 것을 알 수 있습니다.

평가 기준
세 동전의 (원주)÷(지름)을 각각 계산하여 표를 완성했나요?
원주율에 대해 알 수 있는 것을 썼나요?

12 (1) (원주)=(지름)×(원주율)=$12 \times 3 = 36$ (cm)
(2) (원주)=(반지름)×2×(원주율)
$= 2.5 \times 2 \times 3 = 15$ (cm)

13 (지름)=(원주)÷(원주율)이므로 $42 \div 3 = 14$ (cm), $55.8 \div 3.1 = 18$ (cm), $69.08 \div 3.14 = 22$ (cm)입니다.

14 ⓔ 대관람차를 타고 한 바퀴 움직인 거리는 지름이 250 m인 원의 원주와 같습니다.
따라서 대관람차를 타고 한 바퀴 움직인 거리는 $250 \times 3.1 = 775$ (m)입니다.

평가 기준
대관람차를 타고 한 바퀴 움직인 거리와 원주가 같음을 알고 있나요?
대관람차를 타고 한 바퀴 움직인 거리를 구했나요?

15 (반지름)=(원주)÷(원주율)÷2
$= 157 \div 3.14 \div 2 = 25$ (cm)

😊 내가 만드는 문제
16 ⓔ 실의 길이를 8 cm로 정한다면 실의 길이는 반지름이므로 그릴 수 있는 가장 큰 원의 원주는 $8 \times 2 \times 3.1 = 49.6$ (cm)입니다.

17 지름이 20 cm인 은지의 접시 원주는 $20 \times 3.1 = 62$ (cm)입니다. 수아의 접시 원주는 74.4 cm이므로 수아의 접시가 더 큽니다.

18 각 원의 지름을 비교해 봅니다.
① 6 cm ② 8 cm ③ $28.26 \div 3.14 = 9$ (cm)
④ 10 cm ⑤ $37.68 \div 3.14 = 12$ (cm)
지름이 길수록 큰 원이므로 가장 큰 원은 ⑤입니다.

19 ⓔ 상자 밑면의 한 변의 길이는 호두파이의 지름과 같거나 길어야 합니다.
(호두파이의 지름)=$108.5 \div 3.1 = 35$ (cm)이므로 상자 밑면의 한 변의 길이는 35 cm 이상이어야 합니다.

평가 기준
상자 밑면의 한 변의 길이가 지름과 같거나 길어야 함을 알고 있나요?
상자 밑면의 한 변의 길이는 몇 cm 이상이어야 하는지 구했나요?

20 (가 부분의 원주)=$38 \times 3 = 114$ (cm)
(나 부분의 원주)=$30 \times 3 = 90$ (cm)
따라서 원주의 차는 $114 - 90 = 24$ (cm)입니다.

21 (오른쪽 시계의 원주)$=50.24\times1.5=75.36$ (cm)
(오른쪽 시계의 반지름)$=75.36\div3.14\div2$
$\qquad\qquad\qquad\qquad\quad=24\div2=12$ (cm)

22 (호수의 둘레)$=34\times3=102$ (m)이고 원 모양 호수의
둘레에 2 m 간격으로 나무를 심으므로
(심을 수 있는 나무의 수)$=$(간격의 수)
$\qquad\qquad\qquad\qquad\qquad=102\div2=51$(그루)입니다.

23 ㉔ (케이크 윗면의 지름)$=65.1\div3.1=21$ (cm)
(1호 케이크 윗면의 지름)$=15$ cm
(2호 케이크 윗면의 지름)$=15+3=18$ (cm)
(3호 케이크 윗면의 지름)$=18+3=21$ (cm)
따라서 윗면의 둘레가 65.1 cm인 케이크는 3호입니다.

평가 기준
케이크 윗면의 지름이 몇 cm인지 구했나요?
윗면의 둘레가 65.1 cm인 케이크가 몇 호인지 구했나요?

24 (원 안의 정사각형의 넓이)$=40\times40\div2=800$ (cm^2)
(원 밖의 정사각형의 넓이)$=40\times40=1600$ (cm^2)
➡ 800 cm$^2<$(원의 넓이), (원의 넓이)<1600 cm^2

25 원 안에 있는 빨간색 모눈의 수: 60개
원 밖에 있는 초록색 선 안쪽 모눈의 수: 88개
➡ 60 cm$^2<$(원의 넓이), (원의 넓이)<88 cm^2
따라서 원의 넓이는 74 cm^{2}쯤 될 것 같습니다.

26 원 안에 있는 정육각형의 넓이보다 원의 넓이가 더 넓고,
원 밖에 있는 정육각형의 넓이보다 원의 넓이가 더 좁습
니다.
(원 밖의 정육각형의 넓이)$=44\times6=264$ (cm^2)
(원 안의 정육각형의 넓이)$=33\times6=198$ (cm^2)
➡ 198 cm$^2<$(원의 넓이), (원의 넓이)<264 cm^2
따라서 원의 넓이를 바르게 어림한 사람은 도현입니다.

⟮준비⟯ (직사각형의 넓이)$=$(가로)$\times$(세로)
$\qquad\qquad\qquad\quad=9\times5=45$ (cm^2)

27 원을 한없이 잘게 잘라 이어 붙여서 만든 직사각형의 가로
는 (원주)$\times\dfrac{1}{2}$과 같고, 세로는 원의 반지름과 같습니다.
(가로)$=6\times2\times3.14\times\dfrac{1}{2}=18.84$ (cm)
(세로)$=6$ cm
➡ (원의 넓이)$=$(직사각형의 넓이)
$\qquad\qquad\qquad=18.84\times6=113.04$ (cm^2)

㉘ (반지름)$=$(지름)$\times\dfrac{1}{2}$이고,
(원의 넓이)$=$(반지름)$\times$(반지름)$\times$(원주율)임을 이용하
여 표를 완성합니다.
㉔ 접시의 지름이 26 cm라면 반지름은 13 cm이고
(넓이)$=13\times13\times3=507$ (cm^2)입니다.
거울의 지름이 16 cm라면 반지름은 8 cm이고
(넓이)$=8\times8\times3=192$ (cm^2)입니다.

29 (1) (원의 넓이)$=7\times7\times3.1=151.9$ (cm^2)
(2) 반지름이 12 cm입니다.
(원의 넓이)$=12\times12\times3.1=446.4$ (cm^2)

30 ㉔ 컴퍼스의 침과 연필심 사이의 거리인 3 cm는 원의 반
지름과 같습니다.
(그린 원의 넓이)$=3\times3\times3.14=28.26$ (cm^2)

평가 기준
컴퍼스를 벌려 그린 원의 반지름을 구했나요?
컴퍼스를 벌려 그린 원의 넓이를 구했나요?

31 정사각형 안에 들어갈 수 있는 가장 큰 원
의 지름은 20 cm입니다. 따라서 가장 큰
원의 반지름은 10 cm이므로 원의 넓이
는 $10\times10\times3.1=310$ (cm^2)입니다.

20 cm

32 (원의 넓이)$=$(반지름)$\times$(반지름)$\times3.14$
$\qquad\qquad\quad=254.34$ (cm^2)
➡ (반지름)$\times$(반지름)$=254.34\div3.14=81$
$9\times9=81$이므로 (반지름)$=9$ cm입니다.

33 (원의 넓이)$=$(반지름)$\times$(반지름)$\times3.1$
$\qquad\qquad\quad=697.5$ (cm^2)
➡ (반지름)$\times$(반지름)$=697.5\div3.1=225$
$15\times15=225$이므로 (반지름)$=15$ cm입니다.
따라서 원의 지름은 $15\times2=30$ (cm)입니다.

34 원을 한없이 잘게 잘라 이어 붙여서 만든 직사각형의 가
로는 (원주)$\times\dfrac{1}{2}$과 같으므로
(반지름)$\times2\times3.1\times\dfrac{1}{2}=37.2$ (cm),
(반지름)$\times3.1=37.2$ (cm)
➡ (반지름)$=37.2\div3.1=12$ (cm)
따라서 원의 넓이는 $12\times12\times3.1=446.4$ (cm^2)입
니다.

35 예 (음료수 캔 바닥의 넓이)$=4 \times 4 \times 3 = 48 \, (cm^2)$
(통조림 캔 바닥의 넓이)$=8 \times 8 \times 3 = 192 \, (cm^2)$
따라서 통조림 캔 바닥의 넓이는 음료수 캔 바닥의 넓이의 $192 \div 48 = 4$(배)입니다.

평가 기준
음료수 캔과 통조림 캔 바닥의 넓이를 각각 구했나요?
통조림 캔 바닥의 넓이는 음료수 캔 바닥의 넓이의 몇 배인지 구했나요?

36 (1) 색칠한 부분의 넓이는 지름이 $12 \, cm$, 즉 반지름이 $6 \, cm$인 원의 넓이와 같습니다.
➡ (색칠한 부분의 넓이)$=6 \times 6 \times 3.1$
$\qquad\qquad\qquad\qquad = 111.6 \, (cm^2)$
(2) 색칠한 부분의 넓이는 직사각형의 넓이와 같습니다.
➡ (색칠한 부분의 넓이)$=10 \times 5 = 50 \, (cm^2)$

😊 내가 만드는 문제
37 지름을 $18 \, cm$보다 짧게 정해 주어진 원 안에 작은 원을 그리고 지름이 $18 \, cm$인 원의 넓이에서 그린 원의 넓이를 빼서 남는 부분의 넓이를 구합니다.
예 잘라 낸 원의 반지름을 $5 \, cm$라 하면
(남는 부분의 넓이)$=9 \times 9 \times 3.14 - 5 \times 5 \times 3.14$
$\qquad\qquad\qquad\qquad = 254.34 - 78.5 = 175.84 \, (cm^2)$
입니다.

38 (오린 화선지의 넓이)
$= 12 \times 12 \times 3 \times \dfrac{1}{2} - 4 \times 4 \times 3 \times \dfrac{1}{2}$
$= 216 - 24 = 192 \, (cm^2)$

39 (색칠한 부분의 넓이)
$= 5 \times 5 \times 3 - 2 \times 2 \times 3 - 3 \times 3 \times 3$
$= 75 - 12 - 27 = 36 \, (cm^2)$

40 가장 작은 원의 지름이 $8 \, cm$이므로 반지름은 $4 \, cm$이고 둘째로 큰 원의 반지름은 $4+2=6 \, (cm)$입니다.
(8점을 얻을 수 있는 부분의 넓이)
$= 6 \times 6 \times 3.1 - 4 \times 4 \times 3.1$
$= 111.6 - 49.6 = 62 \, (cm^2)$

41 예 오른쪽 그림과 같이 작은 반원을 옮기면 파란색으로 색칠한 부분은 반지름이 $20 \, cm$인 반원과 같습니다.
➡ (파란색으로 색칠한 부분의 넓이)
$\quad = 20 \times 20 \times 3.14 \div 2 = 628 \, (cm^2)$

평가 기준
작은 반원을 아래쪽으로 이동하였나요?
색칠한 부분의 넓이를 구했나요?

---

 20 cm

STEP 2 자주 틀리는 유형
97~98쪽

42 28.26 cm		**43** 120.9 cm^2	
44 40.3 cm		**45** 768 cm^2	
46 111.6 cm^2		**47** 235.5 cm^2	
48 72 cm		**49** 69.08 cm	
50 130.2 cm		**51** ㉡	
52 ㉡, ㉠, ㉢		**53** ㉣, ㉡, ㉠, ㉢	

42 (두 원의 원주의 합)$=3 \times 3.14 + 3 \times 2 \times 3.14$
$\qquad\qquad\qquad\qquad = 9.42 + 18.84 = 28.26 \, (cm)$

43 (두 원의 넓이의 차)$=8 \times 8 \times 3.1 - 5 \times 5 \times 3.1$
$\qquad\qquad\qquad\qquad = 198.4 - 77.5 = 120.9 \, (cm^2)$

44 (가의 원주)$=5 \times 3.1 = 15.5 \, (cm)$
(나의 원주)$=4 \times 2 \times 3.1 = 24.8 \, (cm)$
➡ (사용한 철사의 길이)$=15.5 + 24.8 = 40.3 \, (cm)$

45 반지름을 $\square \, cm$라고 하면
$\square \times 2 \times 3 = 96$, $\square = 96 \div 3 \div 2 = 16$입니다.
➡ (원의 넓이)$=16 \times 16 \times 3 = 768 \, (cm^2)$

46 (굴렁쇠의 반지름)$=37.2 \div 3.1 \div 2 = 6 \, (cm)$
➡ (크기가 같은 원의 넓이)$=6 \times 6 \times 3.1$
$\qquad\qquad\qquad\qquad\qquad = 111.6 \, (cm^2)$

47 (원주가 $31.4 \, cm$인 원의 반지름)
$= 31.4 \div 3.14 \div 2 = 5 \, (cm)$
(원주가 $62.8 \, cm$인 원의 반지름)
$= 62.8 \div 3.14 \div 2 = 10 \, (cm)$
➡ (두 원의 넓이의 차)
$\quad = 10 \times 10 \times 3.14 - 5 \times 5 \times 3.14$
$\quad = 314 - 78.5 = 235.5 \, (cm^2)$

48 (원의 넓이)$=$ (반지름)$\times$ (반지름)$\times 3 = 432 \, (cm^2)$
➡ (반지름)$\times$ (반지름)$=432 \div 3 = 144$
$12 \times 12 = 144$이므로 (반지름)$=12 \, cm$입니다.
(원주)$=12 \times 2 \times 3 = 72 \, (cm)$

49 (원의 넓이)$=$ (반지름)$\times$ (반지름)$\times 3.14$
$\qquad\qquad = 379.94 \, (cm^2)$
➡ (반지름)$\times$ (반지름)$=379.94 \div 3.14 = 121$
$11 \times 11 = 121$이므로 (반지름)$=11 \, cm$입니다.
(원주)$=11 \times 2 \times 3.14 = 69.08 \, (cm)$

50 (원의 넓이)=(반지름)×(반지름)×3.1
$$=151.9 \, (\text{cm}^2)$$
➡ (반지름)×(반지름)=151.9÷3.1=49
7×7=49이므로 (반지름)=7 cm입니다.
(시계가 굴러간 거리)=(시계의 원주)×3
$$=7×2×3.1×3=130.2 \, (\text{cm})$$

51 두 원의 넓이를 비교해 봅니다.
(원 ㉡의 반지름)=72÷3÷2=12 (cm)
(원 ㉡의 넓이)=12×12×3=432 (cm²)
507>432이므로 넓이가 더 좁은 원은 ㉡입니다.

52 각 원의 넓이를 비교해 봅니다.
㉠ 10×10×3.14=314 (cm²)
㉡ 9×9×3.14=254.34 (cm²)
따라서 넓이가 넓은 원부터 차례로 기호를 쓰면 ㉡, ㉠, ㉢ 입니다.

53 각 접시의 넓이를 비교해 봅니다.
㉠ 7×7×3.14=153.86 (cm²)
㉡ 8×8×3.14=200.96 (cm²)
㉢ (반지름)=31.4÷3.14÷2=5 (cm)
　　(넓이)=5×5×3.14=78.5 (cm²)
따라서 넓이가 넓은 접시부터 차례로 기호를 쓰면 ㉣, ㉡, ㉠, ㉢입니다.

STEP 3 응용 유형 99~102쪽

54 4바퀴		**55** 12바퀴	
56 15바퀴		**57** 원 모양 피자	
58 정사각형 모양 케이크		**59** 가 와플	
60 99.2 cm		**61** 173.6 cm	
62 16 cm		**63** 113.6 cm	

64 102 cm		**65** 84 cm	
66 44.1 cm²		**67** 37.5 cm²	
68 72 cm²		**69** 128 cm²	
70 82.26 cm²		**71** 288 cm²	
72 168 cm		**73** 73 cm	
74 123 cm		**75** 107.1 m	
76 3200 m²		**77** 64 m	

54 (훌라후프의 둘레)=50×3.14=157 (cm)
(굴린 횟수)=628÷157=4(바퀴)

55 (굴렁쇠의 둘레)=35×3=105 (cm)
(굴린 횟수)=1260÷105=12(바퀴)

56 (자전거 바퀴의 둘레)=38×3.1=117.8 (cm)
17 m 67 cm=1767 cm
(굴린 횟수)=1767÷117.8=15(바퀴)

57 두 피자 중 넓이가 더 넓은 피자를 선택하는 것이 더 이득입니다.
(정사각형 모양 피자의 넓이)=16×16=256 (cm²)
(원 모양 피자의 넓이)=10×10×3=300 (cm²)
256<300으로 원 모양 피자가 더 넓으므로 원 모양 피자를 선택해야 더 이득입니다.

58 두 케이크 중 넓이가 더 넓은 케이크를 선택하는 것이 더 이득입니다.
(정사각형 모양 케이크의 넓이)=32×32÷2
$$=512 \, (\text{cm}^2)$$
(원 모양 케이크의 넓이)=13×13×3
$$=507 \, (\text{cm}^2)$$
512>507로 정사각형 모양 케이크가 더 넓으므로 정사각형 모양 케이크를 선택해야 더 이득입니다.

59 (가 와플의 넓이)=15×15×3.14=706.5 (cm²)
➡ (1 cm²의 가격)=5000÷706.5
$$=7.0\cdots → 약 7원$$
(나 와플의 넓이)=10×10×3.14=314 (cm²)
➡ (1 cm²의 가격)=4000÷314
$$=12.7\cdots → 약 13원$$
따라서 1 cm²의 가격이 더 싼 가 와플을 사는 것이 더 이득입니다.

60

(색칠한 부분의 둘레)
= (큰 원의 원주) + (작은 원의 원주)
= 20 × 3.1 + 12 × 3.1
= 62 + 37.2 = 99.2 (cm)

61

(색칠한 부분의 둘레) = ① + ② + ③
= 28 × 3.1 + 16 × 3.1 + 12 × 3.1
= 86.8 + 49.6 + 37.2 = 173.6 (cm)

62

(색칠한 부분의 둘레)

$= 5 \times 2 \times 3 \times \frac{1}{4} + 3 \times 2 \times 3 \times \frac{1}{4} + (5-3) \times 2$

$= 7.5 + 4.5 + 4 = 16$ (cm)

63 4개의 곡선 부분의 길이의 합은 지름이 16 cm인 원의 원주와 같습니다.

(색칠한 부분의 둘레)
= (지름이 16 cm인 원의 원주) + (정사각형의 둘레)
= 16 × 3.1 + 16 × 4 = 49.6 + 64 = 113.6 (cm)

64 (색칠한 부분의 둘레)

$= 20 \times 2 + ($지름이 20 cm인 원의 원주$) \times \frac{1}{2} \times 2$

$= 20 \times 2 + 20 \times 3.1 \times \frac{1}{2} \times 2$

$= 40 + 62 = 102$ (cm)

65 (색칠한 부분의 둘레)

$= ($지름이 30 cm인 원의 원주$) \times \frac{1}{2} + 12$

$\qquad + ($지름이 18 cm인 원의 원주$) \times \frac{1}{2}$

$= 30 \times 3 \times \frac{1}{2} + 12 + 18 \times 3 \times \frac{1}{2}$

$= 45 + 12 + 27 = 84$ (cm)

66 (색칠한 부분의 넓이) = 14 × 14 − 7 × 7 × 3.1
$\qquad$ = 196 − 151.9 = 44.1 (cm²)

67 (색칠한 부분의 넓이) =

$= 10 \times 10 \times 3 \times \frac{1}{4} - 5 \times 5 \times 3 \times \frac{1}{2}$

$= 75 - 37.5 = 37.5$ (cm²)

68 (색칠한 부분의 넓이) = × 2

$= \left(12 \times 12 - 12 \times 12 \times 3 \times \frac{1}{4} \right) \times 2$

$= (144 - 108) \times 2 = 36 \times 2 = 72$ (cm²)

69

위와 같이 반원을 두 부분으로 나누어 옮기면 그린 은행 잎의 넓이는 가로 16 cm, 세로 8 cm인 직사각형의 넓이와 같습니다.
➡ (그린 은행잎의 넓이) = 16 × 8 = 128 (cm²)

70

(반원의 반지름) = 12 ÷ 2 ÷ 2 = 3 (cm)
이등변삼각형의 밑변은 12 cm이고 높이는
12 − 3 = 9 (cm)입니다.
➡ (하트 모양의 넓이)

$= 3 \times 3 \times 3.14 \times \frac{1}{2} \times 2 + 12 \times 9 \div 2$

$= 28.26 + 54 = 82.26$ (cm²)

71 (색칠한 반원의 반지름)

$= ($가장 큰 반원의 지름$) \times \frac{1}{3}$이므로

(색칠한 반원의 지름) = (가장 큰 반원의 지름) $\times \frac{2}{3}$,

(가장 작은 반원의 지름)

$= ($가장 큰 반원의 지름$) \times \frac{1}{3} = 8$ (cm)이므로

(가장 큰 반원의 지름) = 24 cm,
(색칠한 반원의 반지름) = 8 cm입니다.

→ (색칠한 부분의 넓이)

$$=12\times12\times3\times\frac{1}{2}+8\times8\times3\times\frac{1}{2}$$
$$-4\times4\times3\times\frac{1}{2}$$
$$=216+96-24=288\,(cm^2)$$

72

(끈의 길이)=(곡선 부분의 길이)+(직선 부분의 길이)
$$=12\times2\times3+12\times4\times2$$
$$=72+96=168\,(cm)$$

73

(끈의 길이)$=10\times3.1+10\times3+12$
$$=31+30+12=73\,(cm)$$

74

(끈의 길이)$=6\times2\times3+12\times6+15$
$$=36+72+15=123\,(cm)$$

75 곡선 부분의 길이는 지름이 15 m인 원의 원주와 같으므로 $15\times3.14=47.1$ (m)입니다.

(운동장의 둘레)=(곡선 부분)+(직선 부분)
$$=47.1+30\times2=107.1\,(m)$$

76 (트랙의 넓이)

=(가로 100 m, 세로 10 m인 직사각형의 넓이)×2
+(지름이 50 m인 원의 넓이)
−(지름이 30 m인 원의 넓이)
$$=100\times10\times2+25\times25\times3-15\times15\times3$$
$$=2000+1875-675=3200\,(m^2)$$

77 선분 ㄴㄷ의 길이를 □m라고 하면
$$24\times3+\Box\times2=200,\ \Box\times2=200-72=128,$$
$$\Box=128\div2=64입니다.$$

---

1 ②	**2** 3, 4
3 7, 3.1 / 21.7	**4** 50, 100
5 (위에서부터) 17, 53.38	**6** 192 cm²
7 87.92 cm	**8** 60 cm
9 3140 cm	**10** 123 cm²
11 22 cm	**12** ㉠, ㉢, ㉡
13 314 cm²	**14** 697.5 cm²
15 25.7 cm	**16** 진수, 3.1 cm
17 44.56 cm	**18** 148.8 cm²
19 18 cm	**20** 6040 m²

1 ② 원의 지름에 대한 원주의 비율을 원주율이라고 합니다.

3 (원주)=(지름)×(원주율)$=7\times3.1=21.7$ (cm)

4 (원 안의 정사각형의 넓이)$=10\times10\div2=50$ (cm²)
(원 밖의 정사각형의 넓이)$=10\times10=100$ (cm²)
➡ 50 cm²<(원의 넓이), (원의 넓이)<100 cm²

5 원을 한없이 잘게 잘라 이어 붙여서 만든 직사각형의 가로는 (원주)$\times\frac{1}{2}$과 같고, 세로는 원의 반지름과 같습니다.

(가로)$=17\times2\times3.14\times\frac{1}{2}=53.38$ (cm)

(세로)$=17$ cm

6 (반지름)$=16\div2=8$ (cm)
(원의 넓이)=(반지름)×(반지름)×(원주율)
$$=8\times8\times3=192\,(cm^2)$$

7 한쪽 날개의 길이가 14 cm이므로 날개가 돌 때 생기는 원의 반지름은 14 cm입니다.
따라서 원주는 $14\times2\times3.14=87.92$ (cm)입니다.

8 (지름)=(원주)÷(원주율)$=186\div3.1=60$ (cm)

9 (지름)$=20\times2=40$ (cm)
(움직인 거리)$=40\times3.14\times25=3140$ (cm)

10 (가의 넓이)$=4\times4\times3=48$ (cm^2)
(나의 넓이)$=5\times5\times3=75$ (cm^2)
➡ $48+75=123$ (cm^2)

11 (원의 넓이)$=$(반지름)$\times$(반지름)$\times3=363$ (cm^2)
➡ (반지름)$\times$(반지름)$=363\div3=121$
$11\times11=121$이므로 (반지름)$=11$ cm입니다.
따라서 원의 지름은 $11\times2=22$ (cm)입니다.

12 원의 지름이 짧을수록 원의 크기가 작으므로 각 원의 지름을 비교해 봅니다.
㉠ $62\div3.1=20$ (cm)
㉡ $14\times2=28$ (cm)
㉢ $74.4\div3.1=24$ (cm)
따라서 원의 크기가 작은 것부터 차례로 기호를 쓰면 ㉠, ㉢, ㉡입니다.

13 지름을 □cm라고 하면
□$\times3.14=62.8$, □$=20$입니다.
(반지름)$=20\div2=10$ (cm)
(넓이)$=10\times10\times3.14=314$ (cm^2)

14 만들 수 있는 가장 큰 원의 지름은 30 cm입니다.
(만들 수 있는 가장 큰 원의 반지름)
$=30\div2=15$ (cm)
(만들 수 있는 가장 큰 원의 넓이)
$=15\times15\times3.1=697.5$ (cm^2)

15 (색칠한 부분의 둘레)
$=5\times2+$(지름이 10 cm인 원의 원주)$\times\dfrac{1}{2}$
$=10+10\times3.14\times\dfrac{1}{2}$
$=10+15.7=25.7$ (cm)

16 (상미가 그린 원의 원주)
$=5\times3.1=15.5$ (cm)
진수가 그린 원의 반지름을 □cm라고 하면
□$\times$□$\times3.1=27.9$, □$\times$□$=9$, □$=3$이므로
(진수가 그린 원의 원주)$=3\times2\times3.1=18.6$ (cm)입니다.
따라서 진수가 그린 원의 원주가
$18.6-15.5=3.1$ (cm) 더 깁니다.

17 (빈대떡의 둘레)$=16\times2\times3.14=100.48$ (cm)
빈대떡을 8등분 하였으므로
(빈대떡 한 조각의 둘레)
$=$(빈대떡의 둘레)$\div8+$(빈대떡의 반지름)$\times2$
$=100.48\div8+16\times2$
$=12.56+32=44.56$ (cm)입니다.

18 (가장 큰 원의 반지름)$=(12+8)\div2=10$ (cm)
(색칠한 부분의 넓이)
$=$(가장 큰 원의 넓이)$-$(중간 원의 넓이)
$\quad-$(가장 작은 원의 넓이)
$=10\times10\times3.1-6\times6\times3.1-4\times4\times3.1$
$=310-111.6-49.6=148.8$ (cm^2)

19 예 (큰 원의 반지름)$=75.36\div3.14\div2=12$ (cm)
작은 원의 반지름은 큰 원의 반지름의 $\dfrac{1}{2}$과 같으므로
$12\times\dfrac{1}{2}=6$ (cm)입니다.
따라서 큰 원과 작은 원의 반지름의 합은
$12+6=18$ (cm)입니다.

평가 기준	배점
큰 원과 작은 원의 반지름을 각각 구했나요?	3점
큰 원과 작은 원의 반지름의 합을 구했나요?	2점

20 예 (공원의 넓이)
$=$(가로 120 m, 세로 40 m인 직사각형의 넓이)
$\quad+$(지름이 40 m인 원의 넓이)
$=120\times40+20\times20\times3.1$
$=4800+1240=6040$ (m^2)

평가 기준	배점
공원의 넓이를 구하는 식을 세웠나요?	2점
공원의 넓이는 몇 m^{2}인지 구했나요?	3점

6 원기둥, 원뿔, 구

108~109쪽

개념을 짚어 보는 문제

1 (1) 나 (2) 원기둥 (3) 밑면, 옆면

2 (1) 원, 2 (2) 직사각형, 1

3 (위에서부터) 24, 33

4 (1) 라 (2) 원뿔 (3) 밑면, 옆면

5 (위에서부터) 구의 반지름, 구의 중심

6 나, 라 / 가, 다, 바 / 마

3 (밑면의 지름)=(밑면의 반지름)×2
    =12×2=24 (cm)
(원기둥의 높이)=(옆면의 세로)=33 cm

STEP 1 교과서➕익힘책 유형

110~117쪽

1 나, 라

2 (1) (2)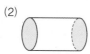

3 (왼쪽에서부터) 밑면, 옆면, 밑면, 높이

4 (위에서부터) 8 cm, 6 cm / 12 cm, 8 cm

5 **답** 원기둥이 아닙니다. /
이유 **예** 두 밑면이 서로 합동이 아니기 때문입니다.

6 ㉢

7 **예** 8, 6 / **예**

8 5 cm **9** 8 cm, 19 cm

10 4 cm **준비** 나, 다

11 (위에서부터) 원, 사각형, 2, 2

12 준호 **13** ㉠, ㉢

14 (1) (2)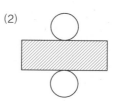

15 (위에서부터) 밑면, 높이, 옆면

16 가, 다 **준비** **예**

17 **예**
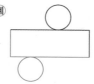

18 **이유** **예** 원기둥의 전개도에서 밑면의 모양은 원이고, 옆면의 모양은 직사각형입니다. 주어진 그림은 옆면이 직사각형이 아니기 때문에 원기둥의 전개도가 아닙니다.

19 (1) (2)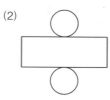

20 62.8 cm, 26 cm

21 (위에서부터) 14, 42, 18

22 **예**
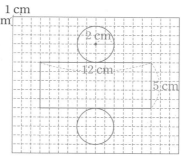

23 14 cm **24** 240.96 cm

25 ⑤

26 (왼쪽에서부터) 모선, 옆면, 원뿔의 꼭짓점, 높이, 밑면

27 답 원뿔이 아닙니다. / 이유 예 원뿔은 밑면이 원이고 옆면이 굽은 면이어야 하는데 주어진 입체도형은 밑면이 다각형이고 옆면이 삼각형이기 때문입니다.

28 ㉢, ㉡, ㉠

29 12 cm, 13 cm, 10 cm

30 (1) 원뿔 (2) 8 cm (3) 10 cm

31 예 에 ○표 / 원기둥은 밑면이 2개, 원뿔은 밑면이 1개입니다.

32 ㉤   **33** 48 cm

준비 (1) 사각뿔 (2) 오각뿔

34 (위에서부터) 육각형 / 1, 1 / 원 / 삼각형

35 선재   **36** ㉣

37 7 cm   **38** 다

39 5 cm   **40** ㉢

41 243 cm²

42

위에서 본 모양	앞에서 본 모양	옆에서 본 모양
원	정사각형	정사각형
원	삼각형	삼각형
원	원	원

43 예 /

예 꼭짓점이 있는 것과 없는 것

44 ㉠, ㉢   **45** ㉡

46 지윤

1 서로 평행하고 합동인 두 원을 면으로 하는 입체도형은 나, 라입니다.

2 원기둥에서 서로 평행하고 합동인 두 면을 밑면이라고 합니다.

3 원기둥에서 서로 평행하고 합동인 두 면은 밑면이고, 두 밑면과 만나는 면은 옆면입니다.

4 • 왼쪽: 밑면의 지름은 8 cm이고 높이는 12 cm입니다.
• 오른쪽: 밑면의 지름은 반지름의 2배이므로 3×2＝6 (cm)이고 높이는 두 밑면에 수직인 선분의 길이이므로 8 cm입니다.

5

평가 기준
블록이 원기둥인지 아닌지 썼나요?
그렇게 생각한 이유를 썼나요?

6 ㉠ 두 밑면은 서로 평행합니다.
㉡ 원기둥에는 꼭짓점이 없습니다.

내가 만드는 문제
7 원기둥의 겨냥도는 보이는 부분은 실선으로, 보이지 않는 부분은 점선으로 그립니다.

8

직사각형 모양의 종이를 한 변을 기준으로 돌려 만들 수 있는 입체도형은 원기둥입니다.
원기둥의 높이는 돌리기 전의 직사각형의 세로와 같으므로 5 cm입니다.

9 원기둥의 밑면의 지름은 앞에서 본 모양인 직사각형의 가로와 같으므로 16 cm이고, 밑면의 반지름은 16÷2＝8 (cm)입니다.
원기둥의 높이는 앞에서 본 모양인 직사각형의 세로와 같으므로 19 cm입니다.

10 예 직사각형 모양의 종이를 한 변을 기준으로 돌리면 원기둥이 만들어집니다.
진우가 만든 원기둥의 밑면의 반지름은 7 cm이므로 밑면의 지름은 7×2＝14 (cm)입니다.
서윤이가 만든 원기둥의 밑면의 반지름은 5 cm이므로 밑면의 지름은 5×2＝10 (cm)입니다.
따라서 밑면의 지름의 차는 14－10＝4 (cm)입니다.

평가 기준
진우와 서윤이가 만든 입체도형의 밑면의 지름을 각각 구했나요?
진우와 서윤이가 만든 입체도형의 밑면의 지름의 차를 구했나요?

준비 모든 면이 다각형이고 서로 평행한 두 면이 합동인 입체도형을 찾으면 나, 다입니다.

12 준호: 원기둥의 옆면은 굽은 면이지만 각기둥의 옆면은 직사각형입니다.

13 ㉢ 원기둥의 밑면은 합동인 원입니다.
㉣ 원기둥에는 꼭짓점이 없습니다.

14 (1) 원기둥에 색칠된 부분은 두 밑면이므로 전개도의 원 2개를 빗금으로 표시합니다.
(2) 원기둥에 색칠된 부분은 옆면이므로 전개도의 직사각형을 빗금으로 표시합니다.

15 원기둥의 전개도에서 밑면의 모양은 원이고, 옆면의 모양은 직사각형입니다.

16 나는 두 밑면이 합동이 아니므로 원기둥을 만들 수 없고, 라는 두 밑면이 겹쳐지므로 원기둥을 만들 수 없습니다.

준비 밑면이 2개, 옆면이 4개가 되도록 그립니다.

17 두 밑면은 합동인 원으로 그리고, 옆면은 직사각형이 되도록 그립니다.

18

평가 기준
원기둥의 전개도는 어떤 모양인지 알고 있나요?
주어진 그림이 원기둥의 전개도가 아닌 이유를 썼나요?

19 (1) 원기둥에 빨간색으로 표시된 부분은 밑면의 둘레이므로 전개도에서 밑면의 둘레와 옆면의 가로에 파란색 선으로 표시합니다.
(2) 원기둥에 빨간색으로 표시된 부분은 원기둥의 높이이므로 전개도에서 옆면의 세로에 파란색 선으로 표시합니다.

20 옆면의 가로는 밑면의 둘레와 같으므로
(옆면의 가로)$=10 \times 2 \times 3.14 = 62.8$ (cm)입니다.
(옆면의 세로)$=$(원기둥의 높이)$=26$ cm

21 (밑면의 지름)$=$(밑면의 반지름)$\times 2$
$=7 \times 2 = 14$ (cm)
(옆면의 가로)$=$(밑면의 둘레)$=14 \times 3 = 42$ (cm)
(옆면의 세로)$=$(원기둥의 높이)$=18$ cm

22 (옆면의 가로)$=$(밑면의 둘레)
$=2 \times 2 \times 3 = 12$ (cm)
(옆면의 세로)$=$(원기둥의 높이)$=5$ cm

23 예 밑면의 둘레는 옆면의 가로와 같으므로
(밑면의 지름)$\times 3 = 42$,
(밑면의 지름)$=42 \div 3 = 14$ (cm)입니다.

평가 기준
밑면의 둘레는 옆면의 가로와 같음을 알고 있나요?
밑면의 지름은 몇 cm인지 구했나요?

24 (원기둥의 전개도의 둘레)
$=$(두 밑면의 둘레의 합)$+$(옆면의 둘레)
$=(8 \times 2 \times 3.14) \times 2 + (8 \times 2 \times 3.14 + 20) \times 2$
$=50.24 \times 2 + 70.24 \times 2$
$=100.48 + 140.48 = 240.96$ (cm)

25 평평한 면이 원이고 옆을 둘러싼 면이 굽은 면인 뿔 모양의 입체도형을 찾아봅니다.

26 원뿔에서 평평한 면을 밑면, 옆을 둘러싼 면을 옆면, 뾰족한 부분의 점을 원뿔의 꼭짓점이라 하고, 원뿔의 꼭짓점과 밑면인 원의 둘레의 한 점을 이은 선분을 모선이라고 합니다. 또 원뿔의 꼭짓점에서 밑면에 수직인 선분의 길이를 높이라고 합니다.

27

평가 기준
입체도형이 원뿔인지 아닌지 썼나요?
그렇게 생각한 이유를 썼나요?

28 • 원뿔의 꼭짓점과 밑면인 원의 둘레의 한 점을 이은 선분의 길이이므로 모선의 길이를 재는 것입니다.
• 원뿔의 꼭짓점에서 밑면에 수직인 선분의 길이이므로 높이를 재는 것입니다.
• 원뿔의 밑면인 원의 둘레의 두 점을 이은 가장 긴 선분의 길이이므로 밑면의 지름을 재는 것입니다.

29 • 원뿔에서 높이는 원뿔의 꼭짓점에서 밑면에 수직인 선분의 길이이므로 12 cm입니다.
• 모선의 길이는 원뿔의 꼭짓점과 밑면인 원의 둘레의 한 점을 이은 선분의 길이이므로 13 cm입니다.
• 밑면의 반지름이 5 cm이므로 밑면의 지름은
$5 \times 2 = 10$ (cm)입니다.

30 (1) 직각삼각형 모양의 종이를 한 변을 기준으로 돌려 만들 수 있는 입체도형은 원뿔입니다.
(2) 원뿔의 높이는 직각삼각형의 높이와 같으므로 원뿔의 높이는 8 cm입니다.
(3) 원뿔의 밑면의 반지름은 직각삼각형의 밑변의 길이와 같으므로 밑면의 반지름은 5 cm입니다. 따라서 밑면의 지름은 $5 \times 2 = 10$ (cm)입니다.

32 ⓗ 모선의 길이는 항상 높이보다 깁니다.

33 (예) 원뿔에서 모선의 길이는 모두 같으므로
(선분 ㄱㄴ)=(선분 ㄱㄷ)=15 cm입니다.
(선분 ㄴㄷ)=9×2=18 (cm)
➡ (삼각형 ㄱㄴㄷ의 둘레)=15+18+15=48 (cm)

평가 기준
선분 ㄱㄴ과 선분 ㄴㄷ의 길이를 각각 구했나요?
삼각형 ㄱㄴㄷ의 둘레는 몇 cm인지 구했나요?

준비 (1) 각뿔의 밑면의 모양이 사각형이므로 각뿔의 이름은 사각뿔입니다.
(2) 각뿔의 밑면의 모양이 오각형이므로 각뿔의 이름은 오각뿔입니다.

34 • 육각뿔은 밑면의 모양이 육각형이고 옆면의 모양이 삼각형인 뿔 모양의 입체도형입니다.
• 원뿔은 밑면의 모양이 원이고 옆면이 굽은 면인 뿔 모양의 입체도형입니다.

35 선재: 원뿔의 옆면은 1개이지만 각뿔의 옆면은 3개 이상입니다.

36 구 모양의 물건은 ② 수박입니다.

37 구의 반지름은 구의 중심에서 구의 겉면의 한 점을 이은 선분이므로 7 cm입니다.

38 반원 모양의 종이를 지름을 기준으로 돌려 만들 수 있는 입체도형은 구입니다.

39 반원 모양의 종이를 지름을 기준으로 돌리면 구가 만들어지며 반원의 지름의 반이 구의 반지름이 되므로 10÷2=5 (cm)입니다.

40 ㉠ 구의 중심은 1개입니다.
㉡ 구의 반지름은 셀 수 없이 많이 그릴 수 있습니다.

41 (예) 빵을 평면으로 잘랐을 때 가장 큰 단면이 생기려면 구의 중심을 지나는 평면으로 잘라야 합니다.
가장 큰 단면은 반지름이 9 cm인 원이므로 넓이는
9×9×3=243 (cm²)입니다.

평가 기준
빵을 평면으로 잘랐을 때 가장 큰 단면이 생기는 방법을 알고 있나요?
가장 큰 단면의 넓이는 몇 cm²인지 구했나요?

42 원기둥을 위에서 본 모양은 원이고 앞과 옆에서 본 모양은 직사각형입니다.
원뿔을 위에서 본 모양은 원이고 앞과 옆에서 본 모양은 삼각형입니다.
구는 위, 앞, 옆에서 본 모양이 모두 원입니다.

😊 내가 만드는 문제
43 (예) 원뿔에만 있고 원기둥과 구에는 없는 것은 꼭짓점입니다. 따라서 분류한 기준은 꼭짓점이 있는 것과 없는 것입니다.

44 ㉡ 원뿔에만 있습니다.
② 원기둥, 원뿔, 구 어느 것에도 없습니다.

45 ㉠ 원기둥을 앞에서 본 모양은 직사각형이고, 구를 앞에서 본 모양은 원입니다.
㉡ 원기둥과 구 모두 위에서 본 모양은 원입니다.
㉢ 원기둥의 옆면은 1개이고, 구는 옆면이 없습니다.
② 원기둥의 밑면은 2개이고, 구는 밑면이 없습니다.
따라서 원기둥과 구의 공통점은 ㉡입니다.

46 지윤: 구는 어느 방향에서 보아도 원이지만 원기둥과 원뿔은 위에서 본 모양과 앞과 옆에서 본 모양이 다릅니다.

STEP 2 자주 틀리는 유형
118~119쪽

47 6 cm	**48** 4
49 108 cm²	**50** 694.4 cm²
51 720 cm²	**52** 150.72 cm²
53 ㉠, ②	**54** ㉡, ㉢
55 ㉡, ㉠, ㉢	**56** 10 cm
57 44 cm	**58** 9 cm

47 (옆면의 가로)=(밑면의 지름)×(원주율)이므로
(밑면의 지름)=(옆면의 가로)÷(원주율)
    =37.68÷3.14=12 (cm)입니다.
➡ (밑면의 반지름)=12÷2=6 (cm)

48 (옆면의 가로)=(밑면의 지름)×(원주율)이므로
(밑면의 지름)=(옆면의 가로)÷(원주율)
    =25.12÷3.14=8 (cm)입니다.
➡ (밑면의 반지름)=8÷2=4 (cm)

49 (옆면의 가로)=(밑면의 지름)×(원주율)이므로
(밑면의 지름)=(옆면의 가로)÷(원주율)
    =36÷3=12 (cm)입니다.
➡ (밑면의 반지름)=12÷2=6 (cm)
따라서 한 밑면의 넓이는 $6 \times 6 \times 3 = 108$ (cm²)입니다.

50 (옆면의 가로)=(밑면의 둘레)
    =7×2×3.1=43.4 (cm)
(옆면의 세로)=(원기둥의 높이)=16 cm
(옆면의 넓이)=43.4×16=694.4 (cm²)

51 (옆면의 가로)=(밑면의 둘레)=10×3=30 (cm)
(옆면의 세로)=(원기둥의 높이)=24 cm
(옆면의 넓이)=30×24=720 (cm²)

52 (한 밑면의 넓이)=3×3×3.14=28.26 (cm²)
(옆면의 넓이)=3×2×3.14×5=94.2 (cm²)
(전개도의 넓이)=28.26×2+94.2=150.72 (cm²)

53 ㉠ 밑면의 수는 원기둥은 2개, 원뿔은 1개입니다.
㉣ 옆에서 본 모양은 원기둥은 직사각형, 원뿔은 삼각형입니다.

54 ㉠ 원기둥은 밑면이 2개이고, 원뿔은 밑면이 1개입니다.
㉣ 원기둥은 꼭짓점이 없지만 원뿔은 꼭짓점이 있습니다.

55 ㉠ 원기둥의 밑면은 2개입니다.
㉡ 원뿔의 모선은 무수히 많습니다.
㉢ 원뿔의 꼭짓점은 1개입니다.

56 (밑면의 지름)=5×2=10 (cm)
앞에서 본 모양이 정사각형이므로 원기둥의 높이와 밑면의 지름은 같습니다. 따라서 원기둥의 높이는 10 cm입니다.

57 원뿔의 밑면의 반지름이 11 cm이므로
(밑면의 지름)=11×2=22 (cm),
옆에서 본 모양이 정삼각형이므로
(모선의 길이)=(밑면의 지름)=22 cm입니다.
➡ 22+22=44 (cm)

58 밑면의 지름을 □ cm라고 하면
(옆면의 가로)=(□×3) cm,
(옆면의 세로)=(높이)=□ cm입니다.
□×3+□=72÷2, □×4=36, □=9이므로
원기둥의 높이는 9 cm입니다.

120~122쪽

STEP 3 응용 유형

59 76 cm	**60** 120 cm²
61 168 cm²	**62** 6
63 7 cm	**64** 5 cm
65 12 cm²	**66** 310 cm²
67 120 cm²	**68** 24 cm²
69 60 cm²	**70** 99.2 cm²
71 12 cm	**72** 18.7 cm
73 3 cm	**74** 8 cm
75 760 cm²	

59 원기둥을 앞에서 본 모양은 가로가 9×2=18 (cm), 세로가 20 cm인 직사각형입니다.
따라서 원기둥을 앞에서 본 모양의 둘레는
(18+20)×2=76 (cm)입니다.

60 직사각형 모양의 종이를 한 변을 기준으로 돌려 만들 수 있는 입체도형은 밑면의 지름이 6×2=12 (cm)이고, 높이가 10 cm인 원기둥입니다.
따라서 원기둥을 앞에서 본 모양은 가로가 12 cm이고 세로가 10 cm인 직사각형이므로 넓이는
12×10=120 (cm²)입니다.

61 원기둥을 위에서 본 모양은 원이므로 밑면의 반지름을
□ cm라고 하면 □×□×3=108, □×□=36,
6×6=36이므로 □=6입니다.
원기둥을 옆에서 본 모양은 가로가 6×2=12 (cm)이
고 세로가 14 cm인 직사각형이므로 넓이는
12×14=168 (cm²)입니다.

62 원기둥의 높이를 □ cm라고 하면
(옆면의 넓이)=(밑면의 둘레)×(높이)
=9×2×3×□=324,
54×□=324, □=324÷54=6입니다.

63 원기둥의 밑면의 반지름을 □ cm라고 하면
(옆면의 넓이)=(밑면의 둘레)×(높이)
=□×2×3.1×10=434,
□×62=434, □=434÷62=7입니다.

64 (옆면의 가로)=(밑면의 둘레)
=3×2×3.14=18.84 (cm)
(원기둥의 높이)=(옆면의 세로)
=(옆면의 넓이)÷(옆면의 가로)
=94.2÷18.84=5 (cm)

65

원뿔을 앞에서 본 모양은 높이가 4 cm, 밑변의 길이가
3×2=6 (cm)인 삼각형입니다.
따라서 원뿔을 앞에서 본 모양의 넓이는
6×4÷2=12 (cm²)입니다.

66 원뿔을 앞에서 본 모양은 두 변이 26 cm인 삼각형이므
로 원뿔의 밑면의 반지름을 □ cm라고 하면
26+26+□×2=72, 52+□×2=72,
□×2=20, □=10입니다.
원뿔을 위에서 본 모양은 반지름이 10 cm인 원이므로
넓이는 10×10×3.1=310 (cm²)입니다.

67 밑면의 반지름을 □ cm라고 하면 □×□×3=192,
□×□=64, 8×8=64이므로 □=8입니다.
원뿔을 앞에서 본 모양은 높이가 15 cm,
밑면의 길이가 8×2=16 (cm)인 삼각형이므로
넓이는 16×15÷2=120 (cm²)입니다.

68

(평면도형의 넓이)
=6×8÷2=24 (cm²)

69

(직사각형 모양 종이의 넓이)
=12×5=60 (cm²)

70

(평면도형의 넓이)
=8×8×3.1÷2=99.2 (cm²)

71 (옆면의 가로)=(밑면의 반지름)×2×(원주율)
=7×2×3=42 (cm)
(원기둥의 높이)=(옆면의 세로)
=(종이의 가로)-(밑면의 지름)×2
=40-14×2=12 (cm)

72 (옆면의 가로)=(밑면의 지름)×(원주율)이므로
(밑면의 지름)=(옆면의 가로)÷(원주율)
=52.7÷3.1=17 (cm)입니다.
(원기둥의 높이)
=(옆면의 세로)
=(종이의 한 변의 길이)-(밑면의 지름)×2
=52.7-17×2=18.7 (cm)

73 (옆면의 넓이)=(지나간 부분의 넓이)÷5
=558÷5=111.6 (cm²)
풀의 밑면의 지름을 □ cm라고 하면
(옆면의 넓이)=(밑면의 둘레)×(높이)
=□×3.1×12=111.6,
□×37.2=111.6, □=111.6÷37.2=3입니다.

74 (옆면의 넓이)=(색칠된 부분의 넓이)÷7

$=8792÷7=1256\,(cm^2)$

롤러의 밑면의 반지름을 □cm라고 하면

(옆면의 넓이)=(밑면의 둘레)×(높이)

$=□×2×3.14×25=1256,$

$□×157=1256, □=1256÷157=8$입니다.

75 (필요한 포장지의 가로)$=4×4+4×2×3$

$=16+24=40\,(cm)$

(필요한 포장지의 세로)$=19\,cm$

(필요한 포장지의 넓이)$=40×19=760\,(cm^2)$

---

6. 원기둥, 원뿔, 구 기출 단원 평가 123~125쪽

1 다, 원기둥	**2** 정민
3 원뿔	**4** 높이
5 ㉢	**6** 4
7 (왼쪽에서부터) 5, 30, 11	**8** 주하
9 8 cm, 9 cm	**10** ④, ⑤
11 3 cm	**12** ㉠, ㉣
13 36 cm	**14** ㉢
15 13 cm	**16** 240 cm²
17 528 cm²	**18** 82 cm

19 공통점 예 원기둥, 원뿔, 구를 위에서 본 모양은 모두 원입니다.

차이점 예 원뿔은 뾰족한 부분이 있지만 구와 원기둥은 뾰족한 부분이 없습니다.

20 4 cm

1 서로 평행하고 합동인 두 원을 면으로 하는 입체도형을 원기둥이라고 합니다.

2 주연: 옆면이 직사각형이 아니므로 원기둥을 만들 수 없습니다.

성원: 두 밑면이 겹쳐지므로 원기둥을 만들 수 없습니다.

3 직각삼각형 모양의 종이를 한 변을 기준으로 돌려 만들수 있는 입체도형은 원뿔입니다.

4 원뿔의 꼭짓점에서 밑면에 수직인 선분의 길이를 재는 그림이므로 원뿔의 높이를 재는 것입니다.

5 어떤 방향에서 보아도 모양이 모두 원인 입체도형은 구입니다.

6 반원 모양의 종이를 지름을 기준으로 돌리면 구가 만들어지며 반원의 지름의 반이 구의 반지름이 되므로 $8÷2=4\,(cm)$입니다.

7 (밑면의 반지름)=5 cm

(옆면의 세로)=(원기둥의 높이)=11 cm

(옆면의 가로)=(밑면의 둘레)$=5×2×3=30\,(cm)$

8 예지: 구의 지름은 $6×2=12\,(cm)$입니다.

연우: 구의 중심은 1개입니다.

따라서 바르게 설명한 사람은 주하입니다.

9 원뿔의 밑면의 반지름은 4 cm이므로 밑면의 지름은 $4×2=8\,(cm)$이고, 높이는 직각삼각형의 높이와 같으므로 9 cm입니다.

10 ④ 원기둥에는 꼭짓점이 없습니다.

⑤ 원기둥에는 모서리가 없습니다.

11 원뿔의 높이는 8 cm이고, 원기둥의 높이는 11 cm이므로 차는 $11-8=3\,(cm)$입니다.

12 ㉡ 원뿔은 꼭짓점이 1개이지만 각뿔은 꼭짓점의 수가 밑면의 모양에 따라 다릅니다.

㉢ 원뿔의 밑면은 원이고, 각뿔의 밑면은 다각형입니다.

13 원뿔을 앞에서 본 모양은 세 변의 길이가 13 cm, 13 cm, $5×2=10\,(cm)$인 삼각형입니다.

따라서 원뿔을 앞에서 본 모양의 둘레는

$13+10+13=36\,(cm)$입니다.

14 ㉠ 앞에서 본 모양이 직사각형인 것은 원기둥이고, 직사각형이 아닌 것은 원뿔과 구이므로 분류한 기준으로 알맞지 않습니다.

㉡ 꼭짓점이 있는 것은 원뿔이고, 꼭짓점이 없는 것은 원기둥과 구이므로 분류한 기준으로 알맞지 않습니다.

15 (밑면의 둘레)=(옆면의 가로)

=(옆면의 세로)=80.6 cm

밑면의 반지름을 □cm라고 하면

$□×2×3.1=80.6, □×6.2=80.6,$

$□=80.6÷6.2=13$입니다.

16

(직사각형 모양 종이의 넓이)
$$=10\times24=240\ (\text{cm}^2)$$

17 (옆면의 넓이)$=2\times2\times3\times11=132\ (\text{cm}^2)$
(페인트가 묻은 벽의 넓이)$=132\times4=528\ (\text{cm}^2)$

18 (전개도의 옆면의 둘레)
$$=(\text{밑면의 둘레})\times2+(\text{원기둥의 높이})\times2$$
$$=10\times3.1\times2+10\times2$$
$$=62+20=82\ (\text{cm})$$

19

평가 기준	배점
원기둥, 원뿔, 구의 공통점을 썼나요?	2점
원기둥, 원뿔, 구의 차이점을 썼나요?	3점

20 ⓔ 원기둥의 밑면의 반지름을 □cm라고 하면
(옆면의 넓이)$=(\text{밑면의 둘레})\times(\text{높이})$
$$=\square\times2\times3.14\times7=175.84,$$
$\square\times43.96=175.84$, $\square=175.84\div43.96=4$입니다.
따라서 원기둥의 밑면의 반지름은 4 cm입니다.

평가 기준	배점
밑면의 반지름을 □cm라고 하여 옆면의 넓이를 구하는 식을 세웠나요?	2점
원기둥의 밑면의 반지름은 몇 cm인지 구했나요?	3점

부록책 정답과 풀이

1 분수의 나눗셈

🟦 꼭 나오는 유형   2~4쪽

1 4   **2** 3

점프 8, 4   **3** =

4 $1\frac{4}{9}$배   **5** 5

6 $\frac{2}{5} \div \frac{5}{6} = \frac{12}{30} \div \frac{25}{30} = \frac{12}{25}$

7 ㉢   **8** 예) $\frac{7}{9}, \frac{2}{5}, 1\frac{17}{18}$

9 21배   **점프** 12배

10 1시간 3분

11 (1) $\frac{3}{5} \div \frac{9}{10} = \frac{\overset{1}{\cancel{3}}}{\cancel{5}} \times \frac{\overset{2}{\cancel{10}}}{\underset{3}{\cancel{9}}} = \frac{2}{3}$

(2) $\frac{7}{8} \div \frac{3}{7} = \frac{7}{8} \times \frac{7}{3} = \frac{49}{24} = 2\frac{1}{24}$

12 예) $\frac{15}{16}$ **13** $4\frac{1}{8}$배

14 $2\frac{2}{3} \div \frac{5}{7} = \frac{8}{3} \div \frac{5}{7} = \frac{8}{3} \times \frac{7}{5} = \frac{56}{15} = 3\frac{11}{15}$

15 $\frac{2}{3}$ / $2\frac{2}{3}$ **점프** $5\frac{7}{25}$

---

1 $\frac{12}{13} \div \frac{3}{13} = 12 \div 3 = 4$

2 $\frac{18}{19} \div \frac{\square}{19} = 18 \div \square = 6$, $\square = 18 \div 6 = 3$

점프 $\square \div \square = 2$를 만족하는 두 수를 보기 에서 고르면 8과 4입니다.

$8 \div 4 = 2$ ➡ $\frac{8}{11} \div \frac{4}{11} = 2$

3 · $\frac{5}{16} \div \frac{7}{16} = 5 \div 7 = \frac{5}{7}$

· $\frac{5}{11} \div \frac{7}{11} = 5 \div 7 = \frac{5}{7}$

4 $\frac{13}{17} \div \frac{9}{17} = 13 \div 9 = \frac{13}{9} = 1\frac{4}{9}$(배)

5 $\frac{23}{25} \div \frac{4}{25} = 23 \div 4 = \frac{23}{4} = 5\frac{3}{4}$

$5\frac{3}{4} > \square$이므로 $\square$ 안에 들어갈 수 있는 자연수는 1, 2, 3, 4, 5입니다.

따라서 $\square$ 안에 들어갈 수 있는 가장 큰 자연수는 5입니다.

6 분모가 다른 분수의 나눗셈은 통분한 후 계산해야 하는데 통분하지 않고 계산하였으므로 잘못되었습니다.

7 나누는 수가 $\frac{4}{7}$로 같으므로 나누어지는 수가 가장 작은 수일 때 계산 결과가 가장 작습니다.

$\frac{3}{8} < \frac{3}{4} < \frac{9}{10}$이므로 계산 결과가 가장 작은 것은 ㉢입니다.

8 예) 수 카드를 2와 5, 7과 9를 골랐다면 만들 수 있는 진분수는 $\frac{2}{5}$, $\frac{7}{9}$입니다. 큰 수를 작은 수로 나누면

$\frac{7}{9} \div \frac{2}{5} = \frac{35}{45} \div \frac{18}{45} = 35 \div 18 = \frac{35}{18} = 1\frac{17}{18}$입니다.

9 자연수는 9, 분수는 $\frac{3}{7}$이므로

$9 \div \frac{3}{7} = (9 \div 3) \times 7 = 21$(배)입니다.

점프 가장 큰 수는 8, 가장 작은 수는 $\frac{2}{3}$입니다.

➡ $8 \div \frac{2}{3} = (8 \div 2) \times 3 = 12$(배)

10 약수 1 L를 받는 데 걸리는 시간은

$35 \div \frac{5}{9} = (35 \div 5) \times 9 = 63$(분)

➡ 63분 = 1시간 3분

12 예) $\frac{5}{6}$와 $\frac{8}{9}$을 고르면 $\frac{5}{6} \div \frac{8}{9} = \frac{5}{\underset{2}{\cancel{6}}} \times \frac{\overset{3}{\cancel{9}}}{8} = \frac{15}{16}$입니다.

13 $\frac{3}{4} \div \frac{2}{11} = \frac{3}{4} \times \frac{11}{2} = \frac{33}{8} = 4\frac{1}{8}$(배)

14 대분수를 가분수로 나타내어 계산하지 않았으므로 잘못되었습니다.

15 나누어지는 수가 같을 때 몫이 가장 작으려면 나누는 수가 가장 커야 합니다.

$\frac{1}{4} < \frac{5}{8} < \frac{2}{3}$이므로 □ 안에는 $\frac{2}{3}$가 들어가야 합니다.

$\Rightarrow \frac{16}{9} \div \frac{2}{3} = \frac{\overset{8}{\cancel{16}}}{\underset{3}{\cancel{9}}} \times \frac{\overset{1}{\cancel{3}}}{\underset{1}{\cancel{2}}} = \frac{8}{3} = 2\frac{2}{3}$

점프 $\frac{3}{8} < \frac{7}{9} < \frac{5}{6}$

가장 큰 몫: $3\frac{3}{5} \div \frac{3}{8} = \frac{18}{5} \div \frac{3}{8} = \frac{18}{5} \times \frac{8}{\underset{1}{\cancel{3}}}$

$= \frac{48}{5} = 9\frac{3}{5}$

가장 작은 몫: $3\frac{3}{5} \div \frac{5}{6} = \frac{18}{5} \div \frac{5}{6} = \frac{18}{5} \times \frac{6}{5}$

$= \frac{108}{25} = 4\frac{8}{25}$

$\Rightarrow 9\frac{3}{5} - 4\frac{8}{25} = 9\frac{15}{25} - 4\frac{8}{25} = 5\frac{7}{25}$

⊕ 자주 틀리는 유형

5~6쪽

1 (1) $\frac{14}{15}$ (2) $3\frac{7}{36}$ **2** ㉡, ㉣

3 $3\frac{3}{8}$, $\frac{8}{27}$ **4** (1) $1\frac{2}{9}$ kg (2) $\frac{9}{11}$ m

1 (1) □ $\times \frac{3}{7} = \frac{2}{5}$, □ $= \frac{2}{5} \div \frac{3}{7} = \frac{2}{5} \times \frac{7}{3} = \frac{14}{15}$

(2) □ $\times \frac{9}{10} = 2\frac{7}{8}$,

□ $= 2\frac{7}{8} \div \frac{9}{10} = \frac{23}{8} \div \frac{9}{10}$

$= \frac{23}{\underset{4}{\cancel{8}}} \times \frac{\overset{5}{\cancel{10}}}{9} = \frac{115}{36} = 3\frac{7}{36}$

2 (나누어지는 수) > (나누는 수)이면 몫이 1보다 큽니다.

㉠ $\frac{5}{8} < \frac{2}{3}$ ㉡ $\frac{6}{5} > \frac{1}{2}$ ㉢ $\frac{4}{15} < \frac{7}{12}$ ㉣ $\frac{4}{9} > \frac{2}{5}$

따라서 계산 결과가 1보다 큰 것은 ㉡, ㉣입니다.

---

3 $1\frac{7}{8} > \frac{10}{7} > \frac{4}{5} > \frac{5}{9}$

• 몫이 가장 큰 나눗셈식:
(가장 큰 수) ÷ (가장 작은 수)

$= 1\frac{7}{8} \div \frac{5}{9} = \frac{15}{8} \div \frac{5}{9} = \frac{\overset{3}{\cancel{15}}}{8} \times \frac{9}{\underset{1}{\cancel{5}}} = \frac{27}{8} = 3\frac{3}{8}$

• 몫이 가장 작은 나눗셈식:
(가장 작은 수) ÷ (가장 큰 수)

$= \frac{5}{9} \div 1\frac{7}{8} = \frac{5}{9} \div \frac{15}{8} = \frac{\overset{1}{\cancel{5}}}{9} \times \frac{8}{\underset{3}{\cancel{15}}} = \frac{8}{27}$

4 (1) (철근 1 m의 무게) = (철근의 무게) ÷ (철근의 길이)

$= \frac{11}{12} \div \frac{3}{4} = \frac{11}{12} \div \frac{9}{12}$

$= 11 \div 9 = \frac{11}{9} = 1\frac{2}{9}$ (kg)

(2) (철근 1 kg의 길이) = (철근의 길이) ÷ (철근의 무게)

$= \frac{3}{4} \div \frac{11}{12} = \frac{9}{12} \div \frac{11}{12}$

$= 9 \div 11 = \frac{9}{11}$ (m)

---

1. 분수의 나눗셈 **수시 평가 대비**

7~9쪽

1 ④   **2**

3 $\frac{3}{8} \div \frac{5}{6} = \frac{9}{24} \div \frac{20}{24} = 9 \div 20 = \frac{9}{20}$

4 3, 4, $\frac{4}{3}$ **5** ㉡

6 3   **7** 45, 36, $25\frac{5}{7}$

8 (1) 1 (2) 3   **9** 3개

10 $1\frac{11}{24}$배   **11** ㉣

12 15, 18   **13** ①, ③

14 3

15 $1\dfrac{5}{16}$

16 81쪽

17 $2\dfrac{1}{10}$ cm

18 $13\dfrac{1}{3}$ km

19 3번

20 $6\dfrac{3}{10}$

---

1 $\dfrac{2}{7}$ 는 $\dfrac{1}{7}$ 이 2개입니다.

$\dfrac{2}{7} \div \dfrac{1}{7} = 2 \div 1$

2 분모가 같은 분수의 나눗셈은 분자끼리의 나눗셈과 같습니다.

$\dfrac{3}{5} \div \dfrac{4}{5} = 3 \div 4$, $\dfrac{5}{8} \div \dfrac{3}{8} = 5 \div 3$, $\dfrac{4}{7} \div \dfrac{5}{7} = 4 \div 5$

3 분모의 최소공배수를 공통분모로 하여 통분한 후 분자끼리 나누어 계산합니다.

4 나눗셈을 곱셈으로 나타내고 나누는 분수의 분모와 분자를 바꾸어 계산합니다.

5 ㉠ $6 \div \dfrac{3}{8} = (6 \div 3) \times 8 = 16$

ㄴ $15 \div \dfrac{5}{7} = (15 \div 5) \times 7 = 21$

ㄷ $12 \div \dfrac{3}{4} = (12 \div 3) \times 4 = 16$

ㄹ $8 \div \dfrac{1}{2} = 8 \times 2 = 16$

6 대분수는 $1\dfrac{2}{3}$, 진분수는 $\dfrac{5}{9}$ 입니다.

➡ $1\dfrac{2}{3} \div \dfrac{5}{9} = \dfrac{5}{3} \div \dfrac{5}{9} = \dfrac{15}{9} \div \dfrac{5}{9} = 15 \div 5 = 3$

7 · $20 \div \dfrac{4}{9} = (20 \div 4) \times 9 = 45$

· $20 \div \dfrac{5}{9} = (20 \div 5) \times 9 = 36$

· $20 \div \dfrac{7}{9} = 20 \times \dfrac{9}{7} = \dfrac{180}{7} = 25\dfrac{5}{7}$

8 (1) $\dfrac{4}{7} \div \dfrac{\square}{7} = 4 \div \square = 4$, $\square = 4 \div 4 = 1$

(2) $8 \div \dfrac{2}{\square} = (8 \div 2) \times \square = 4 \times \square = 12$,

$\square = 12 \div 4 = 3$

9 $\dfrac{9}{11} \div \dfrac{3}{11} = 9 \div 3 = 3$(개)

10 $\dfrac{5}{8} \div \dfrac{3}{7} = \dfrac{5}{8} \times \dfrac{7}{3} = \dfrac{35}{24} = 1\dfrac{11}{24}$(배)

11 나누어지는 수가 $2\dfrac{1}{4}$ 로 모두 같으므로 나누는 수가 클수록 몫이 작습니다.

$\dfrac{8}{9} > \dfrac{4}{5} > \dfrac{3}{5} > \dfrac{1}{4}$ 이므로 몫이 가장 작은 것은 ㉣입니다.

12 · $3 \div \dfrac{1}{5} = 3 \times 5 = 15$, ㉠ = 15

· ㉠ $\div \dfrac{5}{6} = 15 \div \dfrac{5}{6} = (15 \div 5) \times 6 = 18$, ㉡ = 18

13 (나누어지는 수) < (나누는 수)이면 몫이 1보다 작습니다.

① $\dfrac{5}{8} < \dfrac{3}{4}$ ② $\dfrac{7}{5} > \dfrac{4}{5}$ ③ $\dfrac{9}{14} < \dfrac{5}{6}$ ④ $\dfrac{7}{10} > \dfrac{1}{3}$

⑤ $\dfrac{8}{9} > \dfrac{3}{8}$

따라서 계산 결과가 1보다 작은 것은 ①, ③입니다.

14 $\dfrac{17}{19} \div \dfrac{6}{19} = 17 \div 6 = \dfrac{17}{6} = 2\dfrac{5}{6}$

$2\dfrac{5}{6} < \square$ 이므로 $\square$ 안에 들어갈 수 있는 자연수는 3, 4, 5, …입니다.

따라서 $\square$ 안에 들어갈 수 있는 가장 작은 자연수는 3입니다.

15 어떤 수를 $\square$ 라 하면 $\dfrac{8}{15} \times \square = \dfrac{7}{10}$ 입니다.

$\square = \dfrac{7}{10} \div \dfrac{8}{15} = \dfrac{7}{\underset{2}{10}} \times \dfrac{\overset{3}{15}}{8} = \dfrac{21}{16} = 1\dfrac{5}{16}$

16 동화책의 전체 쪽수를 $\square$ 쪽이라 하면

$\square \times \dfrac{5}{9} = 45$ 입니다.

$\square = 45 \div \dfrac{5}{9} = (45 \div 5) \times 9 = 81$

17 마름모의 다른 대각선의 길이를 $\square$ cm라 하면

$\dfrac{6}{7} \times \square \div 2 = \dfrac{9}{10}$ 입니다.

$\square = \dfrac{9}{10} \times 2 \div \dfrac{6}{7} = \dfrac{9}{5} \div \dfrac{6}{7} = \dfrac{\overset{3}{9}}{5} \times \dfrac{7}{\underset{2}{6}} = \dfrac{21}{10} = 2\dfrac{1}{10}$

18 휘발유 1 L로 갈 수 있는 거리는

$$3\frac{1}{3} \div \frac{3}{4} = \frac{10}{3} \div \frac{3}{4} = \frac{10}{3} \times \frac{4}{3} = \frac{40}{9} = 4\frac{4}{9} \text{ (km)}$$

입니다.

따라서 휘발유 3 L로 갈 수 있는 거리는

$$4\frac{4}{9} \times 3 = \frac{40}{\underset{3}{9}} \times \overset{1}{3} = \frac{40}{3} = 13\frac{1}{3} \text{ (km)}입니다.$$

19 예 물통의 들이를 그릇의 들이로 나누면

$$\frac{15}{16} \div \frac{3}{8} = \frac{15}{16} \div \frac{6}{16} = \frac{\overset{5}{15}}{\underset{2}{6}} = \frac{5}{2} = 2\frac{1}{2}입니다.$$

따라서 물통을 가득 채우려면 물을 적어도 3번 부어야 합니다.

평가 기준	배점
나눗셈식을 세워 계산했나요?	3점
물을 적어도 몇 번 부어야 하는지 구했나요?	2점

20 예 $\frac{14}{5} > 2\frac{2}{3} > \frac{6}{7} > \frac{4}{9}$

몫이 가장 큰 나눗셈식은 가장 큰 수를 가장 작은 수로 나눈 $\frac{14}{5} \div \frac{4}{9}$입니다.

$$\frac{14}{5} \div \frac{4}{9} = \frac{14}{5} \times \frac{9}{\underset{2}{4}} = \frac{63}{10} = 6\frac{3}{10}$$

평가 기준	배점
몫이 가장 큰 나눗셈식을 만들었나요?	3점
이때 만든 나눗셈식의 몫을 구했나요?	2점

2 소수의 나눗셈

➕ 꼭 나오는 유형

10~12쪽

1 276, 6, 276, 6, 46

2 ㉠, ㉢

3 $96.9 \div 0.3 = 323$

4 <

5 4배

점프 28.8 cm, 9.6 cm

6
$$\begin{array}{r} 1.9 \\ 2.5 \overline{)4.7\,5} \\ 2\;5 \\ \hline 2\;2\;5 \\ 2\;2\;5 \\ \hline 0 \end{array}$$

7 5.6

8 4.2

9 27, 270, 2700

10 12일

점프 35도막

11 <

점프 ㉡, ㉢, ㉠

12 0.01

13 민서

14 12명, 3.8 m

---

1 27.6 cm=276 mm, 0.6 cm=6 mm이므로 $27.6 \div 0.6 = 276 \div 6$으로 계산할 수 있습니다.

2 $1.52 \div 0.08 = 15.2 \div 0.8 = 152 \div 8 = 19$

3 969와 3을 각각 $\frac{1}{10}$배 하면 96.9와 0.3이 됩니다.

4 $7.28 \div 0.52 = 728 \div 52 = 14$
$4.93 \div 0.29 = 493 \div 29 = 17$
➡ $14 < 17$

5 $8.68 \div 2.17 = 4$(배)

점프 $23.6 \div 11.8 = 2$, $28.8 \div 9.6 = 3$
28.8 cm가 9.6 cm의 3배이므로 빨간색 테이프의 길이는 28.8 cm, 파란색 테이프의 길이는 9.6 cm입니다.

6 소수점을 옮겨서 계산한 경우, 몫의 소수점은 옮긴 위치에 찍어야 합니다.

7 5.04>3.96>1.2>0.9이므로 가장 큰 수는 5.04이고 가장 작은 수는 0.9입니다.
➡ $5.04 \div 0.9 = 5.6$

8 가: 0.01이 756개인 수는 7.56입니다.

나: 0.18을 10배 한 수는 1.8입니다.

➡ 가÷나＝7.56÷1.8＝4.2

9 나누어지는 수가 같고 나누는 수가 $\frac{1}{10}$배, $\frac{1}{100}$배가 되면 몫은 10배, 100배가 됩니다.

10 27÷2.25＝12(일)

점프 2 m＝200 cm

(사용하고 남은 철사의 길이)＝200－4＝196 (cm)

(자른 철사의 도막 수)＝196÷5.6＝35(도막)

11 30.6÷13＝2.353…➡2.35

점프 47.4÷9＝5.266…

㉠ 5.2…➡5 ㉡ 5.26…➡5.3

㉢ 5.266…➡5.27

5.3＞5.27＞5이므로 큰 것부터 차례로 기호를 쓰면 ㉡, ㉢, ㉠입니다.

12 10.1÷2.1＝4.809…

몫을 반올림하여 소수 첫째 자리까지 나타내면

4.80…➡4.8

몫을 반올림하여 소수 둘째 자리까지 나타내면

4.809…➡4.81

따라서 차는 4.81－4.8＝0.01입니다.

13 봉지 수는 소수가 아닌 자연수이므로 나눗셈을 계산할 때 몫을 자연수까지만 계산해야 합니다.

따라서 민서의 방법이 옳습니다.

14 75.8÷6의 몫을 자연수까지만 구하면 12이고, 3.8이 남습니다.

따라서 12명까지 나누어 줄 수 있고, 남는 끈의 길이는 3.8 m입니다.

➕ 자주 틀리는 유형   13~14쪽

❶ ㉣, ㉡, ㉠, ㉢ ❷ (1) 13 (2) 25

❸ 4.6 cm ❹ 40.57

❶ 나누어지는 수가 5.88로 모두 같으므로 나누는 수가 작을수록 몫이 큽니다.

나누는 수의 크기를 비교하면 0.49＜0.7＜1.2＜1.47이므로 몫이 큰 것부터 차례로 기호를 쓰면 ㉣, ㉡, ㉠, ㉢입니다.

❷ (1) 0.15×□＝1.95 ➡ □＝1.95÷0.15, □＝13

(2) □×2.24＝56 ➡ □＝56÷2.24, □＝25

❸ 삼각형의 높이를 □ cm라 하면

6.4×□÷2＝14.72입니다.

6.4×□＝14.72×2, 6.4×□＝29.44,

□＝29.44÷6.4＝4.6

따라서 삼각형의 높이는 4.6 cm입니다.

❹ 어떤 수를 □라 하면 잘못 계산한 식은

□÷14＝4…0.8입니다.

14×4＝56, 56＋0.8＝56.8이므로

□＝56.8입니다.

따라서 바르게 계산하면

56.8÷1.4＝40.571…➡40.57

2. 소수의 나눗셈 수시 평가 대비   15~17쪽

1 (위에서부터) 100, 100, 848, 212, 212

2 ㉡

3 $6÷0.75＝\frac{600}{100}÷\frac{75}{100}＝600÷75＝8$

4 7.25÷0.05＝145 **5** 6, 60, 600

6 ＞ **7** 3.9

8 27도막 **9** ＞

10 2.1배 **11** 5.8

12 17병, 1.2 L **13** 1

14 6.3 **15** 0.38

16 88 km   **17** 8, 4, 2 / 4

18 15개

19
```
        7
6 ) 4 5.6
    4 2
    ─────
      3.6  / 7, 3.6
```

이유 예 상자 수는 소수가 아닌 자연수이므로 몫을 자연수까지만 구해야 합니다.

20 9.8 kg

---

1 $8.48 \div 0.04$를 자연수의 나눗셈으로 바꾸려면 나누어지는 수와 나누는 수에 똑같이 100을 곱하면 됩니다.

2 $22.4 \div 0.7 = 224 \div 7 = 32$

4 725와 5를 각각 $\frac{1}{100}$배 하면 7.25와 0.05가 됩니다.

5 나누어지는 수가 같고 나누는 수가 $\frac{1}{10}$배, $\frac{1}{100}$배가 되면 몫은 10배, 100배가 됩니다.

6 $1.36 \div 0.04 = 136 \div 4 = 34$
$83.7 \div 2.7 = 837 \div 27 = 31$

7 $5.6 < 21.84$
➡ $21.84 \div 5.6 = 3.9$

8 $8.1 \div 0.3 = 27$(도막)

9 $9.5 \div 7 = 1.3\underline{5}\cdots$ ➡ 1.4

10 $32.76 \div 15.6 = 2.1$(배)

11 $7.2 \times \square = 41.76$ ➡ $\square = 41.76 \div 7.2 = 5.8$

12 $35.2 \div 2$의 몫을 자연수까지만 구하면 17이고, 1.2가 남습니다.
따라서 17병까지 담을 수 있고, 남는 물의 양은 1.2 L입니다.

13 $4.2 \div 1.1 = 3.8181\cdots$이므로 몫의 소수점 아래 숫자는 8, 1이 반복됩니다.
$30 \div 2 = 15$이므로 몫의 소수 30째 자리 숫자는 반복되는 숫자 중 두 번째 숫자와 같은 1입니다.

14 가: 0.567을 10배 한 수는 5.67입니다.
나: 0.1이 9개인 수는 0.9입니다.
➡ 가÷나 $= 5.67 \div 0.9 = 6.3$

15 $9.7 \div 3.7 = 2.621\cdots$
몫을 반올림하여 일의 자리까지 나타내면 $2.\underline{6}\cdots$ ➡ 3
몫을 반올림하여 소수 둘째 자리까지 나타내면
$2.62\underline{1}\cdots$ ➡ 2.62
따라서 차는 $3 - 2.62 = 0.38$입니다.

16 1시간 30분 $= 1\frac{30}{60}$시간 $= 1\frac{1}{2}$시간 $= 1.5$시간
(한 시간 동안 달리는 거리) = (달린 거리) ÷ (달린 시간)
$= 132 \div 1.5 = 88$ (km)

17 몫이 가장 작으려면 나누는 수가 가장 커야 합니다.
2, 4, 8로 만들 수 있는 가장 큰 소수 두 자리 수는 8.42입니다.
➡ $33.68 \div 8.42 = 4$

18 (안내판의 가로 길이와 간격의 길이의 합)
$= 0.8 + 18.6 = 19.4$ (m)
➡ (필요한 안내판의 수) $= 291 \div 19.4 = 15$(개)

19

평가 기준	배점
잘못 계산한 곳을 찾아 바르게 계산했나요?	3점
잘못 계산한 이유를 썼나요?	2점

20 예 (철근 1 m의 무게) $= 25.97 \div 5.3 = 4.9$ (kg)
(철근 2 m의 무게) $= 4.9 \times 2 = 9.8$ (kg)

평가 기준	배점
철근 1 m의 무게를 구했나요?	3점
철근 2 m의 무게를 구했나요?	2점

3 공간과 입체

➕ 꼭 나오는 유형 18~20쪽

1 ㉮, ㉯, ㉰

2 ㉠

3 11개

점프 17개

4 나

5 8개

6 다

7 (선으로 연결된 그림)

8 예 가 / 나

9 (2층, 3층 그림)

10 라, 나

11 나

점프 (쌓기나무 그림)

12 가, 다

---

2 ㉡ 사진은 ㉰ 방향에서, ㉢ 사진은 ㉯ 방향에서, ㉣ 사진은 ㉮ 방향에서 찍은 것입니다.

3 쌓기나무가 1층에 7개, 2층에 3개, 3층에 1개이므로 7+3+1=11(개)입니다.

점프 보이지 않는 곳에 쌓기나무를 최대 2개 쌓을 수 있습니다. 쌓기나무가 1층에 8개, 2층에 6개, 3층에 3개이므로 모두 8+6+3=17(개)입니다.

4 위에서 내려다보면 삼각뿔을 만들고 있는 선이 가운데에서 만나므로 나입니다.

5 위에서 본 모양을 보면 1층의 쌓기나무는 5개입니다. 앞에서 본 모양을 보면 ○ 부분은 쌓기나무가 2개이고, ☆ 부분은 쌓기나무가 각각 1개이고, △ 부분은 3개 이하입니다. 옆에서

본 모양을 보면 △ 부분 중 □는 3개이고, 나머지는 1개입니다.
따라서 1층에 5개, 2층에 2개, 3층에 1개이므로 똑같은 모양으로 쌓는 데 필요한 쌓기나무는 8개입니다.

6 쌓기나무 7개를 붙여서 만든 모양을 돌려 보면서 주어진 구멍이 있는 상자에 넣을 수 있는지 살펴봅니다.

7 위에서 본 모양이 서로 같은 쌓기나무입니다. 위에서 본 모양에 쌓인 쌓기나무의 개수를 세어서 비교합니다.

8 예 가 / 나

쌓기나무 12개를 사용해야 하는 조건과 위에서 본 모양을 보면 2층 이상에 쌓인 쌓기나무는 6개입니다. 1층에 6개의 쌓기나무를 위에서 본 모양과 같이 놓고 나머지 6개의 위치를 이동하면서 위, 앞, 옆에서 본 모양이 각각 서로 같은 두 모양을 만들어 봅니다.

9 1층 모양을 보고 쌓기나무로 쌓은 모양의 뒤에 보이지 않는 쌓기나무가 없다는 것을 알 수 있습니다. 2층에는 쌓기나무 4개, 3층에는 쌓기나무 1개가 있습니다.

10 2층으로 가능한 모양은 나, 다, 라입니다. 2층에 나를 놓으면 3층에 다, 라를 놓을 수 없습니다. 2층에 다를 놓으면 3층에 나, 라를 놓을 수 없습니다. 2층에 라를 놓으면 3층에 나를 놓을 수 있습니다.
따라서 2층에 라, 3층에 나를 놓습니다.

11 뒤집거나 돌렸을 때 다른 모양을 찾습니다.

12

➕ 자주 틀리는 유형 21~22쪽

❶

정답과 풀이

2 가

3 위 / 15개

4 가, 라, 바

1 위에서 본 모양은 1층에 쌓인 모양과 같게 그리고 앞, 옆에서 본 모양은 각 줄별로 가장 높은 층을 기준으로 그립니다.

2 쌓기나무로 쌓은 모양을 옆에서 본 모양은 다음과 같습니다.

따라서 옆에서 본 모양이 다른 하나는 가입니다.

3 쌓기나무를 층별로 나타낸 모양에서 1층 모양의 ○ 부분은 쌓기나무가 3층까지 있습니다. △ 부분은 쌓기나무가 2층까지 있습니다. 나머지 부분은 1층만 있습니다.

따라서 똑같은 모양으로 쌓는 데 필요한 쌓기나무는 $1+2+3+2+1+1+2+3=15$(개)입니다.

4 가 라 바

3. 공간과 입체	수시 평가 대비	23~25쪽

1 ㉢

2 ㉡

3 8개

4 9개

1 나무의 윗부분이 집의 뒤로 보이고 꽃이 집의 오른쪽에 보이므로 ㉢입니다.

2 집의 왼쪽에 나무가 보이고 집의 오른쪽에 꽃이 보이므로 ㉡입니다.

3 (쌓기나무의 개수)$=3+1+2+1+1=8$(개)

4 1층에 5개, 2층에 3개, 3층에 1개이므로 주어진 모양과 똑같이 쌓는 데 쌓기나무가 9개 필요합니다.

5 1층 모양을 보고 쌓기나무로 쌓은 모양의 뒤에 보이지 않는 쌓기나무가 없다는 것을 알 수 있습니다.
2층에는 쌓기나무 3개, 3층에는 쌓기나무 1개가 있습니다.

6 쌓기나무가 1층에 5개, 2층에 3개, 3층에 1개 있습니다.
➡ $5+3+1=9$(개)

7 앞, 옆에서 본 모양은 각 줄별로 가장 높은 층을 기준으로 그립니다.

8   ➡ 2가지

9 • 앞에서 보았을 때 줄별로 가장 큰 수는 왼쪽부터 차례로 2, 2, 3입니다.
   • 옆에서 보았을 때 줄별로 가장 큰 수는 왼쪽부터 차례로 3, 2입니다.

10 3층에 쌓인 쌓기나무는 3 이상의 수가 쓰여진 칸의 수와 같으므로 2개입니다.

11 각각의 모양을 앞에서 본 모양은 다음과 같습니다.

가　　나　　　다

12 위에서 본 모양은 1층에 쌓인 쌓기나무의 모양과 같게 그리고 앞, 옆에서 본 모양은 각 줄별로 가장 높은 층을 기준으로 그립니다.

13 ㉠ 　　㉡

14 위에서 본 모양은 1층의 모양과 같습니다. 1층 모양에서 ○ 부분은 쌓기나무가 3개씩, △ 부분은 쌓기나무가 2개, 나머지는 쌓기나무가 1개 있습니다.

1층

따라서 똑같은 모양으로 쌓는 데 필요한 쌓기나무는 $3+2+1+1+3=10$(개)입니다.

15 빨간색 쌓기나무 3개를 빼낸 모양을 옆에서 보았을 때 줄별로 가장 높은 층수는 왼쪽부터 차례로 1층, 2층, 3층, 2층입니다.
   ➡ $1+2+3+2=8$(개)

16 ㉠과 ㉡을 뺀 나머지 부분에 쌓인 쌓기나무는 $2+1+3+1+3=10$(개)입니다.
㉠과 ㉡에 쌓인 쌓기나무는 $14-10=4$(개)입니다.
따라서 ㉠과 ㉡에 쌓인 쌓기나무는 각각 2개입니다.

17 위에서 본 모양에 수를 쓰면 오른쪽과 같습니다. 따라서 2층에 쌓인 쌓기나무는 2 이상의 수가 쓰여진 칸의 수와 같으므로 3개입니다.

18 쌓기나무가 1층에 6개, 2층에 4개, 3층에 2개, 4층에 1개이므로 $6+4+2+1=13$(개)입니다.
4층까지 쌓여 있으므로 한 모서리에 쌓이는 쌓기나무가 4개인 정육면체를 만들 수 있습니다.
   ➡ (더 필요한 쌓기나무의 개수)
   　$=4\times4\times4-13=51$(개)

19 ⑩ 쌓기나무가 1층에 6개, 2층에 3개, 3층에 1개이므로 $6+3+1=10$(개)입니다.
따라서 더 필요한 쌓기나무는 $10-8=2$(개)입니다.

평가 기준	배점
주어진 모양의 쌓기나무의 개수를 구했나요?	3점
똑같은 모양으로 쌓을 때 더 필요한 쌓기나무의 개수를 구했나요?	2점

20 ⑩ 쌓기나무의 개수가 최소일 때 위에서 본 모양에 수를 써 보면 오른쪽과 같습니다. 따라서 필요한 쌓기나무는 적어도 $1+2+1+3+2+3+1+1=14$(개)입니다.

평가 기준	배점
쌓기나무의 개수가 최소일 때 위에서 본 모양에 수를 써서 나타냈나요?	3점
필요한 쌓기나무는 적어도 몇 개인지 구했나요?	2점

4 비례식과 비례배분

➕ 꼭 나오는 유형

26~28쪽

1 2

2 14 : 8

정프 4 : 10, 6 : 15, 8 : 20　**3** 예 5 : 7

4 11

5 예 4, 5 / 예 4, 5 / 같으므로, 같습니다

6 ㉠, ㉣

7 예 10 : 16＝5 : 8, 8 : 16＝5 : 10

정프 3 : 7＝18 : 42　　　**8** ㉡, ㉣

9 140

10 (1) 9　(2) 24

11 2 : 5＝8 : □ / 20 cm　**12** 81만 원

13 13 L

14 20개, 36개

15 8개, 14개

정프 2, 1, 5

---

1 비의 전항과 후항을 0이 아닌 같은 수로 나누어도 비율은 같습니다.
18 : 45의 전항과 후항을 9로 나누면 2 : 5입니다.

2 가 끈과 나 끈의 길이의 비는 4 : 7입니다.
4 : 7의 전항과 후항에 2를 곱하면 8 : 14입니다.
4 : 7의 전항과 후항에 3을 곱하면 12 : 21입니다.

정프 2 : 5의 전항과 후항에 2를 곱하면 4 : 10입니다.
2 : 5의 전항과 후항에 3을 곱하면 6 : 15입니다.
2 : 5의 전항과 후항에 4를 곱하면 8 : 20입니다.

3 $\frac{1}{7} : \frac{1}{5} \Rightarrow \left(\frac{1}{7} \times 35\right) : \left(\frac{1}{5} \times 35\right) \Rightarrow 5 : 7$

4 70÷14＝5이므로 55 : 70의 전항과 후항을 5로 나누면 11 : 14입니다. 따라서 전항은 11입니다.

5 ・0.4 : 0.5의 전항과 후항에 10을 곱하면 4 : 5가 됩니다.
・$\frac{2}{5} : \frac{1}{2}$의 전항과 후항에 10을 곱하면 4 : 5가 됩니다.

6 9 : 4의 비율은 $\frac{9}{4}$이므로 비율이 $\frac{9}{4}$인 비를 찾아봅니다.
비율이 ㉠ $\frac{18}{8}\left(=\frac{9}{4}\right)$, ㉡ $\frac{10}{8}\left(=\frac{5}{4}\right)$, ㉢ $\frac{27}{20}$,
㉣ $\frac{36}{16}\left(=\frac{9}{4}\right)$이므로 □ 안에 들어갈 수 있는 비는
㉠, ㉣입니다.

7 10 : ㉠＝㉡ : 8 또는 8 : ㉠＝㉡ : 10으로 놓고 내항에 16과 5를 넣어 비례식을 세우면 10 : 16＝5 : 8,
10 : 5＝16 : 8, 8 : 16＝5 : 10, 8 : 5＝16 : 10입니다.

정프 3 : ㉠＝㉡ : 42 또는 42 : ㉠＝㉡ : 3 중 후항이 42와 7인 비례식은 3 : ㉠＝㉡ : 42이므로 3 : 7＝㉡ : 42입니다.
내항이 7과 18이므로 3 : 7＝18 : 42입니다.

8 ㉠ 12 : 6＝3 : 2에서 외항의 곱은 12×2＝24, 내항의
곱은 6×3＝18이므로 비례식이 아닙니다.
㉡ $\frac{5}{9} : \frac{1}{3}$＝5 : 3에서 외항의 곱은 $\frac{5}{9}×3＝\frac{5}{3}$, 내항의
곱은 $\frac{1}{3}×5＝\frac{5}{3}$이므로 비례식입니다.
㉢ 8 : 9＝24 : 30에서 외항의 곱은 8×30＝240, 내항의 곱은 9×24＝216이므로 비례식이 아닙니다.
㉣ 0.4 : 1.2＝2 : 6에서 외항의 곱은 0.4×6＝2.4, 내항의 곱은 1.2×2＝2.4이므로 비례식입니다.

9 비례식에서 외항의 곱과 내항의 곱은 같으므로
7×20＝5×□, 5×□＝140입니다.

10 (1) 8×□＝6×12, 8×□＝72, □＝9
(2) 4×66＝11×□, 11×□＝264, □＝24

11 수첩의 세로를 □ cm라 하고 비례식을 세우면
2 : 5＝8 : □입니다.
➡ 2×□＝5×8, 2×□＝40, □＝20

12 9일 동안 일하고 받는 돈을 □만 원이라 하고 비례식을 세우면 6 : 54＝9 : □입니다.
➡ 6×□＝54×9, 6×□＝486, □＝81

13 소금 377 g을 얻기 위해 증발시켜야 하는 바닷물의 양을 □ L라 하고 비례식을 세우면 4 : 116＝□ : 377입니다.
➡ 4×377＝116×□, 116×□＝1508, □＝13

14 재석: $56 \times \dfrac{5}{5+9} = 56 \times \dfrac{5}{14} = 20$(개)

가민: $56 \times \dfrac{9}{5+9} = 56 \times \dfrac{9}{14} = 36$(개)

15 1모둠: $22 \times \dfrac{4}{4+7} = 22 \times \dfrac{4}{11} = 8$(개)

2모둠: $22 \times \dfrac{7}{4+7} = 22 \times \dfrac{7}{11} = 14$(개)

참고 6 : 4를 간단한 자연수의 비로 나타내면 3 : 2입니다.

1모둠: $50 \times \dfrac{3}{3+2} = 50 \times \dfrac{3}{5} = 30$(개)

2모둠: $50 \times \dfrac{2}{3+2} = 50 \times \dfrac{2}{5} = 20$(개)

따라서 2모둠이 1모둠에게 사탕을 $25 - 20 = 5$(개) 주어야 합니다.

➕ 자주 틀리는 유형   29~30쪽

❶ 5

❷ 잘못 설명한 것 ⓒ

바르게 고치기 (예) 전항은 5와 20이고, 후항은 8과 32입니다.

❸ 12, 20   **❹** 14시간, 10시간

❶ $1\dfrac{1}{6} : \dfrac{\square}{8} \Rightarrow \dfrac{7}{6} : \dfrac{\square}{8}$ 이므로 전항과 후항에 분모의 공배수인 24를 곱하면 $28 : (\square \times 3)$이 됩니다.

따라서 $\square \times 3 = 15$이므로 $\square = 5$입니다.

❷ ⓒ 5 : 8과 20 : 32에서 전항은 ':' 앞에 있는 5와 20이고, 후항은 ':' 뒤에 있는 8과 32입니다.

❸ 외항의 곱은 $9 \times$ⓒ이므로 $9 \times$ⓒ$= 180$, ⓒ$= 180 \div 9 = 20$입니다.

비례식에서 외항의 곱과 내항의 곱은 같으므로 $15 \times$㉠$= 180$, ㉠$= 180 \div 15 = 12$입니다.

❹ 낮과 밤의 길이의 합은 24시간이므로 24시간을 7 : 5로 비례배분합니다.

낮: $24 \times \dfrac{7}{7+5} = 24 \times \dfrac{7}{12} = 14$(시간)

밤: $24 \times \dfrac{5}{7+5} = 24 \times \dfrac{5}{12} = 10$(시간)

---

4. 비례식과 비례배분 **수시 평가 대비**   31~33쪽

1 5, 9	**2** (위에서부터) 3, 6
3 28, 28	**4** (예) 10 : 15, 4 : 6
5 ⓒ	**6** (예) 3 : 5
7 15	**8** ⓒ, ⓒ
9 (예) 4 : 5	**10** ㉠, ⓒ
11 15	**12** 16개
13 7개	**14** 12 cm, 9 cm
15 6일	
16 (예) 6 : 5 = 18 : 15, 15 : 5 = 18 : 6	
17 2시간 15분	**18** 24 cm
19 40	**20** 72개

1 비 5 : 9에서 ':' 앞에 있는 5를 전항, 뒤에 있는 9를 후항이라고 합니다.

2 24 : 18의 전항과 후항을 6으로 나누면 4 : 3이 됩니다.

3 외항의 곱: $2 \times 14 = 28$

내항의 곱: $7 \times 4 = 28$

4 $20 : 30 \Rightarrow (20 \div 2) : (30 \div 2) \Rightarrow 10 : 15$

$20 : 30 \Rightarrow (20 \div 5) : (30 \div 5) \Rightarrow 4 : 6$

$20 : 30 \Rightarrow (20 \div 10) : (30 \div 10) \Rightarrow 2 : 3$

5 ⓒ 외항은 7과 27이고, 내항은 9와 21입니다.

6 $\dfrac{1}{5} : \dfrac{1}{3} \Rightarrow \left(\dfrac{1}{5} \times 15\right) : \left(\dfrac{1}{3} \times 15\right) \Rightarrow 3 : 5$

7 전항을 $\square$라 하면 $\square$: 18의 비율이 $\dfrac{5}{6}$이므로

$\dfrac{\square}{18} = \dfrac{5}{6} \Rightarrow \square = 5 \times 3 = 15$입니다.

8 3 : 7의 비율은 $\dfrac{3}{7}$이므로 비율이 $\dfrac{3}{7}$인 비를 찾아봅니다.

비율이 ㉠ $\dfrac{7}{3}$, ⓒ $\dfrac{12}{28}\left(= \dfrac{3}{7}\right)$, ⓒ $\dfrac{6}{14}\left(= \dfrac{3}{7}\right)$,

㉣ $\dfrac{15}{21}\left(= \dfrac{5}{7}\right)$이므로 $\square$ 안에 들어갈 수 있는 비는 ⓒ, ⓒ입니다.

9 $0.8:1$의 전항과 후항에 10을 곱하면 $8:10$입니다.
$8:10$의 전항과 후항을 2로 나누면 $4:5$입니다.

10 ㉠ $4:5=16:20$에서 외항의 곱은 $4\times20=80$, 내항의 곱은 $5\times16=80$이므로 비례식입니다.
㉡ $\dfrac{1}{2}:\dfrac{3}{5}=2:3$에서 외항의 곱은 $\dfrac{1}{2}\times3=\dfrac{3}{2}$, 내항의 곱은 $\dfrac{3}{5}\times2=\dfrac{6}{5}$이므로 비례식이 아닙니다.
㉢ $1.5:0.3=5:1$에서 외항의 곱은 $1.5\times1=1.5$, 내항의 곱은 $0.3\times5=1.5$이므로 비례식입니다.
㉣ $12:18=3:4$에서 외항의 곱은 $12\times4=48$, 내항의 곱은 $18\times3=54$이므로 비례식이 아닙니다.

11 비례식에서 외항의 곱과 내항의 곱은 같으므로
$5\times24=8\times\square$, $8\times\square=120$, $\square=120\div8=15$입니다.

12 배구공 수를 $\square$개라 하고 비례식을 세우면
$3:2=24:\square$입니다.
➡ $3\times\square=2\times24$, $3\times\square=48$, $\square=16$

13 1120원으로 살 수 있는 구슬 수를 $\square$개라 하고 비례식을 세우면 $4:640=\square:1120$입니다.
➡ $4\times1120=640\times\square$, $640\times\square=4480$,
$\square=4480\div640=7$

14 아리: $21\times\dfrac{4}{4+3}=21\times\dfrac{4}{7}=12\,(\text{cm})$
주승: $21\times\dfrac{3}{4+3}=21\times\dfrac{3}{7}=9\,(\text{cm})$

15 9월은 30일까지 있습니다.
책을 읽지 않은 날수: $30\times\dfrac{1}{4+1}=30\times\dfrac{1}{5}=6(\text{일})$

16 $6:㉠=㉡:15$ 또는 $15:㉠=㉡:6$으로 놓고 내항에 5와 18을 넣어 비례식을 세우면 $6:5=18:15$,
$6:18=5:15$, $15:5=18:6$, $15:18=5:6$입니다.

17 $180\,\text{km}$를 가는 데 걸리는 시간을 $\square$분이라 하고 비례식을 세우면 $6:8=\square:180$입니다.
$6\times180=8\times\square$, $8\times\square=1080$,
$\square=1080\div8=135$
따라서 $180\,\text{km}$를 가는 데 걸리는 시간은
135분$=2$시간 15분입니다.

18 (가로) : (세로)$=\dfrac{3}{4}:\dfrac{5}{8}$
$\dfrac{3}{4}:\dfrac{5}{8}$의 전항과 후항에 8을 곱하면 $6:5$가 됩니다.
직사각형의 둘레가 $88\,\text{cm}$이므로
(가로)$+$(세로)$=44\,\text{cm}$입니다.
가로: $44\times\dfrac{6}{6+5}=44\times\dfrac{6}{11}=24\,(\text{cm})$

19 ⑩ 비례식에서 외항의 곱과 내항의 곱은 같습니다.
내항의 곱이 200이므로 외항의 곱도 200입니다.
$5\times㉡=200$, $㉡=200\div5=40$입니다.

평가 기준	배점
외항의 곱이 얼마인지 구했나요?	2점
㉡에 알맞은 수를 구했나요?	3점

20 ⑩ 전체 밤의 수를 $\square$개라 하면
$\square\times\dfrac{5}{4+5}=40$, $\square\times\dfrac{5}{9}=40$,
$\square=40\div\dfrac{5}{9}=40\times\dfrac{9}{5}=72$입니다.
따라서 두 사람이 나누어 가진 밤은 모두 72개입니다.

평가 기준	배점
전체 밤의 수를 $\square$개라 하여 비례배분하는 식을 세웠나요?	2점
두 사람이 나누어 가진 밤은 모두 몇 개인지 구했나요?	3점

5 원의 넓이

34~36쪽

꼭 나오는 유형

1 ㉡, ㉣   **2** ㉡

점프 32 cm

3 =

4 ㉠   **5** 3, 3.1, 3.14

6 471 m   **7** 28 cm

점프 128 cm², 256 cm²

8 32, 60 / 예 46 cm²

9 예 105 cm²   **10** 151.9 cm²

11 24   **12** 9배

13 55.8 cm²   **14** 337.5 cm²

점프 1256 cm²

---

1 ㉡ 원주는 원의 지름의 3배보다 길고 4배보다 짧습니다.
㉣ 원의 반지름이 길어지면 원주도 길어집니다.

2 지름이 2 cm인 원의 원주는 지름의 3배인 6 cm보다 길고, 지름의 4배인 8 cm보다 짧으므로 원주와 가장 비슷한 길이는 ㉡입니다.

점프 반지름이 5 cm인 원의 지름은 10 cm입니다.
지름이 10 cm인 원의 원주는 지름의 3배인 30 cm보다 길고, 지름의 4배인 40 cm보다 짧으므로 원주와 가장 비슷한 길이는 32 cm입니다.

3 (가의 원주율)=24.8÷8=3.1
(나의 원주율)=18.6÷6=3.1

4 원의 크기와 상관없이 지름에 대한 원주의 비율인 원주율은 일정합니다.

5 원주가 44 cm, 지름이 14 cm일 때 (원주)÷(지름)을 계산하면 44÷14=3.142…입니다.
3.142…를 반올림하여 일의 자리까지 나타내면 3, 소수 첫째 자리까지 나타내면 3.1, 소수 둘째 자리까지 나타내면 3.14입니다.

6 대관람차를 타고 한 바퀴 움직인 거리는 지름이 150 m 인 원의 원주와 같습니다.
➡ 150×3.14=471 (m)

7 상자의 밑면의 한 변의 길이가 피자의 지름과 같거나 길어야 합니다. (피자의 지름)=84÷3=28 (cm)이므로 상자의 밑면의 한 변의 길이는 적어도 28 cm이어야 합니다.

점프 (원의 지름)=49.6÷3.1=16 (cm)
원 안에 그릴 수 있는 가장 큰 정사각형의 두 대각선의 길이는 16 cm이므로 넓이는 16×16÷2=128 (cm²) 입니다.
원 밖에 그릴 수 있는 가장 작은 정사각형의 한 변의 길이는 16 cm이므로 넓이는 16×16=256 (cm²)입니다.

8 파란색 선 안쪽 모눈의 수: 32개 ➡ 32 cm²
빨간색 선 안쪽 모눈의 수: 60개 ➡ 60 cm²
따라서 원의 넓이는 32 cm²와 60 cm² 사이인 46 cm² 쯤 될 것 같습니다.

9 원의 넓이는 원 안에 있는 정육각형의 넓이보다 넓고, 원 밖에 있는 정육각형의 넓이보다 좁습니다.
(원 안의 정육각형의 넓이)=15×6=90 (cm²)
(원 밖의 정육각형의 넓이)=20×6=120 (cm²)
따라서 원의 넓이는 90 cm²와 120 cm² 사이인 105 cm²쯤 될 것 같습니다.

10 컴퍼스의 침과 연필심 사이의 거리 7 cm는 원의 반지름과 같습니다.
(그린 원의 넓이)=7×7×3.1=151.9 (cm²)

11 (원의 넓이)=(반지름)×(반지름)×3=432 (cm²)
(반지름)×(반지름)=432÷3=144
12×12=144이므로 ㉠=12×2=24입니다.

12 (반지름이 3 cm인 원의 넓이)
=3×3×3.14=28.26 (cm²)
(반지름이 1 cm인 원의 넓이)
=1×1×3.14=3.14 (cm²)
➡ 28.26÷3.14=9(배)

13 (색칠한 부분의 넓이)
=6×6×3.1−3×3×3.1−3×3×3.1
=111.6−27.9−27.9=55.8 (cm²)

14 아래의 색칠한 반원을 위의 비어 있는 부분으로 옮기면 색칠한 부분은 반지름이 15 cm인 반원과 같습니다.

(색칠한 부분의 넓이)$=15 \times 15 \times 3 \times \dfrac{1}{2}$
$=337.5 \, (\text{cm}^2)$

참프 오른쪽 색칠한 부분을 왼쪽 삼각형 위로 옮기면 색칠한 부분은 반지름이 40 cm인 원의 $\dfrac{1}{4}$과 같습니다.

(색칠한 부분의 넓이)$=40 \times 40 \times 3.14 \times \dfrac{1}{4}$
$=1256 \, (\text{cm}^2)$

➕ 자주 틀리는 유형 37~38쪽

1 6.28 cm, 53.38 cm²

2 (1) 75 cm² (2) 867 cm²

3 (1) 24.8 cm (2) 68.2 cm

4 ㉡, ㉣, ㉠, ㉢

---

1 (두 원의 원주의 차)$=9 \times 2 \times 3.14 - 16 \times 3.14$
$=56.52 - 50.24$
$=6.28 \, (\text{cm})$

(두 원의 넓이의 차)$=9 \times 9 \times 3.14 - 8 \times 8 \times 3.14$
$=254.34 - 200.96$
$=53.38 \, (\text{cm}^2)$

2 (1) (원주가 30 cm인 원의 지름)$=30 \div 3 = 10 \, (\text{cm})$
(지름이 10 cm인 원의 반지름)$=10 \div 2 = 5 \, (\text{cm})$
➡ (반지름이 5 cm인 원의 넓이)
$=5 \times 5 \times 3 = 75 \, (\text{cm}^2)$

(2) (원주가 102 cm인 원의 지름)
$=102 \div 3 = 34 \, (\text{cm})$
(지름이 34 cm인 원의 반지름)
$=34 \div 2 = 17 \, (\text{cm})$
➡ (반지름이 17 cm인 원의 넓이)
$=17 \times 17 \times 3 = 867 \, (\text{cm}^2)$

---

3 (1) 원의 반지름을 ☐cm라 하면
☐$\times$☐$\times 3.1 = 49.6$, ☐$\times$☐$= 16$, $4 \times 4 = 16$
이므로 ☐$= 4$입니다.
(반지름이 4 cm인 원의 지름)$=4 \times 2 = 8 \, (\text{cm})$
➡ (지름이 8 cm인 원의 원주)
$=8 \times 3.1 = 24.8 \, (\text{cm})$

(2) 원의 반지름을 ☐cm라 하면
☐$\times$☐$\times 3.1 = 375.1$, ☐$\times$☐$= 121$,
$11 \times 11 = 121$이므로 ☐$= 11$입니다.
(반지름이 11 cm인 원의 지름)$=11 \times 2 = 22 \, (\text{cm})$
➡ (지름이 22 cm인 원의 원주)
$=22 \times 3.1 = 68.2 \, (\text{cm})$

4 원의 넓이를 구하여 비교합니다.
㉠ (넓이)$=13 \times 13 \times 3 = 507 \, (\text{cm}^2)$
㉡ (지름)$=96 \div 3 = 32 \, (\text{cm})$
(반지름)$=32 \div 2 = 16 \, (\text{cm})$
(넓이)$=16 \times 16 \times 3 = 768 \, (\text{cm}^2)$
㉢ (넓이)$=432 \, \text{cm}^2$
㉣ (반지름)$=28 \div 2 = 14 \, (\text{cm})$
(넓이)$=14 \times 14 \times 3 = 588 \, (\text{cm}^2)$
➡ $768 \, \text{cm}^2 > 588 \, \text{cm}^2 > 507 \, \text{cm}^2 > 432 \, \text{cm}^2$

---

5. 원의 넓이 수시 평가 대비 39~41쪽

1 3.14배 **2** 3, 3, 3.1, 27.9

3 ㉠, ㉢ **4** 원주율에 ○표

5 144, 192 **6** 12.4 cm, 4 cm

7 45 cm **8** 78.5 cm²

9 376.8 m **10** 22 cm

11 54 cm **12** 8

13 251.1 cm² **14** ㉢, ㉠, ㉡, ㉣

15 510 m **16** 30.6 cm

17 628 cm² **18** 87.92 cm

19 165 cm **20** 79.2 cm²

1 $31.4 \div 10 = 3.14$(배)

2 (원의 넓이)=(반지름)×(반지름)×(원주율)

3 ㉢ 원의 지름이 길어져도 원주율은 변하지 않습니다.
㉣ 원주율을 반올림하여 소수 첫째 자리까지 나타내면 3.1입니다.

4 원의 크기와 상관없이 원주율은 일정합니다.

5 원의 넓이는 원 안에 있는 정육각형의 넓이보다 넓고, 원 밖에 있는 정육각형의 넓이보다 좁습니다.
(원 안의 정육각형의 넓이)=$24 \times 6 = 144$ (cm^2)
(원 밖의 정육각형의 넓이)=$32 \times 6 = 192$ (cm^2)

6 ㉠=(원주)$\times \frac{1}{2} = 4 \times 2 \times 3.1 \times \frac{1}{2} = 12.4$ (cm)
㉡=(원의 반지름)=4 cm

7 $15 \times 3 = 45$ (cm)

8 (원의 반지름)=$10 \div 2 = 5$ (cm)
(원의 넓이)=$5 \times 5 \times 3.14 = 78.5$ (cm^2)

9 (호수의 둘레)=$30 \times 2 \times 3.14 = 188.4$ (m)
(세영이가 걸은 거리)=$188.4 \times 2 = 376.8$ (m)

10 (원주)=(원의 지름)×(원주율)
➡ (원의 지름)=$68.2 \div 3.1 = 22$ (cm)

11 (큰 원의 원주)=$16 \times 2 \times 3 = 96$ (cm)
(작은 원의 원주)=$7 \times 2 \times 3 = 42$ (cm)
➡ (원주의 차)=$96 - 42 = 54$ (cm)

12 $\square \times \square \times 3 = 192$, $\square \times \square = 64$, $8 \times 8 = 64$이므로 $\square = 8$입니다.

13

한 변이 18 cm인 정사각형 안에 들어갈 수 있는 가장 큰 원의 지름은 18 cm이고, 반지름은 $18 \div 2 = 9$ (cm)입니다.
(원의 넓이)=$9 \times 9 \times 3.1 = 251.1$ (cm^2)

14 지름이 길수록 원의 넓이가 넓으므로 지름을 구하여 비교합니다.
㉠ (지름)=6 cm
㉡ (지름)=$15.7 \div 3.14 = 5$ (cm)
㉢ (지름)=$4 \times 2 = 8$ (cm)
㉣ (반지름)×(반지름)=$12.56 \div 3.14 = 4$ (cm), $2 \times 2 = 4$이므로 (반지름)=2 cm입니다.
➡ (지름)=$2 \times 2 = 4$ (cm)

15 양쪽 반원 부분을 붙이면 지름이 70 m인 원과 같습니다.
(운동장의 둘레)=$70 \times 3 + 150 \times 2$
$= 210 + 300 = 510$ (m)

16 색칠하지 않은 부분을 붙이면 반지름이 6 cm인 반원과 같습니다.
(색칠한 부분의 둘레)=$6 \times 2 \times 3.1 \times \frac{1}{2} + 6 \times 2$
$= 18.6 + 12 = 30.6$ (cm)

17 색칠하지 않은 부분을 붙이면 지름이 20 cm인 원 2개와 같습니다.
(색칠한 부분의 넓이)
$= 20 \times 20 \times 3.14 - 10 \times 10 \times 3.14 \times 2$
$= 1256 - 628 = 628$ (cm^2)

18 원의 반지름을 $\square$ cm라 하면
$\square \times \square \times 3.14 = 615.44$, $\square \times \square = 196$,
$14 \times 14 = 196$이므로 $\square = 14$입니다.
(반지름이 14 cm인 원의 원주)=$14 \times 2 \times 3.14$
$= 87.92$ (cm)

19 예 (가 굴렁쇠가 5바퀴 굴러간 거리)
$= 33 \times 3 \times 5 = 495$ (cm)
(나 굴렁쇠가 5바퀴 굴러간 거리)
$= 44 \times 3 \times 5 = 660$ (cm)
따라서 나 굴렁쇠는 가 굴렁쇠보다
$660 - 495 = 165$ (cm) 더 갔습니다.

평가 기준	배점
가 굴렁쇠가 5바퀴 굴러간 거리를 구했나요?	2점
나 굴렁쇠가 5바퀴 굴러간 거리를 구했나요?	2점
나 굴렁쇠가 가 굴렁쇠보다 몇 cm 더 갔는지 구했나요?	1점

20
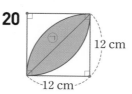

예 색칠한 부분을 반으로 나누어 구합니다.
(색칠한 부분의 넓이)
=(㉠의 넓이)×2
$= \left(12 \times 12 \times 3.1 \times \frac{1}{4} - 12 \times 12 \div 2 \right) \times 2$
$= (111.6 - 72) \times 2 = 39.6 \times 2 = 79.2$ (cm^2)

평가 기준	배점
색칠한 부분의 넓이를 구하는 식을 알맞게 세웠나요?	3점
색칠한 부분의 넓이를 구했나요?	2점

6 원기둥, 원뿔, 구

➕ 꼭 나오는 유형

42~44쪽

1 6 cm, 20 cm   **2** 6 cm

3 ㉡

4 만들 수 없는 전개도 나

이유 예 두 밑면이 합동인 원이 아니므로 원기둥을 만들 수 없습니다.

점프 예

5 24.8 cm, 6 cm

6 140 cm   점프 279.2 cm

7 15 cm, 17 cm, 16 cm

8 ㉢   **9** 36 cm

10 3 cm   **11** ㉠

12 151.9 cm²   **13** ㉡, ㉣, ㉻

14 기웅

점프 옳지 않은 것 ㉢

바르게 고치기 예 원뿔은 앞에서 본 모양과 옆에서 본 모양이 같습니다.

---

1 원기둥의 밑면의 지름은 앞에서 본 모양인 직사각형의 가로와 같으므로 12 cm이고, 밑면의 반지름은 $12 \div 2 = 6$ (cm)입니다. 원기둥의 높이는 앞에서 본 모양인 직사각형의 세로와 같으므로 20 cm입니다.

2 변 ㄱㄴ을 기준으로 돌려 만든 원기둥의 밑면의 반지름이 5 cm이므로 밑면의 지름은 $5 \times 2 = 10$ (cm)입니다.
변 ㄴㄷ을 기준으로 돌려 만든 원기둥의 밑면의 반지름이 8 cm이므로 밑면의 지름은 $8 \times 2 = 16$ (cm)입니다.
➡ $16 - 10 = 6$ (cm)

3 ㉡ 원기둥에는 꼭짓점이 없지만 각기둥에는 꼭짓점이 있습니다.

4 원기둥의 전개도에서 밑면은 합동인 원이고, 옆면은 직사각형입니다.

점프 원기둥의 전개도를 접었을 때 두 밑면이 겹쳐지므로 원기둥을 만들 수 없습니다.
밑면인 두 원을 옆면인 직사각형의 마주 보는 변에 그립니다.

5 (옆면의 가로)=(밑면의 둘레)
                $= 4 \times 2 \times 3.1 = 24.8$ (cm)
(옆면의 세로)=(원기둥의 높이)=6 cm

6 (한 밑면의 둘레)=$5 \times 2 \times 3 = 30$ (cm)
(옆면의 둘레)=$(30 + 10) \times 2 = 80$ (cm)
➡ (전개도의 둘레)=$30 \times 2 + 80 = 140$ (cm)

점프 (한 밑면의 둘레)=$20 \times 3.14 = 62.8$ (cm)
(옆면의 둘레)=$(62.8 + 14) \times 2 = 153.6$ (cm)
➡ (전개도의 둘레)=$62.8 \times 2 + 153.6 = 279.2$ (cm)

7 밑면의 반지름이 8 cm이므로 밑면의 지름은 $8 \times 2 = 16$ (cm)입니다.

8 ㉢ 원뿔에서 모선은 셀 수 없이 많이 그릴 수 있습니다.

9 원뿔에서 모선의 길이는 모두 같으므로
(선분 ㄱㄴ)=(선분 ㄱㄷ)=13 cm
(선분 ㄴㄷ)=$5 \times 2 = 10$ (cm)
➡ (삼각형 ㄱㄴㄷ의 둘레)=$13 + 10 + 13 = 36$ (cm)

10 반원 모양의 종이를 지름을 기준으로 한 바퀴 돌리면 구가 만들어지고 반원의 지름의 반이 구의 반지름이 되므로 $6 \div 2 = 3$ (cm)입니다.

11 ㉠ 구를 어느 방향에서 보아도 크기와 모양이 모두 같은 원입니다.

12 구를 평면으로 잘랐을 때 가장 큰 단면으로 자르려면 구의 중심을 지나야 합니다.
가장 큰 단면은 반지름이 $14 \div 2 = 7$ (cm)인 원이므로 넓이는 $7 \times 7 \times 3.1 = 151.9$ (cm²)입니다.

13 ㉠ 원기둥과 원뿔에만 있습니다.
㉡ 원뿔에만 있습니다.
㉻ 원뿔에만 있습니다.

14 기웅: 원기둥, 원뿔, 구는 위에서 본 모양이 모두 원으로 같습니다.

점프 ㉢ 원뿔을 앞에서 본 모양과 옆에서 본 모양은 삼각형으로 같습니다.

➕ 자주 틀리는 유형

❶ 8 cm   **❷** 14 cm

❶ (옆면의 가로)=(밑면의 지름)×(원주율)이므로
➡ (밑면의 지름)=(옆면의 가로)÷(원주율)
=49.6÷3.1=16 (cm)
따라서 밑면의 반지름은 16÷2=8 (cm)입니다.

❷ 밑면의 지름은 반지름의 2배이므로 7×2=14 (cm)입니다.
앞에서 본 모양이 정사각형이므로 원기둥의 높이와 밑면의 지름은 같습니다.
따라서 원기둥의 높이는 14 cm입니다.

---

6. 원기둥, 원뿔, 구 수시 평가 대비

1 가, 마	**2** 나, 라
3 ( )( )(○)	**4** 5 cm
5 나, 라	**6** 6 cm
7 7 cm, 12 cm	**8** ㉠
9 (위에서부터) 2, 12, 7	**10** 10 cm
11 구	**12** ㉢
13 54 cm	**14** 113.04 cm²
15 30 cm	**16** 10 cm
17 8 cm	**18** 357.6 cm

19 공통점 예 • 밑면의 모양이 원입니다.
• 위에서 본 모양이 원입니다.
차이점 예 • 원기둥은 밑면이 2개이고, 원뿔은 밑면이 1개입니다.
• 앞과 옆에서 본 모양이 원기둥은 직사각형이고, 원뿔은 삼각형입니다.

20 148.8 cm²

---

1 두 면이 서로 평행하고 합동인 원으로 된 기둥 모양의 입체도형은 가, 마입니다.

2 밑면이 원이고 옆면이 굽은 면인 뿔 모양의 입체도형은 나, 라입니다.

3 원뿔의 꼭짓점과 밑면인 원의 둘레의 한 점을 이은 선분의 길이를 재는 그림을 찾습니다.

4 구의 중심에서 구의 겉면의 한 점을 이은 선분을 구의 반지름이라고 합니다.

5 가는 두 밑면이 합동이 아니므로 원기둥을 만들 수 없습니다.
다는 옆면이 직사각형이 아니므로 원기둥을 만들 수 없습니다.

6 직각삼각형 모양의 종이를 한 변을 기준으로 돌리면 높이가 6 cm인 원뿔이 만들어집니다.

7 원기둥의 밑면의 지름은 앞에서 본 모양인 직사각형의 가로와 같으므로 14 cm이고, 밑면의 반지름은
14÷2=7 (cm)입니다.
원기둥의 높이는 앞에서 본 모양인 직사각형의 세로와 같으므로 12 cm입니다.

8 ㉠ 각기둥과 원기둥은 모두 밑면이 2개입니다.

9 (직사각형의 가로)=(밑면의 둘레)
=2×2×3=12 (cm)

10 원기둥의 높이는 6 cm이고, 원뿔의 높이는 4 cm입니다.
➡ 6+4=10 (cm)

11 구는 어느 방향에서 보아도 모양이 원입니다.

12 ㉠ 원기둥, 원뿔에는 밑면이 있지만 구에는 밑면이 없습니다.
㉢ 원기둥, 원뿔, 구에는 모두 모서리가 없습니다.

13 원뿔에서 모선의 길이는 모두 같으므로
(선분 ㄱㄷ)=(선분 ㄱㄴ)=15 cm
(선분 ㄴㄷ)=12×2=24 (cm)
(삼각형 ㄱㄴㄷ의 둘레)=15+24+15=54 (cm)

14 구를 평면으로 잘랐을 때 가장 큰 단면으로 자르려면 구의 중심을 지나야 합니다.
가장 큰 단면은 반지름이 6 cm인 원이므로 넓이는
6×6×3.14=113.04 (cm²)입니다.

15 돌리기 전의 직사각형 모양의 종이는 가로가 6 cm, 세로가 9 cm입니다.

➡ (직사각형 모양 종이의 둘레)
$=(6+9)\times2=30\ (cm)$

16 페인트 통의 높이를 □cm라 하면
$5\times2\times3.14\times□=314,\ 31.4\times□=314,\ □=10$
입니다.

17 원기둥을 위에서 본 모양은 원입니다.
원의 반지름을 □cm라 하면
$□\times□\times3=48,\ □\times□=16,\ □=4$입니다.
앞에서 본 모양이 정사각형이므로 원기둥의 높이와 밑면의 지름은 같고 밑면의 지름은 $4\times2=8\ (cm)$입니다.
따라서 원기둥의 높이는 8 cm입니다.

18 (한 밑면의 둘레)$=12\times2\times3.1=74.4\ (cm)$
(옆면의 둘레)$=(74.4+30)\times2=208.8\ (cm)$
➡ (전개도의 둘레)$=74.4\times2+208.8=357.6\ (cm)$

19

평가 기준	배점
원기둥과 원뿔의 공통점을 썼나요?	2점
원기둥과 원뿔의 차이점을 썼나요?	3점

20 예 밑면의 반지름을 □cm라 하면
$□\times2\times3.1=18.6,\ □\times6.2=18.6,\ □=3$입니다.
따라서 원기둥의 전개도의 넓이는
$(3\times3\times3.1)\times2+18.6\times5=55.8+93$
$\qquad\qquad\qquad\qquad\qquad\quad=148.8\ (cm^2)$
입니다.

평가 기준	배점
밑면의 반지름을 구했나요?	2점
원기둥의 전개도의 넓이를 구했나요?	3점

다음에는 뭐 풀지?

최상위로 가는
'맞춤 학습 플랜'

STEP
4
Book

다음에 공부할 책을 고르기 어려우시다면, 현재 성취도를 먼저 체크해 보세요.
최상위로 가는 맞춤 학습 플랜만 있다면 내 실력에 꼭 맞는 교재를 선택할 수 있어요!
단계에 따라 내 실력을 진단해 보고, 다음 학습도 야무지게 준비해 봐요!

첫 번째, 단원평가의 맞힌 문제 수 또는 점수를 모두 더해 보세요.

단원	맞힌 문제 수	OR	점수 (문항당 5점)
1단원			
2단원			
3단원			
4단원			
5단원			
6단원			
합계			

※ 단원평가는 각 단원의 마지막 코너에 있는 20문항 문제지입니다.